复杂数据半参数回归模型的估计理论

程素丽　赵培信　◎著

Estimation Theory of Semiparametric Regression MODEL WITH COMPLEX DATA

中国财经出版传媒集团
经济科学出版社
Economic Science Press

图书在版编目(CIP)数据

复杂数据半参数回归模型的估计理论/程素丽，赵培信著.
—北京：经济科学出版社，2022.7
ISBN 978-7-5218-3763-6

Ⅰ.①复… Ⅱ.①程… ②赵… Ⅲ.①半参数模型-研究 Ⅳ.①O211.3

中国版本图书馆 CIP 数据核字(2022) 第 107536 号

责任编辑：赵　蕾
责任校对：蒋子明
责任印制：范　艳

复杂数据半参数回归模型的估计理论
程素丽　赵培信　著
经济科学出版社出版、发行　新华书店经销
社址：北京市海淀区阜成路甲 28 号　邮编：100142
总编部电话：010-88191217　发行部电话：010-88191522
网址：www.esp.com.cn
电子邮件：esp@ esp.com.cn
天猫网店：经济科学出版社旗舰店
网址：http：//jjkxcbs.tmall.com
北京季蜂印刷有限公司印装
710×1000　16 开　13 印张　265000 字
2022 年 8 月第 1 版　2022 年 8 月第 1 次印刷
ISBN 978-7-5218-3763-6　定价：58.00 元
（图书出现印装问题，本社负责调换。电话：010-88191510）

前　　言

半参数回归模型是统计学中的重要模型之一，它在工程技术、计量经济学和生物医学等领域有广泛应用。关于该模型统计推断理论和估计方法的研究是国际统计学领域研究的前沿课题和重要课题。在实际生活中常常会遇到各种高维数据，对高维数据的统计分析与建模是统计学研究的难题。半参数部分线性模型是一类降维模型，它既含有参数分量，又含有非参数分量，是对高维数据建模的一类重要模型。由于模型和数据的复杂性，给所研究的问题带来一些困难。

本书研究了半参数部分线性模型的统计推断理论和估计方法。在多种复杂数据下，研究了该模型的参数分量以及非参数分量的经验似然推断问题和模型估计方法问题，创造性地解决一些有难度的问题。具体地，本书的主要内容如下。

第 1 章为绪论，主要介绍了本书涉及的一些复杂数据、非参数方法和一些预备知识。

第 2 章讨论了纵向数据下部分线性变系数模型的经验似然估计问题。通过构造分组的辅助随机向量，提出了一个基于分组的经验似然推断方法。该方法有效地克服了纵向数据的组内相关性给构造经验似然比所带来的困难。

第 3 章讨论了测量误差数据下纵向部分线性变系数模型的经验似然估计问题。提出一个偏差校正的经验似然推断方法，并且在没有欠光滑的条件下，证明了所构造的经验对数似然比统计量均渐近服从标准卡方分布，因此，在估计过程中可以利用数据驱动的方法选择最优带宽。

第 4 章讨论了缺失数据下部分线性变系数模型的经验似然估计问题。在响应变量随机缺失的情况下，结合逆边际概率加权方法，并通过构造基于借补值的辅助随机向量，对模型中的参数分量提出了一个基于借补值的经验似然统计推断方法。

第 5 章讨论了部分线性单指标空间自回归模型的广义矩估计（generalized method of moments，GMM）问题。一方面，该模型将多维解释变量通过单指标函数降为一维变量，克服了非参数回归模型中的“维数灾难”问题；另一方面，模型中包含的空间滞后项 $\lambda \boldsymbol{W}_n \boldsymbol{Y}_n$ 解决了相邻区域（单元）间存在的空间相关性问题。构造了该模型的 GMM 估计方法，并在某些正则假设条件下，得到未知参数估计量和未知连接函数估计量的大样本性质。

第 6 章讨论了部分线性单指标空间误差回归模型的 GMM 估计问题。仍然通过单指标函数来解决非参数回归模型中的“维数灾难”问题。但是，此时考虑的是误差项之间存在的空间相关性问题。构造了该模型的 GMM 估计方法，并在某些正则假设条件下，得到未知参数估计量和未知连接函数估计量的大样本性质。

第 7 章讨论了部分线性可加空间自回归模型的 GMM 估计问题。通过可加模型达到降维效果，并考虑了响应变量的空间相关性问题，构造了该模型的 GMM 估计方法，并在某些正则假设条件下，得到未知参数估计量和未知连接函数估计量的大样本性质。

第 8 章讨论了部分线性可加空间误差回归模型的 GMM 估计问题。该模型依然通过可加模型对非参数回归模型进行降维处理，同时考虑了误差项之间存在的空间相关性问题。构造了该模型的 GMM 估计方法，并在某些正则假设条件下，得到未知参数估计量和未知连接函数估计量的大样本性质。

非常感谢北京工业大学的薛留根教授，福建师范大学的陈建宝教授，本书的许多成果都是与他们合作完成的。还要感谢重庆工商大学的杨宜平教授，本书的许多内容都与她进行了深入的探讨和交流，从她那里得到了许多启发。感谢福建农林大学的李坤明副教授、福建师范大学的吴慧萍副教授，本书的许多编程问题都与他们有过深入的交流。还有很多同事、朋友都为本书的出版做了大量的工作。本书的出版得到了重庆工商大学科研处专著出版基金 (631915008) 以及重庆工商大学数学与统计学院统计学学科建设经费 (680221006) 的资助，笔者在此表示衷心的感谢。

由于笔者的水平所限，书中难免存在疏漏和不足，希望对本领域有兴趣的读者给予批评指正。

程素丽　赵培信

2022 年 3 月

目　录

第 1 章　绪　　论

在生物医学、工程技术以及金融等领域，人们往往需要通过已有的数据对未来的发展趋势进行预测。回归分析是研究自然科学、工程技术以及社会经济发展规律的重要工具。通过回归分析，我们就能解释一些现象，对未来的发展趋势做出预测，为决策者提供参考。参数回归模型假定回归函数是已知的，而其中仅仅存在一些未知的参数。参数回归具有易于解释的优点，并且当假定的模型成立时，其推断有较高的精度。然而在实际应用中，多数情况下根本不可能已知模型的具体形式。如果假定的参数模型与实际相背离时，基于假定模型所作的推断可能表现很差。为了减少回归模型的偏差，在实际应用中，常常使用如下非参数回归模型：

$$Y = m(X) + \varepsilon$$

其中，X 为协变量，Y 为响应变量，$m(\cdot)$ 为未知的回归函数，ε 为模型误差，并且满足 $E\{\varepsilon|X\} = 0$。

非参数回归模型的优点是其回归函数的形式是任意的，因而有较广的适应性。但是，当 X 的维数较高时，常用的非参数估计方法往往需要大量的数据才能得到好的结果，并且所得估计不稳定，即所谓的“维数灾难”现象。在现代统计研究中，常常遇到的是高维数据，因此，许多统计学者都在努力寻找既能保留非参数回归的较广的适应性等优点，又能避免“维数灾难”现象的回归模型。例如，部分线性模型、单指标模型、变系数模型以及部分线性变系数模型等。其中部分线性变系数模型既含有参数分量，又含有非参数分量，具有稳健、易于解释等特点，因此有着较广的适应性。目前，该模型已被广泛应用于工程技术、生物医学以及计量经济学等领域。

在实际应用中，往往由于某种客观因素或主观因素导致部分数据带有缺失。已有处理完全观测数据的统计推断理论与方法对缺失数据将不再适用。另外，纵向数据和测量误差数据等复杂数据在生物医学以及计量经济学等研究领域也常常遇到。近年来，对复杂数据的研究日趋活跃，并且也取得了一些令人瞩目的研究成果。

本书的主要研究内容是：在纵向数据、测量误差数据以及缺失数据等复杂数据下，研究部分线性变系数模型、部分线性单指标模型和部分线性可加模型的统计推断问题。例如，模型的估计理论以及变量选择理论等。本书的研究成果将为部分线性变系数模型、部分线性单指标模型和部分线性可加模型在工程技术、生物医学以及计量经济学等领域的应用过程中，对各种复杂数据的统计分析提供一定的统计理论和方法，因此有着一定的理论意义和实用价值。下面对部分线性变系数模型、部分线性单指标模型和部分线性可加模型的研究现状，以及关于纵向数据、测量误差数据以及缺失数据等复杂数据的处理方法进行简单的回顾。

1.1 模 型 介 绍

1.1.1 部分线性变系数模型

在实际应用中，往往只有模型的部分系数随着某个变量进行平滑变化。因此，变系数模型的一个推广形式为如下部分线性变系数模型：

$$Y_i = X_i^T\theta(U_i) + Z_i^T\beta + \varepsilon_i, \qquad i = 1, \cdots, n \tag{1.1}$$

其中，$\beta = (\beta_1, \cdots, \beta_q)^T$ 为 $q \times 1$ 未知参数向量，$\theta(\cdot) = (\theta_1(\cdot), \cdots, \theta_p(\cdot))^T$ 为 $p \times 1$ 未知函数系数向量，X_i、Z_i 和 U_i 为协变量，Y_i 为响应变量，ε_i 为模型误差，并且满足 $E\{\varepsilon_i|X_i, Z_i, U_i\} = 0$。

关于模型 (1.1) 的估计问题，李等（Li et al.，2002）提出了估计函数系数的一种核加权局部最小二乘方法。张等（Zhang et al.，2002）利用局部多项式拟合方法，研究了模型 (1.1) 中参数分量以及非参数分量的估计问题。范和黄（Fan & Huang，2005）对参数分量 β 提出了一个 Profile 最小二乘估计方法，并研究了估计的渐近性质。同时利用 Profile 广义似然比检验方法对模型的检验问题进行了研究。周和尤（Zhou & You，2004）利用小波方法，给出了模型 (1.1) 中参数分量 β 和非参数分量 $\theta(\cdot)$ 的小波估计，并在较弱的条件下证明了参数分量估计的渐近正态性，并且给出了非参数分量估计的收敛速度。基于经验似然方法，尤和周（You & Zhou，2006）研究了模型 (1.1) 中参数分量 β 的经验似然推断。黄和张（Huang & Zhang，2009）则利用经验似然方法，研究了模型 (1.1) 中非参数分量 $\theta(\cdot)$ 的统计推断问题。

对模型 (1.1) 的变量选择问题，李和梁（Li & Liang，2008）采用惩罚估计方法研究了参数分量的变量选择问题。其基本思想是把模型 (1.1) 转化为如下的线性模型：

$$Y_i^* = Z_i^T\beta + \varepsilon_i, \qquad i = 1, \cdots, n \tag{1.2}$$

其中，$Y_i^* = Y_i - X_i^T\tilde{\theta}(U_i)$，$\tilde{\theta}(\cdot)$ 为 $\theta(\cdot)$ 的相合估计。进而利用范和李（Fan & Li，2001）提出的惩罚最小二乘方法来选择参数分量中的重要变量，并同时给出 β 正则估计 $\hat{\beta}$。然后，通过用 $\hat{\beta}$ 代替模型 (1.1) 中的 β，并基于一系列广义似然比检验来选择非参数分量中的重要变量。赵和薛（Zhao & Xue，2009）利用基函数逼近以及惩罚最小二乘方法，对模型 (1.1) 提出了一个变量选择方法。另外，王等（Wang et al.，2009）利用假设检验方法，对半变系数分位数回归的模型选择问题进行了研究。

1.1.2 部分线性单指标模型

单指标模型（single-index model）首先通过对 p 维协变量进行线性组合，将所有协变量投影到一个线性空间上，然后在该一元线性空间上拟合一个一元函数，从而克服"维数灾难"问题。单指标回归模型的数学表达式为

$$y_{n,i} = g(\boldsymbol{\delta}_0^T \boldsymbol{x}_{n,i}) + \varepsilon_{n,i}, \quad i = 1, 2, \cdots, n \tag{1.3}$$

其中，$g(\cdot)$ 是未知的一元连接函数，$\boldsymbol{\delta}_0$ 是 p 维指标系数，$\varepsilon_{n,i}$ 是独立同分布的随机误差项，满足 $\mathrm{E}(\varepsilon_{n,i}|\boldsymbol{x}_{n,i}) = 0$。石村（Ichimura，1993）首先研究了单指标模型的可识别性，即 $\|\boldsymbol{\delta}_0\| = 1$，且 $\boldsymbol{\delta}_0$ 的第一个非零元素是正数，其中，$\|\cdot\|$ 是常见的欧式范数。

对单指标模型 (1.4) 的研究需要从未知连接函数和未知指标系数两方面进行估计。关于未知连接函数的估计可以参考非参数回归模型中的介绍。关于指标系数 $\boldsymbol{\delta}_0$ 的估计，根据是否需要对非线性最优化问题进行求解，可以概括为 M 估计法和直接估计法两大类。其中，M 估计需要求解最优化问题，因此通过 M 估计法得到的估计量具有有效性、渐近正态性及自动选择带宽等诸多优点，主要包括石村（Ichimura，1993）提出的半参数最小二乘估计方法和德莱克鲁瓦等（Delecroix et al.，2003）构造的渐近有效的半参数极大似然估计法；直接估计法能够得到估计量的解析表达式，因此备受关注，主要方法包括由斯托克（Stoker，1986）与哈德尔和斯托克（Härdle & Stoker，1989）提出的平均导数法及李（1991）提出的切片逆回归方法。近年来，学者们又提出了几种新的估计方法，夏等（Xia et al.，2002）提出了最小平均方差估计方法来构造多指标模型中降维空间的估计。余和鲁佩特（Yu & Ruppert，2002）利用惩罚样条估计方法估计未知指标系数。吴等（Wu et al.，2010）研究了单指标分位数回归模型的估计与推断问题。王等（2010）利用估计方程方法构造了模型 (1.4) 中参数分量的有效估计。薛和朱（Xue & Zhu，2006）研究了模型 (1.4) 的经验似然推断问题。

部分线性单指标模型将传统的线性模型和单指标模型有效结合起来，使模型更具灵活性。其数学表达式为

$$y_{n,i}=\boldsymbol{\beta}_0^T\boldsymbol{z}_{n,i}+g(\boldsymbol{\delta}_0^T\boldsymbol{x}_{n,i})+\varepsilon_{n,i},\quad i=1,\ 2,\ \cdots,n \tag{1.4}$$

卡罗尔等（Carroll et al.，1997）结合局部线性估计和最小二乘法构造了未知参数与未知连接函数的估计。然而，余和鲁佩特（2002）指出卡罗尔等得出的估计量是不稳定的。因此，余和鲁佩特（2002；2004）与余等（Yu et al.，2017）通过使用惩罚样条方法来克服这个问题，并验证了惩罚样条方法具有飞快的计算速度，所得结果也比较稳定。另外，他们还证明了所构造估计量的一致性和渐近正态性。哈德尔等（1993）和石村（1993）关于单指标模型中的参数部分提出了半参数最小二乘估计方法，在此基础上，夏和哈德尔（Xia & Härdle，2006）对此半参数最小二乘方法进行了改良，并结合局部线性方法得到了一个新的估计方法。朱和薛（Zhu & Xue，2006）针对该模型，构造了模型中参数的经验似然比统计量，在此基础上研究了所提出统计量的渐近性质。莱昂等（Leung et al.，2010）利用平滑样条方法研究了该模型。梁等（2010）构建了参数的截面最小二乘估计量。王等（2010）针对部分线性单指标模型中的兴趣参数，提出了两阶段估计方法，并证明了参数部分估计量的渐近正态性。周等（2015）构造了工具变量估计方法，并给出了估计量的渐近正态性性质。吕等（Lv et al.，2015）针对模型 (1.4)，提出了分位数估计方法。丁飞鹏和陈建宝（2019）考虑了面板数据上具有固定效应的部分线性单指标回归模型，将最小二乘支持向量机和二次推断函数法相结合，构造了个体内具有相关结构的固定效应部分线性单指标面板模型的新估计方法，并且在一定正则条件下，证明了参数估计量的渐近正态性，导出了非参数估计量的收敛速度。关于部分线性单指标模型的更详细、全面的研究可以参考薛留根（2012）的专著。

1.1.3　部分线性可加模型

部分线性可加模型为

$$y_{n,i}=\boldsymbol{\beta}_0^T\boldsymbol{x}_{n,i}+\sum_{j=1}^{d}m_j(z_{n,ij})+\varepsilon_{n,i},\quad i=1,\ 2,\ \cdots,n \tag{1.5}$$

该模型由奥普索默和鲁伯特（Opsomer & Ruppert，1999）率先提出，是可加回归模型的自然推广，主要研究响应变量与协变量之间同时存在线性性和非线性性的情形。关于部分线性可加模型的估计技术被广泛地应用于现实经济问题中，如徐等（Xu et al.，2016）和曼吉等（Manghi et al.，2019）等。奥普索默和鲁

伯特（1999）构造了模型中未知参数的 $\sqrt{n}$ 相合后移估计量，并基于经验偏差方法构造了最优带宽的选择标准。曼桑和杰洛米（Manzan & Zerom，2005）对部分线性可加模型的有限维参数构造了核估计，并在某些正则条件下，证明了估计量的相合性和渐近正态性。梁等（Liang et al，2009）构造了部分线性可加模型的经验似然估计，并证明了经验对数似然比统计量渐近服从 χ^2 分布。余和李（Yu & Lee，2010）提出了广义截面似然估计方法，并证明了估计量的渐近性质，讨论了模型的 $\sqrt{n}$ 有效性。刘等（Liu et al.，2011）得到了部分线性可加回归模型的多项式样条估计，并证明了参数估计量的渐近正态性。马和杨（Ma & Yang，2011）构造了部分线性可加回归模型的样条向后拟合核平滑估计量，并在某些稳定及正则条件下，证明了估计量的渐近正态性。星野（Hoshino，2014）得到了部分线性可加回归模型的二阶段估计方法。娄等（Lou et al.，2016）引入了稀疏部分线性可加回归模型，并讨论了模型的变量选择问题。刘等（2017）关于广义部分线性可加回归模型，在某些 α 条件下，引入了混合样条向后拟合核估计方法。丁飞鹏和陈建宝（2018）研究了面板数据中具有固定效应的部分线性可加动态面板模型，首先采用变量变换法消除模型的内生性，再用惩罚二次推断函数法推导出个体内具有一阶自相关结构的固定效应部分线性可加动态面板模型中未知参数和函数的估计，进一步证明了所得估计量的一致性和渐近正态性。其他相关研究成果可以参考余和李（2010）、刘等（2017）、余等（2018）。

1.1.4 空间回归模型

1974 年，佩林克（Paelinck）在荷兰统计年会上致词时提出“空间计量经济学”（spatial econometrics）这一术语，自此，该领域得到迅猛发展。空间回归模型（也称空间计量经济学模型）是处理空间计量经济学领域中，经济变量间相关性问题的重要手段。40 多年来，学者们主要从三个方面来研究空间计量经济学模型。第一方面基于横截面数据所构成的空间计量经济学模型，这一领域代表性的研究可以参考安塞林（Anselin，1988）、克雷西（Cressie，1993）、安塞林和贝拉（Anselin & Bera，1998）等的研究成果。第二方面由非动态的空间面板数据构成的模型，这些模型只是将横截面数据按照时间顺序排列在一起。学者们通常从固定效应和随机效应两方面来研究这类模型，Hausman 检验是判定选择固定效应还是选择随机效应的最佳准则。第三方面是动态空间面板数据模型，这类模型目前可以使用偏误校正的极大似然估计或拟极大似然估计、工具变量或广义矩估计和贝叶斯方法来估计（Elhorst，2014）。但是，仍然存在许多问题，这些问题既是该类模型的难点，也是重点，需要今后更多学者研究，给出更加合理的估计方法。

1.2　数　据　集

1.2.1　纵向数据

纵向数据是指对同一组受试个体在不同时间点上重复观测的数据（Diggle et al.，2002），此类数据常常出现在生物、医学、社会科学以及金融等领域。尽管对不同个体所观测的数据是独立的，但是对同一个个体所观测的数据往往具有相关性。由于此类数据具有组间独立、组内相关，并且具有多元数据以及时间序列数据的特点，因此对纵向数据的处理方法往往比关于普通的截面数据的处理方法复杂。由于截面数据是指对受试的每一个个体仅做一次观测的数据，因而截面数据是相互独立的。

目前关于纵向数据的研究已有大量的文献。考虑含有 n 个个体的样本，并且对第 i 个个体在时间点 $t=t_{i1},\cdots,t_{in_i}(i=1,\cdots,n)$ 对响应变量 $Y_i(t)$ 以及协变量 $Z_i(t)$ 进行观测，其中，n_i 表示对第 i 个个体总的观测次数，则部分线性模型具有如下结构：

$$Y_i(t_{ij})=Z_i(t_{ij})^T\beta+g(t_{ij})+\varepsilon_i(t_{ij}) \tag{1.6}$$

其中，$\beta=(\beta_1,\cdots,\beta_q)^T$ 为 $q\times 1$ 的未知参数向量；$g(\cdot)$ 为未知的非参数函数；$\varepsilon_i(t_{ij})$ 为模型误差，并且满足 $E\{\varepsilon_i(t_{ij})|Z_i(t_{ij})\}=0$。这里时间 t_{ij} 取值于某个非退化的紧区间，不失一般性，假定其在区间 [0，1] 内取值。

泽格尔和迪格尔（Zeger & Diggle，1994）首先对模型 (1.6) 进行了研究。在假定 $\varepsilon(t)$ 为平稳高斯（Gauss）过程的情况下，利用迭代后移算法，给出了参数分量 β 以及非参数函数 $g(\cdot)$ 的估计。林和卡罗尔（Lin & Carroll，2001）利用广义估计方程方法，研究了参数分量 β 的估计问题。范和李（Fan & Li，2004）首先利用局部多项式方法，给出了非参数函数 $g(\cdot)$ 的估计，然后分别用差分估计方法以及截面最小二乘方法研究了参数分量 β 的估计问题。另外，还基于惩罚加权最小二乘方法，研究了模型 (1.6) 的变量选择问题。何等（He et al.，2002）则结合 B 样条逼近方法，研究了模型 (1.6) 的稳健估计问题。王等（2005）对模型的有效估计问题进行了研究。薛和朱（Xue & Zhu，2007）利用经验似然方法研究了 β 以及 $g(\cdot)$ 的区间估计问题。通过构造辅助随机向量，证明了关于 β 以及 $g(\cdot)$ 的经验似然比函数均渐近服从标准的卡方分布，进而给出了参数分量 β 的置信域以及非参数分量 $g(\cdot)$ 的逐点置信区间。

在纵向数据下，许多文献还考虑了如下变系数模型的统计推断问题：

$$Y_i(t_{ij})=X_i(t_{ij})^T\theta(t_{ij})+\varepsilon_i(t_{ij}) \tag{1.7}$$

其中，$\theta(\cdot)=(\theta_1(\cdot),\cdots,\theta_p(\cdot))^T$ 为 $p\times 1$ 未知的函数系数向量；$\varepsilon_i(t_{ij})$ 为模型误差，并且满足 $E\{\varepsilon_i(t_{ij})|X_i(t_{ij})\}=0$。

吴等（Wu et al.，1998）通过最小化局部最小二乘准则得到了 $\theta(\cdot)$ 的核估计，并证明了所得估计的渐近正态性。胡佛等（Hoover et al.，1998）分别利用光滑样条方法以及加权局部多项式方法研究了 $\theta(\cdot)$ 的估计。范和张（Fan & Zhang，2000）针对 $\theta(\cdot)$ 中不同分量具有不同光滑度的情况，提出了一个两阶段估计过程。黄等（Huang et al.，202）则利用基函数逼近方法，研究了 $\theta(\cdot)$ 的整体光滑估计过程。薛和朱（2007）利用经验似然方法，研究了 $\theta(\cdot)$ 的区间估计问题。通过构造残差调整的辅助随机向量，给出了关于 $\theta(\cdot)$ 的局部经验似然比函数，并证明了其渐近服从标准的卡方分布，进而给出了 $\theta(\cdot)$ 的逐点置信区间。另外，王等（2008）结合基函数逼近以及惩罚估计方法，研究了模型 (1.7) 的变量选择问题。在一定的条件下，证明了所提出的变量选择过程可以相合地识别出真实模型，并且给出的正则估计达到最优的收敛速度。

目前，关于纵向数据下部分线性变系数模型的统计推断还不是太多。基于此，在本书的第 2 章，我们考虑了如下部分线性变系数模型的统计推断问题：

$$Y_i(t_{ij})=X_i(t_{ij})^T\theta(t_{ij})+Z_i(t_{ij})^T\beta+\varepsilon_i(t_{ij}) \tag{1.8}$$

其中，$\beta=(\beta_1,\cdots,\beta_q)^T$ 为 q 维未知参数向量，$\theta(\cdot)=(\theta_1(\cdot),\cdots,\theta_p(\cdot))^T$ 为 p 维未知函数系数向量，$\varepsilon_i(t_{ij})$ 为模型误差，满足 $E\{\varepsilon_i(t_{ij})|X_i(t_{ij}),\ Z_i(t_{ij})\}=0$。

1.2.2 测量误差数据

在许多实际应用中，往往由于某种原因而使得数据不能精确观测，而是含有测量误差。在统计研究中，通常把带有测量误差的模型称为测量误差（erron in variable，EV）模型。在回归分析中，对响应变量含有测量误差的情况处理比较简单，可以把测量误差吸收到模型误差中进行处理。因此，目前大部分文献集中在协变量带有测量误差的情形。

关于线性 EV 模型的详细讨论可以参见富勒（Fuller，1987）的专著，关于非线性 EV 模型的详细讨论可以参见卡罗尔等（1995）的相关研究。尤等（2006）研究了如下变系数 EV 模型的估计问题：

$$\begin{cases} Y=X^T\theta(U)+\varepsilon \\ \xi=X+\upsilon \end{cases} \tag{1.9}$$

其中，X 为不能直接观测的潜在协变量，而 ξ 可以直接观测，υ 为零均值的测量误差。

尤等（2006）利用偏差校正的局部多项式方法研究了函数系数 $\theta(\cdot)$ 的估计问题，并且对模型的拟合优度检验问题也进行了讨论。卡罗尔（Cardot et al.，2007）则利用光滑样条方法研究了 $\theta(\cdot)$ 的估计问题。另外，李和格林（Li & Greene，2008）则基于偏差校正的估计方程方法，对 $\theta(\cdot)$ 的估计问题进行了讨论。

尤和陈（You & Chen，2006）考虑了如下部分线性变系数 EV 模型的估计问题：

$$\begin{cases} Y = Z^T\beta + X^T\theta(U) + \varepsilon \\ \eta = Z + \nu \end{cases} \tag{1.10}$$

其中，Z 为不能直接观测的潜在协变量，而 η 可以直接观测，ν 为零均值的测量误差。

尤和陈（2006）对参数分量 β 提出了一个改进的 Profile 最小二乘估计方法，并利用局部多项式方法研究了非参数分量 $\theta(\cdot)$ 的估计问题。胡等（Hu et al.，2009）基于经验似然方法，研究了参数分量 β 的区间估计问题。赵和薛（Zhao & Xue，2009）则在纵向数据下，考虑了模型 (1.10) 的经验似然推断。另外，周和梁（2009）在假定具有其他辅助信息的情况下，研究了模型 (1.10) 的统计推断问题。

另外，在本书的第 3 章，我们在协变量 Z 含有测量误差的情况下，研究了如下纵向部分线性变系数模型中参数分量 β 以及非参数分量 $\theta(\cdot)$ 的区间估计问题：

$$\begin{cases} Y_i(t_{ij}) = X_i(t_{ij})^T\theta(t_{ij}) + Z_i(t_{ij})^T\beta + \varepsilon_i(t_{ij}) \\ W_i(t_{ij}) = Z_i(t_{ij}) + V_i(t_{ij}) \end{cases} \tag{1.11}$$

1.2.3　缺失数据

在统计分析中，数据缺失的现象是非常普遍的。例如，在问卷调查过程中，某些被调查者往往对于某些涉及个人隐私的问题不进行回答，如年薪、婚史、年龄等。对这类带有缺失的数据，已有处理完全观测数据的统计推断理论将不再适用。如果仅仅用可以完全观测到的数据进行统计推断，得到的估计往往会产生偏差，而且一般不是渐近有效的。

目前，关于缺失数据处理方法的研究已有大量的文献。假定 $(Y_i,\ X_i,\ \delta_i)$，$i=1,\cdots,n$，为来自线性模型 (1.12) 的一组不完全观测随机样本：

$$Y_i = X_i^T\beta + \varepsilon_i, \qquad i=1,\cdots,n \tag{1.12}$$

其中，X_i 为可以完全观测的协变量，并且当 $\delta_i=1$ 时，响应变量 Y_i 可以观测；当 $\delta_i=0$ 时，Y_i 缺失。王和劳（Wang & Rao，2002）在响应变量随机缺失的情况下，研究了模型 (1.12) 中响应变量均值 θ 的估计问题。这里响应变量 Y_i 随机缺失是指在给定协变量 X_i 的条件下，Y_i 与 δ_i 条件独立，即：

$$P(\delta_i = 1|Y_i,\ X_i) = P(\delta_i = 1|X_i)$$

随机缺失是在处理缺失数据问题中常常用到的一般假定。另外，薛（2009）对模型 (1.12) 中响应变量的均值 θ 给出了一个调整的经验似然比函数，并证明了其渐近服从标准的卡方分布，进而给出了 θ 的置信区间。同时对回归系数 β 的经验似然推断也进行了研究。

另外，王等（2004）在响应变量随机缺失的情况下，利用三种方法研究了如下部分线性模型响应变量均值 θ 的估计问题，证明了所得估计的渐近正态性，并讨论了估计量的效率问题。

$$Y_i = X_i^T\beta + g(U_i) + \varepsilon_i, \quad i = 1, \cdots, n \tag{1.13}$$

其中，$\beta = (\beta_1, \cdots, \beta_p)$ 为 $p \times 1$ 未知参数向量，X_i 和 U_i 为可以完全观测的协变量。并且当 $\delta_i = 1$ 时，响应变量 Y_i 可以观测；当 $\delta_i = 0$ 时，Y_i 缺失。这里响应变量 Y_i 随机缺失，即 $P(\delta_i = 1|Y_i,\ X_i,\ U_i) = P(\delta_i = 1|X_i,\ U_i)$。

王和孙（Wang & Sun，2007）利用逆边际概率加权方法，研究了模型 (1.13) 中参数分量 β 以及非参数函数 $g(\cdot)$ 的估计问题。梁等（2007）则在协变量 X_i 带有测量误差的情况下，给出了模型 (1.13) 中参数分量 β 以及响应变量均值 θ 的估计，并证明了所得估计的渐近正态性。孙等（Sun et al.，2009）则考虑了模型 (1.13) 的模型检验问题。另外，周等（2008）利用借补估计方程方法，研究了缺失数据的处理问题。

关于缺失数据下部分线性变系数模型的统计推断问题，目前还没有相关文献进行研究。基于此，在本书的第 4 章，我们在响应变量随机缺失的情况下，分别对部分线性变系数模型 (1.2) 的估计问题进行研究。

1.2.4 空间数据

空间数据也称为地理空间数据，是对现实世界中空间事物和现象时空特征及过程的抽象表达和定量描述。空间权重矩阵是分析空间数据的重要组成部分，空间相关性和空间异质性又是空间数据模型的两个重要方面。下面将详细介绍空间权重矩阵、空间相关性和空间异质性三方面内容。

1.2.4.1 空间权重矩阵

空间权重矩阵是量化观测值之间空间相关性的重要工具。假设有 n 个研究区域，任意两个区域之间都存在一个空间关系，这样就存在 $n \times n$ 对关系。于是需

要用一个 $n \times n$ 的矩阵来存储这 n 个研究区域之间的空间关系，这个 $n \times n$ 矩阵被称为空间权重矩阵。常用的空间权重矩阵的构造方式包括：基于边界的空间权重矩阵、基于地理距离的空间权重矩阵、基于经济距离的空间权重矩阵和嵌套空间权重矩阵等。

（1）基于边界的空间权重矩阵。安塞林（1988）认为空间单元之间是否具有公共边界是决定空间影响的重要因素，因此，利用空间单元之间的公共边界信息是构造空间权重矩阵的一个重要手段。即如果两个观测值 i 和 j 所位于的空间区域具有地理上的连接，即存在公共边界，此时，空间权重矩阵 $\boldsymbol{W}_n$ 的第 i 行第 j 列的元素记为 $w_{n,ij}=1$，否则 $w_{n,ij}=0$。通常规定某个区域与自身不存在公共边界，因此空间权重矩阵的主对角线上元素 $w_{n,ii}=0$。根据共同边界的定义，空间近邻权重矩阵又可具体分为仅以共同边界来定义"邻居"的 Rook 空间权重矩阵与以共同顶点来定义"邻居"的 Queen 空间权重矩阵、Case ①空间权重矩阵（Case，1991）。

（2）基于地理距离的空间权重矩阵。在实际应用中，学者们经常采用欧式距离、曼哈顿距离和幂函数型距离等来构造空间单元之间的地理距离。根据地理学第一定律，两个对象之间空间关系的密切程度与他们之间的距离成反比。因此，使用距离作为空间权重描述空间关系有很好的理论基础。考虑到距离远近对于变量值的贡献，接近性测度可定义为如下形式：

$$w_{n,\ ij}=\begin{cases} d_{ij}^{r}, & \text{中心距离 } d_{ij}<\delta \\ 0, & \text{其他} \end{cases}$$

其中，r 是幂指数。由于空间作用关系随距离的增加而减弱，因此距离权重一般使用倒数方式。但是根据空间过程的经验研究，很多空间关系的强度随着距离的减弱程度要强于线性比例关系，此时，经常采用平方距离的倒数作为权重。

（3）基于经济距离的空间权重矩阵。常用的距离关系，除了地理距离还有经济距离和社会距离等。为了更加清晰、准确地描述空间单元之间存在复杂的经济、社会关系，还需构造经济距离空间权重矩阵。该空间权重矩阵的一般形式为

$$w_{n,\ ij}=\begin{cases} \dfrac{1}{|\bar{y}_i-\bar{y}_j|}, & i\neq j \\ 0, & i=j \end{cases}$$

① 假设共有 R 个区域，每个区域包含 M 个成员，其中同一区域中的成员互为"邻居"并具有相同的权重。此时，样本量 $n=R\times M$，Case 空间权重矩阵为 $\boldsymbol{W}_n=\boldsymbol{I}_R\otimes\boldsymbol{B}_M$，其中，$\boldsymbol{I}_R$ 是 R 阶单位矩阵，$\boldsymbol{B}_M=(\boldsymbol{e}_M\boldsymbol{e}_M^T-\boldsymbol{I}_M)/(M-1)$，$\otimes$ 是 Kronecker 内积。

其中，$\bar{y}_i = \frac{1}{T}\sum_{t=1}^{T} y_{it}$（例如：区域 i 上 T 时期内 GDP 的平均值）。由上式可知，两个空间单元的经济发展水平越接近，两者之间的空间依赖性越大。根据研究需要，可以将 GDP 指标用其他经济相关指标替换。

（4）嵌套空间权重矩阵。嵌套空间权重矩阵是通过将地理距离空间权重矩阵和经济距离空间权重矩阵进行加权构建的新的空间权重矩阵。嵌套空间权重矩阵既能够反映空间单元之间由于空间距离所产生的交互作用，也能够反映空间单元之间由于经济、社会之间相似性所产生的影响，从而更加准确地刻画空间效应的综合性及复杂性。其数学形式表示为

$$\boldsymbol{W}_n(\varphi) = (1-\varphi)\boldsymbol{W}_n^G + \varphi\boldsymbol{W}_n^E$$

其中，$0 \leqslant \varphi \leqslant 1$，$\boldsymbol{W}_n^G$ 和 $\boldsymbol{W}_n^E$ 分别是前面介绍的地理距离空间权重矩阵和经济距离空间权重矩阵。φ 越接近 0，说明空间权重矩阵越侧重于地理距离；φ 越接近 1，说明空间权重矩阵与经济发展水平相关性越高。上述嵌套空间权重矩阵最早出现在凯斯和罗森（Case & Rosen，1993）的研究中。张征宇与朱平芳（2010）利用该矩阵，通过时空动态面板模型研究了地方公共支出外溢效应问题。

为了处理方便，通常对上述所有空间权重矩阵进行标准化。行（列）标准化是比较常见的方法，即 $\bar{w}_{n,\ ij} = w_{n,\ ij}/\sum_j w_{n,\ ij}$（或 $\bar{w}_{n,\ ij} = w_{n,\ ij}/\sum_i w_{n,\ ij}$），从而 $\sum_j \bar{w}_{n,\ ij} = 1$。由于 $\boldsymbol{W}_n$ 是非负的，标准化之后可以保证所有单位的权重都位于 $0 \sim 1$，此时，可以把加权之后的效应解释为对其邻近单位的取值进行了平均化处理。但是，经过行（列）标准化后的空间权重矩阵不再是对称矩阵。为此，有学者提出了另一种标准化方法：$\bar{\boldsymbol{W}}_n = \boldsymbol{D}^{-1/2}\boldsymbol{W}_n\boldsymbol{D}^{1/2}$，其中，$\boldsymbol{D}$ 是由矩阵 $\boldsymbol{W}_n$ 的行元素的和构成的对角矩阵（Kelejian & Prucha，2010）。

1.2.4.2 空间相关性

空间相关性是指从某一空间单元上获得的观测值与从其他空间单元上获得的观测值之间存在相互依赖性，它产生于空间组织观测单元之间缺乏，独立性的考察（Cliff & Ord，1973）。空间相关性不仅强调空间上观测值之间缺乏独立性，而且强调潜在于这种空间相关中的空间结构。缺乏独立性即空间相关的强度由绝对位置（布局）决定；空间结构即空间相关的模式由相对位置（距离）决定。安塞林（2003）指出空间相关性主要包含空间实质相关性和空间扰动相关性两个方面。其中，空间实质相关性是指由空间相互影响（空间外部性等）造成的模型中响应

变量之间的相关性；空间扰动相关性是指由于忽视了某些空间影响而造成的模型残差间存在的空间相关性。

关于空间自相关的度量方法，通常可以分为全局空间自相关和局部空间自相关。从全部区域上得到的是全局空间自相关，此时描述的是所有面积单元之间的整体空间关系。常用的测量指标有全局 Moran's I 统计量、全局 Geary C 统计量、广义 G 统计量等（Cliff & Ord，1973；王远飞和何洪林，2007）：

（1）全局 Moran's I 统计量。

$$I = \frac{n}{\sum_{i=1}^{n}(y_{n,i}-\bar{y})^2}\frac{\sum_{i=1}^{n}\sum_{j=1}^{n}w_{n,ij}(y_{n,i}-\bar{y})(y_{n,j}-\bar{y})}{\sum_{j=1}^{n}w_{n,ij}}$$

其中，$\bar{y}$ 表示观测变量在 n 个单元中的均值，I 值的大小取决于 i 和 j 单元中的变量值对于均值的偏离程度。若在相邻的位置上，$y_{n,i}$ 和 $y_{n,j}$ 同号，则 I 为正；$y_{n,i}$ 和 $y_{n,j}$ 异号，则 I 为负。Moran's I 指数的范围为 $(-1，1)$，如果空间过程不相关，则 I 的期望值接近于零; 当 I 取负值时，一般表示负自相关; I 取正值，则表示正的自相关。

（2）全局 Geary C 统计量。

$$C = \frac{(n-1)\sum_{i=1}^{n}\sum_{j=1}^{n}w_{n,ij}(y_{n,i}-y_{n,j})^2}{2\left(\sum_{i=1}^{n}(y_{n,i}-\bar{y})\right)\left(\sum_{i=1}^{n}\sum_{i\neq j}^{n}w_{n,ij}\right)}$$

其中，$0 \leqslant C \leqslant 2$，即指数 C 是非负的。如果 $C < 1$，表示正的空间自相关；$C > 1$ 表示负的空间自相关。当相似的数据聚集时 C 趋向于 0，当不相似的数据聚集时 C 趋向于 2。

（3）广义 G 统计量。

$$G = \frac{\sum_{i=1}^{n}\sum_{j=1}^{n}w_{n,ij}(d)x_{n,i}x_{n,j}}{\sum_{i=1}^{n}\sum_{j=1}^{n}x_{n,i}x_{n,j}}$$

G 统计量是根据距离 d 定义的，当单元 j 和 i 的距离小于 d 时，权重 $w_{n,ij}(d)$ 为 1，否则为 0。一般地，当近邻的数值变大时，G 的分子将变大；反之，当近邻的值变小时，G 也变小。中等水平的 G 反映了高和中等数值的空间联系，低水平的 G 表示低和低于均值的空间联系。

由于全局空间自相关是对整个研究区域进行考虑的，从而会出现某些区域上的空间自相关值高，而另一些区域上的空间自相关值低，此时需要进行局部空间相关性测试。测量局部空间自相关的指标常见的有局部 Moran's I 统计量、局部 Geary C 统计量、局部 G 统计量和 Moran 散点图等（陈建宝与孙林，2018）。

1.2.4.3 空间异质性

在分析空间计量问题时，通常是按照某个给定的地理单位为抽样单位来得到变量的观测值。这样得到的观测值会随着地理位置的变化产生不同的观测结果。因此，人们将这种因地理位置变化而引起的不同观测结果称为空间异质性，或者空间非平稳性。在地理信息统计和经济统计中，一般认为空间异质性至少由下列三方面原因引起。第一，由随机抽样误差引起的变化。一般情况下，抽样误差是不可避免的，也是不可观测的，因此在统计模型中通常假定误差项服从某一分布，然后分析这种变化对数据本身所固有的关系作用不大。第二，由于各地区人们的生活习惯、生存环境及各地区的管理手段、政治和经济制度等不同引起变量间的差异，因此，变量间的关系会随着地理位置的变换而改变。这种变化反映了数据本身所具有的特性，探索这种变化对空间数据分析起着十分重要的作用。第三，预先设定的模型可能与实际应用不相符，或者已选取的数据忽略了某些未被观测的回归变量的作用，这些同样会引起空间异质性。由于空间异质性的存在，不同的空间子区域上响应变量和协变量之间的关系往往与地理位置密切相关，而普通的线性回归模型则忽视了这一现象，导致估计结果不能真实全面地反映空间数据的关系，因此在空间数据分析中应该充分考虑到空间异质性。目前，处理空间异质性的回归方法主要有：探测参数漂移的扩展法、随机系数模型、多层次模型和地理加权回归模型的空间分析方法。

1.3 估计方法

关于非参数以及半参数模型的统计推断，目前已有大量的估计方法。下面针对本书中主要用到的局部多项式方法、B 样条估计方法以及经验似然估计方法等进行简单介绍。

1.3.1　局部多项式估计

设 (X_i, Y_i)，$i=1,\cdots,n$ 为来自非参数回归模型的一个样本，即：

$$Y_i = m(X_i) + \varepsilon_i, \quad i=1,\cdots,n \tag{1.14}$$

其中，X_i 为协变量，Y_i 为响应变量，ε_i 为模型误差，且满足 $E\{\varepsilon_i|X_i\}=0$。为表示方便，我们假定 X_i 为一维随机变量。

假设 $m(x)$ 具有 $p+1$ 阶导数，那么对任意给定的 x_0，在 x_0 的某个小邻域内利用泰勒展开可得

$$\begin{aligned} m(x) &\approx m(x_0) + m'(x_0)(x-x_0) + \cdots + \frac{m^{(p)}(x_0)}{p!}(x-x_0)^p \\ &\equiv a_0 + a_1(x-x_0) + \cdots + a_p(x-x_0)^p \end{aligned}$$

定义如下目标函数：

$$\sum_{i=1}^{n}\left(Y_i - \sum_{j=0}^{p} a_j (X_i - x_0)^j\right)^2 K_h(X_i - x_0) \tag{1.15}$$

其中，$K_h(\cdot)=h^{-1}K(\cdot/h)$，$K(\cdot)$ 为核函数，h 为带宽。记 $\hat{a}_j$，$j=1,\cdots,p$ 为最小化式 (1.15) 的解，$\hat{a}_0$ 为 $m(x_0)$ 的局部多项式估计，并且 $m^{(j)}(x_0)$ 的估计为 $j!\hat{a}_j$。如果在多项式展开中取 $p=1$，那么极小化式 (1.15) 所得的估计通常被称为局部线性估计。

一般地讲，局部多项式方法的优点是没有边界效应。局部多项式估计在边界点的估计偏差与在内点的估计偏差阶数一样，因此不需要在边界点处用特殊的权函数来减少边界效应。另外，局部多项式方法适用于各种设计，如随机设计以及固定设计等。在使用局部多项式方法进行统计推断的过程中，以下几个问题需要考虑。

首先，带宽 h 的选取。局部多项式估计对带宽的敏感性很强，带宽太大会导致较大的偏差，如果太小又会引起较大的估计方差。所以，针对具体的模型，选取一个合适的带宽是相当重要的。

其次，拟合多项式阶数 p 的选取。由于估计的偏差和方差主要由带宽来控制，所以拟合多项式阶数 p 就没有带宽的选取重要。对给定的带宽，如果 p 较小，将会导致较大的偏差，而对较大的 p 虽然会使偏差减小，但是将导致方差的增加以及计算量的增加。因此，在实际应用中，一般建议取 p 为 $j+1$ 或 $j+3$。例如，为了给出回归函数 $m(x)=m^{(0)}(x)$ 的估计，在实际应用中常常取 $p=0+1=1$，即用局部线性估计。

最后，核函数 $K(\cdot)$ 的选取。尽管选取什么样的 $K(\cdot)$ 对估计的影响都较小，但是在极小化 MSE 的准则下，通常选取 Epanechnikov 核函数 $K(x)=0.75(1-x^2)_+$。关于局部多项式更加详细的讨论参见范和吉贝尔（Fan & Gijbels，1996）的研究。

1.3.2 B 样条估计

为说明 B 样条方法的估计过程，我们仍考虑模型 (1.14)，并且假定 $m(x)$ 具有 r 阶连续导数。设 $B(x)=(B_1(x),\cdots,B_L(x))^T$ 为阶数是 $M+1$ 的 B 样条基函数，其中 $L=K+M+1$，K 为内部结点个数。那么，由舒梅克（Schumaker，1981）研究可知，$m(x)$ 可以由下式进行逼近：

$$m(x)\approx B(x)^T\gamma \tag{1.16}$$

其中，γ 为样条系数。定义如下目标函数：

$$\sum_{i=1}^{n}\left(Y_i-B(X_i)^T\gamma\right)^2 \tag{1.17}$$

记 $\hat{\gamma}$ 为极小化式 (1.17) 的解，那么回归函数 $m(x)$ 的 B 样条最小二乘估计为 $\hat{m}(x)=B(x)^T\hat{\gamma}$。

一般地，如果 $\hat{\gamma}$ 为极小化目标函数 $\sum\limits_{i=1}^{n}\rho(Y_i-B(X_i)^T\gamma)$ 的解，其中 $\rho(\cdot)$ 为一般的凸损失函数，那么可得到 $m(x)$ 的 B 样条 M 估计，何和施（He & Shi，1994）研究了该 M 估计的渐近性质。

由估计过程可知，阶数为 M 的 B 样条基函数由节点唯一确定。最常用的一种节点选取方法为取均匀节点，即 K 个节点将定义区间 $K+1$ 等分。更一般地，设 $a<x_1<\cdots<x_K<b$ 为样条基函数的内部节点，并且令 $x_0=a$，$x_{K+1}=b$，$h_i=x_i-x_{i-1}$，如果存在一个正常数 M，使得

$$\frac{\max\{h_i\}}{\min\{h_i\}}\leqslant M,\qquad \max|h_{i+1}-h_i|=o(K^{-1})$$

成立，那么称满足该条件的节点为拟均匀节点 (quasi-uniform knots)。另外，节点个数 K 在拟合数据和非参数函数估计的光滑程度之间起平衡作用。一方面，随着节点个数的增加，B 样条估计方差随之增大，而偏差变小，此时估计会过分地拟合数据；另一方面，随着节点个数的减少，B 样条估计的方差随之变小，但是

偏差变大，此时估计出的函数会充分的光滑。因此，在实际应用中，选取合适的节点个数往往是很重要的。

B 样条估计方法与光滑样条估计方法都是用样条函数来估计未知的非参数回归函数，其主要区别在于光滑样条估计方法保守地选择较多数目的节点，然后再通过惩罚系数防止估计过分地拟合数据。而 B 样条估计方法直接通过节点来平衡拟合数据和估计函数的光滑度。因此，相对于光滑样条方法，一般情况下 B 样条估计所需要的节点个数较少，从而待估的参数也较少。

1.3.3 经验似然估计

经验似然方法是欧文（Owen，1988）提出的一种非参数统计推断方法，与传统的统计方法相比，该方法具有很多好的性质。例如，用经验似然方法构造置信域时，所得置信域的形状完全由数据自行决定，并且不需要估计渐近方差。因此，经验似然方法引起了许多统计学家的兴趣。下面简单地介绍一下经典的经验似然方法的统计推断过程。

设随机样本 $X_1, \cdots, X_n$ 相互独立，且具有共同的累积分布 $F(x)$。另外，为表示方便，我们假定 X_i 为一维随机变量。那么关于 $F(x)$ 的非参数似然函数可定义为

$$L(F) = \prod_{i=1}^{n} \mathrm{d}F(X_i) = \prod_{i=1}^{n} p_i$$

其中，$p_i = \mathrm{d}F(X_i) = P\{X = X_i\}$，$i = 1, \cdots, n$。经简单计算可知 $X_1, \cdots, X_n$ 的经验分布函数 $F_n(x) = n^{-1}\sum\limits_{i=1}^{n} I(X_i \leqslant x)$，使得上式达到最大，即 $F_n(x)$ 为 $F(x)$ 的非参数极大似然估计。因此，类似于参数似然比，我们可以定义非参数对数似然比为 $R(F) = \log\{L(F)/L(F_n)\}$，容易证明

$$R(F) = \sum_{i=1}^{n} \log(np_i)$$

假如我们要对某个参数 $\mu = T(F)$ 进行统计推断，其中 $T(F)$ 表示分布 $F(x)$ 的某个泛函。为表示方便，我们考虑 $F(x)$ 的均值 μ 的区间估计，欧文（1988）定义了如下经验对数似然比函数：

$$R(\mu) = -2\max\left\{\sum_{i=1}^{n} \log(np_i) \left| \sum_{i=1}^{n} p_i X_i = \mu,\ \sum_{i=1}^{n} p_i = 1,\ p_i \geqslant 0 \right.\right\} \tag{1.18}$$

显然，经验似然比实际上是一种非参数似然比函数，它要求在满足约束条件 $\sum\limits_{i=1}^{n} p_i X_i = \mu$ 的情况下使得非参数似然比达到极大。而兴趣参数 μ 就通过约束条

件引入似然比中，从而得到关于 μ 的非参数似然比函数，并且利用该似然比函数作区间估计、假设检验以及其他的统计推断，这一方法就是所谓的经验似然方法。

将经验似然方法应用到线性模型的统计推断是欧文（1991）的另一重要贡献。设 $(X_i, Y_i), i=1,\cdots,n$ 为来自模型 (1.12) 的一组随机样本。定义辅助随机向量 $\eta_i(\beta)=X_i(Y_i-X_i^T\beta)$。那么，当 β 为参数真值时，由式 (1.12) 可知 $E\{\eta_i(\beta)\}=0$。因此，类似式 (1.18)，β 的经验似然比函数可以定义为

$$R(\beta)=-2\max\left\{\sum_{i=1}^{n}\log(np_i)\left|\sum_{i=1}^{n}p_i\eta_i(\beta)=0,\ \sum_{i=1}^{n}p_i=1,\ p_i\geqslant 0\right.\right\} \tag{1.19}$$

在一定的条件下，可以证明 $R(\beta)$ 渐近服从自由度为 p 的标准卡方分布，进而可以给出 β 的置信域。近年来，经验似然方法已经应用到半参数模型的估计问题中来。如王和荆（Wang & Jing，1999）利用经验似然方法考虑了部分线性模型的统计推断问题；薛和朱（Xue & Zhu，2006）则利用经验似然方法研究了单指标模型的统计推断问题。另外，尤和周（2006）以及黄和张（2009）分别把经验似然方法应用于部分线性变系数模型中参数分量以及非参数分量的统计推断中。关于经验似然方法及其应用的更多介绍可以参考欧文（2001）的研究。

1.3.4 极大似然估计

对于空间自回归（SAR）模型：

$$\boldsymbol{Y}_n=\lambda\boldsymbol{W}_n\boldsymbol{Y}_n+\boldsymbol{X}_n\boldsymbol{\beta}+\boldsymbol{\varepsilon}_n \tag{1.20}$$

假定误差项 $\boldsymbol{\varepsilon}_n\sim N(\boldsymbol{0},\ \sigma^2\boldsymbol{I}_n)$，我们可以将模型 (1.20) 改写成如下形式：

$$\boldsymbol{\varepsilon}_n=\boldsymbol{Y}_n-\lambda\boldsymbol{W}_n\boldsymbol{Y}_n-\boldsymbol{X}_n\boldsymbol{\beta}=(\boldsymbol{I}_n-\lambda\boldsymbol{W}_n)\boldsymbol{Y}_n-\boldsymbol{X}_n\boldsymbol{\beta}$$

从而得到模型 (1.20) 的对数似然函数：

$$L(\boldsymbol{\beta},\ \sigma^2,\ \lambda)=-\frac{n}{2}\ln(2\pi)-\frac{n}{2}\ln(\sigma^2)-\frac{1}{2\sigma^2}\boldsymbol{\varepsilon}_n^T\boldsymbol{\varepsilon}_n+\ln|\boldsymbol{I}_n-\lambda\boldsymbol{W}_n| \tag{1.21}$$

对式 (1.21) 关于 $\boldsymbol{\beta}$ 和 σ^2 求最大值，得到 $\boldsymbol{\beta}$ 和 σ^2 的初始估计：

$$\hat{\boldsymbol{\beta}}_{IN}=(\boldsymbol{X}_n^T\boldsymbol{X}_n)^{-1}\boldsymbol{X}_n^T(\boldsymbol{I}_n-\lambda\boldsymbol{W}_n)\boldsymbol{Y}_n$$

和

$$\hat{\sigma}_{IN}^2=\frac{1}{n}(\boldsymbol{Y}_n-\lambda\boldsymbol{W}_n\boldsymbol{Y}_n-\boldsymbol{X}_n\hat{\boldsymbol{\beta}}_{IN})^T(\boldsymbol{Y}_n-\lambda\boldsymbol{W}_n\boldsymbol{Y}_n-\boldsymbol{X}_n\hat{\boldsymbol{\beta}}_{IN})$$

将 $\hat{\boldsymbol{\beta}}_{IN}$ 和 $\hat{\sigma}^2_{IN}$ 代入式 (1.21)，得到关于 λ 的集中对数似然函数：

$$\begin{aligned}\tilde{L}(\lambda) = & -\frac{n}{2}\ln\Big(\frac{1}{n}\big((\boldsymbol{I}_n-\lambda\boldsymbol{W}_n)\boldsymbol{Y}_n\big)^T\boldsymbol{P}_n\big((\boldsymbol{I}_n-\lambda\boldsymbol{W}_n)\boldsymbol{Y}_n\big)\Big)- \\ & \frac{n}{2}\ln(2\pi)-\frac{n}{2}+\ln|\boldsymbol{I}_n-\lambda\boldsymbol{W}_n|\end{aligned} \tag{1.22}$$

其中，$\boldsymbol{P}_n=\boldsymbol{I}_n-\boldsymbol{X}_n(\boldsymbol{X}_n^T\boldsymbol{X}_n)^{-1}\boldsymbol{X}_n^T$ 是对称幂等矩阵。对式 (1.22) λ 求最大值，得到空间相关系数 λ 的极大似然估计：

$$\hat{\lambda}=\arg\max_{\lambda}\tilde{L}(\lambda)$$

用 $\hat{\lambda}$ 替换 $\hat{\boldsymbol{\beta}}_{IN}$ 和 $\hat{\sigma}^2_{IN}$ 中 λ，可以得到 $\boldsymbol{\beta}$ 和 σ^2 的最终极大似然估计。

然而，极大似然估计方法往往要求随机误差项服从独立同分布的正态分布，但是，在实际经济问题中，随机变量的分布常常是未知的。为了解决这个问题，李（2004）提出了拟极大似然（quasi maximum likelihood，QML）估计方法，它是真实分布未知条件下的极大似然估计方法。龚与萨马涅戈（Gong & Samaniego，1981）构造了基于误判分布的极大似然估计方法，被称为伪极大似然估计（pseudo-maximum likelihood estimation）。

1.3.5　广义矩估计

一方面，由于（拟）极大似然估计方法在估计空间相关系数 λ 时，只能利用非线性迭代方法得到 λ 的隐式解，而不是显式解；另一方面，在求似然函数时，极大似然估计（maximum likelihood estimate，MLE）或拟极大似然估计（quasi maximum likelihood，QML）方法需要计算 $\boldsymbol{I}_n-\lambda\boldsymbol{W}_n$ 的行列式和导数，随着观测值的增多，该行列式和导数的计算会越来越复杂。为了解决这些问题，广义矩估计方法（generalized method of moments，GMM）被学者们提了出来（Hansen，1982；Anselin，1988；Kelejian & Prucha，1998，1999；Lee，2007a，2007b；Su，2012）。

顾名思义，广义矩估计方法是矩估计的推广，实际上是将工具变量法（instrumental variables，IV）与矩估计方法相结合的一种新的估计方法。在学习数理统计初期，大家已经知道矩估计的本质是用样本矩来估计总体矩。而 IV 方法是解决内生性问题的重要手段之一，本节仍然以模型 (1.20) 为例来说明 GMM 方法的基本思想。令 $\boldsymbol{Z}_n=(\boldsymbol{W}_n\boldsymbol{Y}_n，\boldsymbol{X}_n)$，$\boldsymbol{\theta}=(\lambda，\boldsymbol{\beta}^T)^T$，则模型 (1.20) 变形为

$$\boldsymbol{Y}_n=\boldsymbol{Z}_n\boldsymbol{\theta}+\boldsymbol{\varepsilon}_n \tag{1.23}$$

其中，$\mathrm{E}(\boldsymbol{\varepsilon}_n)=\mathbf{0}$，$\mathrm{Var}(\boldsymbol{\varepsilon}_n)=\sigma^2\boldsymbol{I}_n$。设 $\boldsymbol{H}_n$ 是 $n\times r$ $(r\geqslant q+1)$ 阶工具变量，根据工具变量定义，有 $\mathrm{E}(\boldsymbol{H}_n^T\boldsymbol{\varepsilon}_n)=0$ 和 $\mathrm{E}(\boldsymbol{H}_n^T\boldsymbol{Z}_n)\neq 0$，则对应的样本矩为

$$\frac{1}{n}\sum_{j=1}^{n}h_{n,\ ij}\varepsilon_{n,\ j}=0 \quad 和 \quad \frac{1}{n}\sum_{j=1}^{n}h_{n,\ ij}z_{n,\ kj}\neq 0$$

将其代入式 (1.23)，有

$$\frac{1}{n}\sum_{j=1}^{n}h_{n,\ ij}\big(y_{n,\ j}-(\boldsymbol{Z}_n\boldsymbol{\theta})_j\big)=0$$

写成矩阵形式为

$$\frac{1}{n}(\boldsymbol{H}_n^T\boldsymbol{Y}_n-\boldsymbol{H}_n^T\boldsymbol{Z}_n\boldsymbol{\theta})=0$$

如果 $r=q+1$，此时工具变量个数（或方程个数）与模型中参数个数相同，模型刚好被识别，若 $\boldsymbol{H}_n^T\boldsymbol{Z}_n$ 可逆，则上式有唯一解，即 $\boldsymbol{\theta}$ 的工具变量估计为

$$\hat{\boldsymbol{\theta}}=(\boldsymbol{H}_n^T\boldsymbol{Z}_n)^{-1}\boldsymbol{H}_n^T\boldsymbol{Y}_n$$

如果 $r>q+1$，此时工具变量个数（或方程个数）多于模型中参数个数，则模型被过度识别。记 $l_n(\boldsymbol{\theta})=\dfrac{1}{n}(\boldsymbol{H}_n^T\boldsymbol{Y}_n-\boldsymbol{H}_n^T\boldsymbol{Z}_n\boldsymbol{\theta})$，则存在一个 $r\times r$ 阶正定矩阵 $\boldsymbol{A}_n$，构造判别函数（或矩函数）：

$$J_n(\boldsymbol{\theta})=l_n(\boldsymbol{\theta})^T\boldsymbol{A}_n l_n(\boldsymbol{\theta})$$

则 $\boldsymbol{\theta}$ 的 GMM 估计为

$$\hat{\boldsymbol{\theta}}=\arg\min_{\boldsymbol{\theta}}J_n(\boldsymbol{\theta})=(\boldsymbol{Z}_n^T\boldsymbol{H}_n\boldsymbol{A}_n\boldsymbol{H}_n^T\boldsymbol{Z}_n)^{-1}\boldsymbol{Z}_n^T\boldsymbol{H}_n\boldsymbol{A}_n\boldsymbol{H}_n^T\boldsymbol{Y}_n$$

关于正定矩阵 $\boldsymbol{A}_n$ 和工具变量 $\boldsymbol{H}_n$ 的选取问题，可以参考科勒建和罗宾逊（Kelejian & Robinson，1993）、李（2003）、科勒建和谱鲁查（Kelejian & Prucha，2004）、汉森（Hansen，2014）的研究。

1.4 主要内容及结构

本书主要在纵向数据、测量误差数据以及缺失数据等复杂数据下，研究了部分线性变系数模型、部分线性单指标模型和部分线性可加模型的统计推断问题。具体地讲，本书的主要内容以及结构安排如下。

第 2 章，利用经验似然方法研究了模型 (1.8) 中参数的估计问题。对参数分量 β 我们提出了一个基于分组的经验似然方法，该方法可以有效地处理纵向数据

的组内相关性给构造经验似然比函数所带来的困难；并且证明了所构造经验对数似然比函数渐近服从标准卡方分布，进而构造了参数分量的置信域。另外，利用残差调整的方法，对非参数分量 $\theta(\cdot)$ 提出了一个残差调整的经验似然推断方法。在没有欠光滑的条件下，证明了所构造的经验对数似然比函数渐近服从标准卡方分布，进而构造了非参数分量的逐点置信区间。在估计 $\theta(\cdot)$ 时，已有的基于数据驱动的带宽选择方法仍可以使用，这与黄和张（2009）关于 $\theta(\cdot)$ 的经验似然推断是不同的。

第 3 章，在测量误差数据下考虑了纵向部分线性变系数模型的经验似然估计问题。对模型中的参数分量 β，我们提出一个偏差校正的经验对数似然比函数，并证明了其渐近服从标准的卡方分布，进而构造了 β 的置信域。我们的方法不需要任何极限方差的估计。我们还利用经验似然方法研究了模型中非参数分量 $\theta(\cdot)$ 的逐点区间估计问题。

第 4 章，考虑了响应变量随机缺失的情况下，模型 (1.2) 中参数分量 β 的置信域构造问题。我们首先基于逆边际概率加权方法，提出了一个调整的经验似然估计方法。然后，为了提高置信域的精度，我们还提出了一个基于借补值的经验似然统计推断方法。通过巧妙地构造借补辅助随机向量，构造了关于 β 的借补经验对数似然比函数，并证明了其仍然渐近服从标准卡方分布，进而给出了 β 的置信域。

第 5 章，考虑了部分线性单指标空间自回归模型。第一，提出了部分线性单指标空间自回归模型的设定形式；第二，构建了模型的 GMM 估计方法；第三，在一定的正则假设条件下，证明了未知参数估计量及未知连接函数估计量的大样本性质；第四，通过蒙特卡罗模拟方法（Monte Carlo Simulation，MCS），考察了估计量的小样本良好表现；第五，通过波士顿房价数据建模分析验证了模型的实用性。

第 6 章，考虑了部分线性单指数空间误差回归模型。第一，提出了部分线性单指标空间误差回归模型的设定形式；第二，构建了模型的 GMM 估计方法；第三，在一定的正则假设条件下，证明了未知参数估计量及未知连接函数估计量的大样本性质；第四，通过 MCS 考察了估计量的小样本良好表现；第五，利用所得到的模型估计技术分析了我国房价的线性、非线性影响因素以及空间溢出效应。

第 7 章，考虑了部分线性可加空间自回归模型。第一，提出了部分线性可加空间自回归模型的设定形式；第二，构建了模型的 GMM 估计方法；第三，在一定的正则假设条件下，证明了未知参数估计量及未知函数估计量的大样本性质；第四，通过 MCS 考察了估计量的小样本良好表现；第五，利用所得到的模型估计技术分析了我国房价的线性、非线性影响因素以及空间溢出效应。

第 8 章，考虑了部分线性可加空间误差回归模型。第一，提出了部分线性可加空间误差回归模型的设定形式；第二，构建了模型的 GMM 估计方法；第三，在一定的正则假设条件下，证明了未知参数估计量及未知函数估计量的大样本性质；第四，通过 MCS 考察了估计量的小样本良好表现；第五，通过波士顿房价数据建模分析验证了模型的实用性。

第 2 章 纵向数据下部分线性变系数模型的经验似然估计

2.1 引　言

对纵向数据，我们考虑如下部分线性变系数模型：

$$Y(t) = X(t)^T\theta(t) + Z(t)^T\beta + \varepsilon(t) \tag{2.1}$$

其中，$\beta = (\beta_1, \cdots, \beta_q)^T$ 为 $q \times 1$ 未知参数向量，$\theta(t) = (\theta_1(t), \cdots, \theta_p(t))^T$ 为 $p \times 1$ 未知的函数系数向量，$Y(t)$ 为在时刻 t 的响应变量，$X(t)$ 和 $Z(t)$ 为协变量，$\varepsilon(t)$ 为模型误差，并且满足 $E\{\varepsilon(t)|X(t), Z(t)\} = 0$。这里时间 t 取值于某个非退化的紧区间，不失一般性，假定其在区间 [0，1] 上取值。

对模型 (2.1) 的估计问题，在独立数据下，范和黄（2005）利用 Profile 最小二乘方法研究了参数分量 β 的估计问题，并证明了所得估计 $\hat{\beta}$ 是相合的并且具有渐近正态性。因此，利用正态逼近方法，可以给出 β 的置信域，但是该方法需要估计 $\hat{\beta}$ 的渐近方差。而在纵向数据下，$\hat{\beta}$ 的渐近方差往往具有相当复杂的结构，因此利用正态逼近方法构造 β 的置信域往往是相当困难的。另外，基于经验似然方法，尤和周（2006）研究了模型 (2.1) 中参数分量 β 的置信域构造问题，黄和张（2009）研究了非参数分量 $\theta(\cdot)$ 的逐点置信区间估计问题。尽管利用经验似然方法可以避免对估计量的渐近方差进行估计，但是尤和周（2006）、黄和张（2009）是在独立数据下对模型 (2.1) 进行统计推断。由于纵向数据存在组内相关性，因此对纵向数据下的部分线性变系数模型，尤和周（2006）与黄和张（2009）所提出的经验似然推断方法将不能直接应用。

为此，利用经验似然方法研究模型 (2.1) 中的参数分量 β 以及非参数分量 $\theta(\cdot)$ 的估计；利用经验似然方法构造置信域不需要估计任何渐近方差，并且基于经验似然方法构造的置信域不需要对置信域的形状施加任何约束，而是完全由数据决定。因此，所构造的置信域具有相对较好的稳健性以及较高的精度。

对参数分量 β，我们提出了一个分组的经验似然方法，该方法可以有效地处理纵向数据的组内相关性给构造经验似然比函数带来的困难。并证明了所构造经验对数似然比函数渐近服从标准卡方分布，进而构造了 β 的置信域。另外，利用残差调整的方法，对非参数分量 $\theta(\cdot)$ 提出了一个残差调整的经验对数似然比函数。在没有欠光滑的条件下，我们证明了其渐近服从标准卡方分布，进而构造了 $\theta(\cdot)$ 的逐点置信区间，并且在估计 $\theta(\cdot)$ 时，已有的基于数据驱动的带宽选择方法仍可以使用，这与黄和张（2009）关于 $\theta(\cdot)$ 的经验似然推断是不同的。

2.2 参数分量的经验似然估计

我们利用经验似然方法，研究模型 (2.1) 中参数分量的置信域构造问题。考虑含有 n 个个体的样本，并且对第 i 个个体在时间点 $t=t_{i1},\cdots,t_{in_i}$，$i=1,\cdots,n$ 对响应变量 $Y_i(t)$ 以及协变量 $X_i(t)$ 和 $Z_i(t)$ 进行观测，其中 n_i 表示对第 i 个个体总的观测次数。那么模型 (2.1) 可写为

$$Y_i(t_{ij})=X_i(t_{ij})^T\theta(t_{ij})+Z_i(t_{ij})^T\beta+\varepsilon_i(t_{ij}),\quad j=1,\cdots,n_i,\quad i=1,\cdots,n \tag{2.2}$$

我们假定来自不同个体的样本是相互独立的，而来自同一个体的样本可以存在相关性。另外，在我们的渐近理论研究中，假定 n_i 是有界的而个体的总数 n 是趋于无穷的。

林和赢（Lin & Ying，2001）以及范和李（2004）在纵向数据分析过程中引入计数过程 $N_i(t)\equiv\sum_{j=1}^{n_i}I(t_{ij}\leqslant t)$ 来刻画对第 i 个个体的观测次数，其中 $I(\cdot)$ 为示性函数。类似地，我们把对个体的观测次数看成某一带删失的计数过程的实现，具体地，

$$N_i(t)=N_i^*\{\min(t,\ C_i)\}$$

其中，$N_i^*(t)$ 为关于时间 $t\in[0,\ 1]$ 的计数过程，C_i 为可以依赖协变量 $X_i(t)$ 以及 $Z_i(t)$ 的删失时间。本章假定该删失机制是不提供信息的，即：

$$E\{Y_i(t)|X_i(t),\ Z_i(t),\ C_i\geqslant t\}=E\{Y_i(t)|X_i(t),\ Z_i(t)\}$$

下面我们考虑模型 (2.2) 中参数分量 β 的置信域构造问题。

在任意给定 t_0 的某个小邻域内，$\theta_k(t)$ 可以被如下线性函数进行局部逼近：

$$\theta_k(t)\approx\theta_k(t_0)+\theta_k'(t_0)(t-t_0)\equiv a_k+b_k(t-t_0),\qquad k=1,\cdots,p$$

因此，对给定的 β，我们可以通过最小化式 (2.3) 得到 $\theta(t)$ 的局部加权最小二乘

估计 $\breve{\theta}(t)$。

$$\sum_{i=1}^{n}\int_{0}^{1}\left\{[Y_i(s)-Z_i(s)^T\beta]-\sum_{k=1}^{p}[a_k+b_k(s-t)]X_{ik}(s)\right\}^2 K_h(s-t)dN_i(s) \quad (2.3)$$

其中，$K_h(\cdot)=h^{-1}K(\cdot/h)$，$K(\cdot)$ 为核函数，h 为带宽，$X_{ik}(t)$ 表示 $X_i(t)$ 的第 k 个分量。记

$$D_t=\begin{pmatrix} X_1(t_{11}) & \cdots & X_n(t_{nn_n}) \\ h^{-1}(t_{11}-t)X_1(t_{11}) & \cdots & h^{-1}(t_{nn_n}-t)X_n(t_{nn_n}) \end{pmatrix}^T$$

为 $N\times 2p$ 矩阵，$\Omega_t=\text{diag}\{K_h(t-t_{11}),\cdots,K_h(t-t_{nn_n})\}$ 为 $N\times N$ 对角矩阵，其中 $N=\sum\limits_{i=1}^{n}n_i$。那么 $\breve{\theta}(t)$ 可写为

$$\breve{\theta}(t)=(I_p,\ 0_p)(D_t^T\Omega_t D_t)^{-1}D_t^T\Omega_t(Y-Z\beta)$$

其中，$Z=(Z_1(t_{11}),\cdots,Z_n(t_{nn_n}))^T$，$Y=(Y_1(t_{11}),\cdots,Y_n(t_{nn_n}))^T$，$I_p$ 为 $p\times p$ 单位矩阵，0_p 为 $p\times p$ 零矩阵。记

$$(I_p,\ 0_p)(D_t^T\Omega_t D_t)^{-1}D_t^T\Omega_t\equiv(S_{11}(t),\cdots,S_{1n_1}(t),\cdots,S_{nn_n}(t))$$

则有

$$\breve{\theta}(t)=\sum_{k=1}^{n}\sum_{l=1}^{n_k}S_{kl}(t)[Y_k(t_{kl})-Z_k^T(t_{kl})\beta] \quad (2.4)$$

把式 (2.4) 代入模型 (2.2)，并经简单计算可得

$$\breve{Y}_i(t_{ij})=\breve{Z}_i(t_{ij})^T\beta+\varepsilon_i(t_{ij}) \quad (2.5)$$

其中，$\breve{Z}_i(t_{ij})=Z_i(t_{ij})-\hat{\mu}(t_{ij})^T X_i(t_{ij})$，$\breve{Y}_i(t_{ij})=Y_i(t_{ij})-X_i(t_{ij})^T\hat{g}(t_{ij})$，$\hat{\mu}(t)=\sum\limits_{k=1}^{n}\sum\limits_{l=1}^{n_k}S_{kl}(t)Z_k(t_{kl})$，$\hat{g}(t)=\sum\limits_{k=1}^{n}\sum\limits_{l=1}^{n_k}S_{kl}(t)Y_k(t_{kl})$。为了构造 β 的经验似然比函数，我们引入如下辅助随机向量：

$$\hat{\eta}_i(\beta)=\int_0^1\breve{Z}_i(t)[\breve{Y}_i(t)-\breve{Z}_i(t)^T\beta]dN_i(t) \quad (2.6)$$

由式 (2.5) 可知，如果 β 是参数真值，那么 $E\{\hat{\eta}_i(\beta)\}=o(1)$。利用此信息，我们可以定义关于 β 的经验对数似然比函数为

$$\hat{R}(\beta)=-2\max\left\{\sum_{i=1}^{n}\log(np_i)\,\middle|\,p_i\geqslant 0,\ \sum_{i=1}^{n}p_i=1,\ \sum_{i=1}^{n}p_i\hat{\eta}_i(\beta)=0\right\}$$

其中，$p_i = p_i(\beta)$ ， $i = 1, \cdots, n$。如果 0 在点 $(\hat{\eta}_1(\beta), \cdots, \hat{\eta}_n(\beta))$ 所构成的凸集内部，那么 $\hat{R}(\beta)$ 存在唯一的解。基于 Lagrange 乘子法寻找最优的 p_i，那么 $\hat{R}(\beta)$ 可写为

$$\hat{R}(\beta) = 2\sum_{i=1}^{n} \log(1 + \lambda^T \hat{\eta}_i(\beta)) \tag{2.7}$$

其中，$\lambda = \lambda(\beta)$ 为 $q \times 1$ 向量，且满足

$$\sum_{i=1}^{n} \frac{\hat{\eta}_i(\beta)}{1 + \lambda^T \hat{\eta}_i(\beta)} = 0 \tag{2.8}$$

对纵向数据，尽管来自不同个体的样本是相互独立的，但是每个个体内部的数据往往是相关的。我们通过引入计数过程 $N_i(t)$ 把数据分为 n 组，从而保证了基于式 (2.6) 所构造的辅助随机向量 $\hat{\eta}_i(\beta)$，$i = 1, \cdots, n$ 是相互独立的，因此可以构造关于 β 的经验似然比函数。这种构造方法可以有效地处理纵向数据的组内相关性给构造经验似然比函数所带来的困难。下面的定理说明我们所构造的基于分组的经验对数似然比函数渐近服从标准卡方分布。

定理 2.2.1 假定第 2.5 节中的条件 C2.1~C2.6 成立。如果 β 是参数真值，那么

$$\hat{R}(\beta) \xrightarrow{\mathcal{L}} \chi_q^2$$

其中，$\xrightarrow{\mathcal{L}}$ 表示依分布收敛，χ_q^2 表示自由度为 q 的标准卡方分布。

记 $\chi_q^2(1-\alpha)$ 为 χ_q^2 的 $1-\alpha$ 分位数，$(0 < \alpha < 1)$。那么由定理 2.2.1 可知，β 的 $1-\alpha$ 渐近置信域可以定义为

$$C_\alpha(\beta) = \left\{\beta \,\middle|\, \hat{R}(\beta) \leqslant \chi_q^2(1-\alpha)\right\}$$

我们可以最大化 $-\hat{R}(\beta)$ 来得到 β 的极大经验似然估计。记

$$\hat{\Gamma} = \frac{1}{n}\sum_{i=1}^{n} \int_0^1 \breve{Z}_i(t)\breve{Z}_i(t)^T dN_i(t)$$

如果矩阵 $\hat{\Gamma}$ 是可逆的，那么 β 的极大经验似然估计为

$$\hat{\beta} = \hat{\Gamma}^{-1}\frac{1}{n}\sum_{i=1}^{n} \int_0^1 \breve{Z}_i(t)\breve{Y}_i(t) dN_i(t)$$

记

$$\Gamma = E\left\{\int_0^1 \left[Z(t) - \mu(t)^T X(t)\right]^{\otimes 2} dN(t)\right\}$$

$$B = E\left(\int_0^1 [Z(t) - \mu(t)^T X(t)]\varepsilon(t)dN(t)\right)^{\otimes 2}$$

其中，$A^{\otimes 2} = AA^T$，$\mu(t) = \Psi(t)^{-1}\Phi(t)$，$\Phi(t) = E\{X(t)Z(t)^T|t\}$，$\Psi(t) = E\{X(t)\cdot X(t)^T|t\}$。下面的定理给出了 $\hat{\beta}$ 的渐近正态性。

定理 2.2.2 假设第 2.5 节中的条件 C2.1～C2.6 成立，那么有

$$\sqrt{n}(\hat{\beta} - \beta) \xrightarrow{\mathcal{L}} N(0,\ \Sigma)$$

其中，$\Sigma = \Gamma^{-1}B\Gamma^{-1}$。

通过定理 2.2.2，我们也可以构造 β 的置信域，但是该方法需给出渐近协方差阵 Σ 的相合估计。

2.3 非参数分量的经验似然估计

对任给的 t，定义辅助随机向量:

$$\varphi_i(\theta(t)) = \int_0^1 X_i(s)[Y_i(s) - Z_i(s)^T\hat{\beta} - X_i(s)^T\theta(t)]K\left((t-s)/h\right)dN_i(s) \quad (2.9)$$

由式 (2.2) 以及定理 2.2.2，我们有 $E\{\varphi_i(\theta(t))\} = o(1)$。因此，关于 $\theta(t)$ 经验对数似然比函数可以定义为

$$l(\theta(t)) = -2\max\left\{\sum_{i=1}^n \log(np_i)\middle| p_i \geqslant 0,\ \sum_{i=1}^n p_i = 1,\ \sum_{i=1}^n p_i\varphi_i(\theta(t)) = 0\right\} \quad (2.10)$$

我们也可以最大化 $-l(\theta(t))$ 来得到 $\theta(t)$ 的最大经验似然估计 $\hat{\theta}(t)$。记

$$\hat{V}(t) = \frac{1}{Nh}\sum_{i=1}^n \int_0^1 X_i(s)X_i(s)^T K((s-t)/h)dN_i(s)$$

则有

$$\hat{\theta}(t) = \hat{V}(t)^{-1}\frac{1}{Nh}\sum_{i=1}^n \int_0^1 K((s-t)/h)X_i(s)(Y_i(s) - Z_i(s)^T\hat{\beta})dN_i(s) \quad (2.11)$$

下面的定理给出了 $\hat{\theta}(t)$ 的渐近性质。

定理 2.3.1 设第 2.5 节中的条件 C2.1～C2.6 成立。对给定的 t，那么有

$$\sqrt{Nh}\left\{\hat{\theta}(t)-\theta(t)-b(t)\right\}\xrightarrow{\mathcal{L}}N(0,\ G(t))$$

其中，$b(t)=\dfrac{h^2}{2}\theta''(t)\int_{-1}^{1}s^2K(s)ds, G(t)=f(t)^{-1}\Psi(t)^{-1}\sigma(t)^2\int_{-1}^{1}K(s)ds, \sigma(t)^2=E\{\varepsilon(t)^2|t\}$，$f(t)$ 是 $N(t)$ 的强度函数。

通过定理 2.3.1，我们可以构造 $\theta(t)$ 的逐点置信区间，但是此方法需要给出渐近协方差阵 $G(t)$ 和渐近偏差 $b(t)$ 的相合估计，因此利用渐近正态性构造置信区间往往是很困难的。另外，利用经验似然方法，通过式 (2.10) 来构造 $\theta(t)$ 的置信区间可以避免对 $G(t)$ 和 $b(t)$ 的估计。但是，利用类似薛和朱（Xue & Zhu，2007）的证法可知，除非利用欠光滑方法，$l(\theta(t))$ 的渐近分布不是标准卡方分布。因此，通过式 (2.10) 来构造 $\theta(t)$ 置信区间也是不太方便的。下面我们通过残差调整的方法，给出一个关于 $\theta(t)$ 的调整经验对数似然比函数，并证明了其渐近服从标准卡方分布，进而可以构造 $\theta(t)$ 的逐点置信区间。为此，定义残差调整的辅助随机向量为

$$\begin{aligned}\hat{\varphi}_i(\theta(t))=&\int_0^1 X_i(s)\left\{Y_i(s)-Z_i(s)^T\hat{\beta}-X_i(s)^T\theta(t)-X_i(s)^T[\hat{\theta}(s)-\hat{\theta}(t)]\right\}\\&\times K\left((t-s)/h\right)dN_i(s)\end{aligned}$$

进而定义关于 $\theta(t)$ 的残差调整经验对数似然比函数为

$$\hat{l}(\theta(t))=-2\max\left\{\sum_{i=1}^{n}\log(np_i)\middle|p_i\geqslant 0,\ \sum_{i=1}^{n}p_i=1,\ \sum_{i=1}^{n}p_i\hat{\varphi}_i(\theta(t))=0\right\}$$

对给定的 t，如果 0 在点 $(\hat{\varphi}_1(\theta(t)),\cdots,\hat{\varphi}_n(\theta(t)))$ 所形成的凸集内部，则 $\hat{l}(\theta(t))$ 存在唯一解。利用 Lagrange 乘子方法寻找最优的 p_i，那么 $\hat{l}(\theta(t))$ 可写为

$$\hat{l}(\theta(t))=2\sum_{i=1}^{n}\log[1+\delta^T\hat{\varphi}_i(\theta(t))] \tag{2.12}$$

其中，$\delta=\delta(\theta(t))$ 为 $p\times 1$ 向量，且满足

$$\frac{1}{n}\sum_{i=1}^{n}\frac{\hat{\varphi}_i(\theta(t))}{1+\delta^T\hat{\varphi}_i(\theta(t))}=0$$

如下定理表明，对给定的 t，$\hat{l}(\theta(t))$ 渐近服从标准卡方分布。

定理 2.3.2　假设第 2.5 节中的条件 C2.1~C2.6 成立。对给定的 t，如果 $\theta(t)$ 是参数真值，那么有 $\hat{l}(\theta(t)) \xrightarrow{\mathcal{L}} \chi_p^2$。

记 $\chi_p^2(1-\alpha)$ 为 χ_p^2 的 $1-\alpha$ 分位数，$(0<\alpha<1)$。由定理 2.3.2 可知，$\theta(t)$ 的 $1-\alpha$ 渐近逐点置信区间为

$$C_\alpha(\theta(t)) = \left\{\theta(t) \middle| \hat{l}(\theta(t)) \leqslant \chi_p^2(1-\alpha)\right\}$$

2.4 数值模拟

我们通过数据模拟来研究本章所提出方法的有限样性质。为实施模拟，我们从如下模型产生数据：

$$Y_i(t_{ij}) = \sin(2\pi t_{ij})X_i(t_{ij}) + Z_{1i}(t_{ij}) + Z_{2i}(t_{ij}) + \varepsilon_i(t_{ij}) \tag{2.13}$$

这里 $\beta=(1,\ 1)^T$，$\theta(t)=\sin(2\pi t)$。在模拟过程中，协变量 $X_i(t_{ij})$、$Z_{1i}(t_{ij})$ 和 $Z_{2i}(t_{ij})$ 通过如下方式产生：$X_i(t_{ij}) = T_i(t_{ij}) + \xi_i$，$Z_{1i}(t_{ij}) = T_i(t_{ij}) + e_{1i}$，$Z_{2i}(t_{ij}) = T_i(t_{ij}) + e_{2i}$，其中，对给定的 t、$T_i(t)$、ξ_i、e_{1i} 以及 e_{2i} 相互独立，并且 $T_i(t) \sim U(-0.5t,\ 0.5t)$，$\xi_i \sim N(0,\ 1)$，$e_{1i} \sim N(0,\ 1.5^2)$，$e_{2i} \sim N(0,\ 2^2)$。

利用该方法产生的数据则满足组内数据存在相关性而组间数据是相互独立的。另外，观测次数的计数过程 $N^*(t)$ 取为速率为 ζ 的随机效应 Poisson 过程，其中 ζ 服从区间 (0，1) 上均匀分布。并且取 $N^*(0)\equiv 1$ 以保证对每个个体至少有一次观测。时间 t 取为区间 (0，1) 上的均匀分布随机变量，删失时间取为区间 (0，4) 上的均匀分布随机变量。$Y(t)$ 由模型产生，其中 $\varepsilon(t)$ 是均值为 0，协方差函数为 $E\{\varepsilon(s)\varepsilon(t)\} = \exp(-2|t-s|)$ 的 Gaussian 过程。在模拟过程中，取 $n=100$ 个个体，实验重复 1000 次，核函数取为 $K(t)=0.75(1-t^2)_+$。用交叉证实法选取 h_{CV} 使其满足如下目标函数达到最小：

$$\mathrm{CV}(h) = \frac{1}{n}\sum_{i=1}^{n}\int_0^1 \left\{Y_i(t) - \hat{\theta}_{[i]}(t)^T X_i(t) - \hat{\beta}_{[i]}^T Z_i(t)\right\}^2 dN_i(t)$$

其中，$\hat{\theta}_{[i]}(\cdot)$ 和 $\hat{\beta}_{[i]}$ 分别为去掉第 i 个个体后 $\theta(\cdot)$ 和 β 的估计。

对参数分量 β，我们用两种方法进行比较：经验似然方法（empirical likelihood，EL），即通过定理 2.2.1 构造置信域；正态逼近方法（nortual approximat，NA），即通过定理 2.2.2 构造置信域。基于 1000 次重复实验，β 的 95% 平均置信域的模拟结果如图 2-1 所示，其中，虚线表示基于经验似然（EL）方法的模拟结果，点虚线表示基于正态逼近（NA）方法的模拟结果。

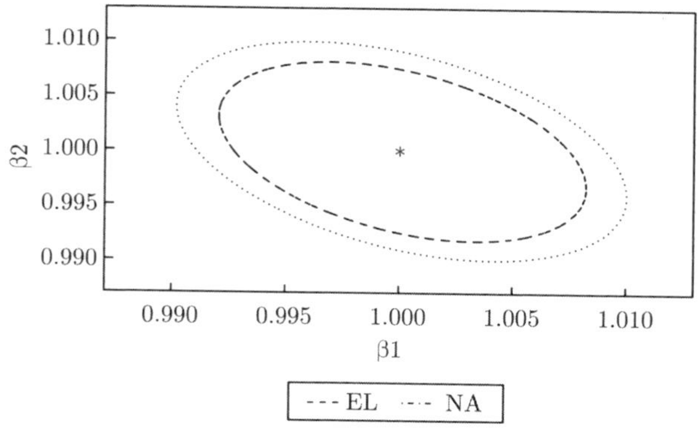

图 2-1 基于 EL 和 NA 方法，β 的 95% 置信域

从图 2-1 可以看出 EL 方法给出了相对较小的置信域。另外，由模拟可知，基于 EL 方法的置信域所对应的覆盖概率为 0.943，而基于 NA 方法的置信域所对应的覆盖概率为 0.936，其略小于基于 EL 方法得到的覆盖概率。

对非参数分量 $\theta(t)$，用两种方法进行比较：正态逼近方法（NA），即通过定理 2.3.1 构造逐点置信区间；残差调整的经验似然方法（EL），即通过定理 2.3.2 构造逐点置信区间。基于 1000 次重复实验，$\theta(t)$ 的平均逐点置信区间以及对应的覆盖概率分别如图 2-2 和图 2-3 所示，其中虚线为基于 EL 方法的模拟结果，点虚线为基于 NA 方法的模拟结果，实线表示真实曲线。

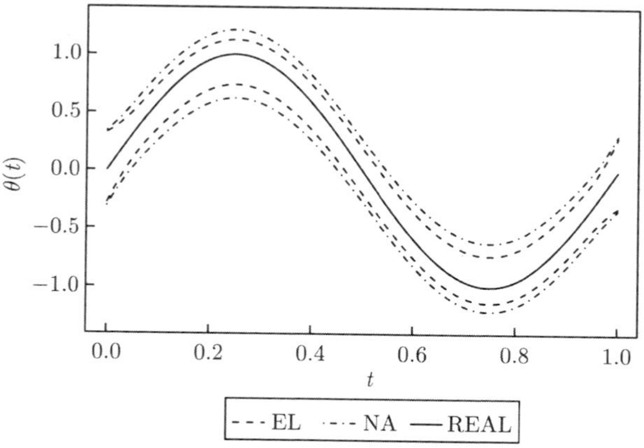

图 2-2 基于 EL 和 NA 方法，$\theta(t)$ 的 95% 平均逐点置信区间

通过图 2-2 以及图 2-3 可以看出 EL 方法优于 NA 方法，因为基于 EL 方法所得逐点置信区间对应的覆盖概率均大于基于 NA 方法所得逐点置信区间对应的

覆盖概率，并且 EL 方法给出了相对较短的平均区间长度。

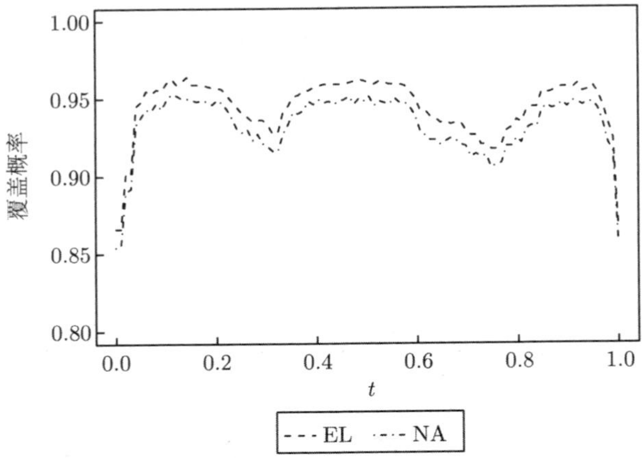

图 2-3　基于 EL 方法和 NA 方法所得 $\theta(t)$ 的 95% 逐点置信区间所对应的覆盖概率

2.5　引理及定理的证明

为了书写方便，令 c 表示某一正常数，每次出现可以代表不同的值。在证明主要定理之前，我们首先给出一些正则条件。

C2.1：带宽满足 $h = cn^{-1/5}$，其中 $c > 0$ 为某个正常数。

C2.2：核函数 $K(\cdot)$ 是对称的概率核函数，且满足 $\int t^4 K(t)dt < \infty$。

C2.3：强度函数 $f(t)$ 为区间 [0，1] 上有界正函数，并且在区间 (0，1) 上二次连续可微。

C2.4：$\theta(t)$、$\Phi(t)$ 和 $\Psi(t)$ 为区间 (0，1) 上的二次连续可微函数。

C2.5：$\sup\limits_{0\leqslant t\leqslant 1} E\{\varepsilon(t)^4|t\} < \infty$，$\sup\limits_{0\leqslant t\leqslant 1} E\{X_r(t)^4|t\} < \infty$，$E\{\varepsilon(t)^4|t\}$，$E\{X_r(t)^4|t\}$ 关于 t 连续，$r = 1, \cdots, p$，其中 $X_r(t)$ 是 $X(t)$ 的第 r 个分量。

C2.6：对给定的 t，$\Psi(t)$ 是正定矩阵。

定理的证明依赖以下几个引理。

引理 2.5.1　设 a_1，$a_2, \cdots, a_n$；b_1，$b_2, \cdots, b_n$ $(b_1 \geqslant b_2 \geqslant, \cdots, \geqslant b_n)$ 为两实数序列。记 $S_k = \sum\limits_{i=1}^{k} a_i$。那么有

$$\left|\sum_{i=1}^{n} a_i b_i\right| \leqslant 3 \max_{1\leqslant i\leqslant n} |b_i| \max_{1\leqslant i\leqslant n} |S_i|$$

证明 利用 Abel 不等式，经简单计算可得

$$\left|\sum_{i=1}^{n} a_i b_i\right| \leqslant \left|S_n b_n\right| + \max_{1\leqslant i\leqslant n}\left|S_i\right|(b_1 - b_n) \leqslant 3\max_{1\leqslant i\leqslant n}\left|b_i\right| \max_{1\leqslant i\leqslant n}\left|S_i\right|$$

这就完成了本引理的证明。

引理 2.5.2 记 e_i，$i=1,\cdots,n$ 为相互独立的随机变量序列，且满足 $E(e_i)=0$ 和 $E(e_i^2)<c<\infty$，那么有

$$\max_{1\leqslant k\leqslant n}\left|\sum_{i=1}^{k} e_i\right| = O_p(\sqrt{n}\log n)$$

进一步，令 $(j_1, j_2, \cdots, j_n)$ 为 $(1, 2, \cdots, n)$ 的任一置换。那么有

$$\max_{1\leqslant k\leqslant n}\left|\sum_{i=1}^{k} e_{j_i}\right| = O_p(\sqrt{n}\log n)$$

证明 利用 Kolmogrov 不等式可得

$$P\left\{\max_{1\leqslant k\leqslant n}\left|\sum_{i=1}^{k} e_i\right| \geqslant \sqrt{n}\log n\right\} \leqslant (\sqrt{n}\log n)^{-2}\sum_{i=1}^{n} E(e_i^2) = o(1)$$

即 $\max_{1\leqslant k\leqslant n}\left|\sum_{i=1}^{k} e_i\right| = O_p(\sqrt{n}\log n)$，这就得到了第一式的证明。类似地可以证明第二式，这就完成了本引理的证明。

引理 2.5.3 记 $(X_1, Y_1), \cdots, (X_n, Y_n)$ 为独立同分布的随机向量序列，其中 Y_i 为一维随机变量。进一步，假定 $E|Y_1|^s<\infty$，$\sup_x \int |y|^s f(x, y)dy < \infty$，其中 $s>1$，$f(\cdot, \cdot)$ 为 (X, Y) 的联合密度函数。记 $K(\cdot)$ 为具有紧支撑的有界正函数，并且满足 Lipschitz 条件。如果 $n^{2\delta-1}h \longrightarrow \infty$，其中 $\delta < 1 - s^{-1}$，那么有

$$\sup_x\left|\frac{1}{n}\sum_{i=1}^{n}\{K_h(X_i - x)Y_i - E[K_h(X_i - x)Y_i]\}\right| = O_p\left(\left\{\frac{\log(1/h)}{nh}\right\}^{1/2}\right)$$

证明 由麦克和西尔弗曼（Mack & Silverman，1982）的命题 4① 可以得出本引理的结论。

① Mack Y P，Silverman B W. Weak and Strong Uniform Consistency of Kernel Regression Estimates[J]. Zeitschrift Wahrscheinlichkeitstheorie Verwandte Gebiete，1982，61: 405-415.

引理 2.5.4　假定条件 C2.1~C2.6 成立。那么有

$$\sup_{0<t<1} \| \hat{\mu}(t) - \Psi(t)^{-1}\Phi(t) \| = O_p(C_n)$$

$$\sup_{0<t<1} \| \hat{g}(t) - \Psi(t)^{-1}\Phi(t)\beta - \theta(t) \| = O_p(C_n)$$

其中，$\hat{\mu}(t)$ 和 $\hat{g}(t)$ 由式 (2.5) 所定义，$C_n = \left\{\frac{\log(1/h)}{nh}\right\}^{1/2} + h^2$。

证明　设：

$$S_{nl}(t) = \sum_{i=1}^{n} \int_0^1 X_i(s)X_i(s)^T \left(\frac{s-t}{h}\right)^l K_h(s-t)dN_i(s), \qquad l = 0，1，2$$

那么，简单计算可得

$$E\{S_{nl}(t)\} = nf(t)\Psi(t)\int_{-1}^{1} s^l K(s)ds + o(1), \qquad l = 0，1，2$$

注意到

$$D_t^T \Omega_t D_t = \begin{pmatrix} S_{n0}(t) & S_{n1}(t) \\ S_{nl}(t) & S_{n2}(t) \end{pmatrix}$$

那么由引理 2.5.3 可知，对 $t \in (0，1)$，一致有

$$D_t^T \Omega_t D_t = nf(t)\Psi(t) \otimes \begin{pmatrix} 1 & 0 \\ 0 & \int_{-1}^{1} s^2 K(s)ds \end{pmatrix} \{1 + O_p(C_n)\} \tag{2.14}$$

其中 $\otimes$ 为 Kronecker 乘积。利用类似的证法可知，对 $t \in (0，1)$，一致有

$$D_t^T \Omega_t Z = nf(t)\Phi(t) \otimes (1，0)^T \{1 + O_p(C_n)\} \tag{2.15}$$

结合式 (2.14) 和式 (2.15) 可得，对 $t \in (0，1)$，一致有

$$\hat{\mu}(t) = (I_p，0_p)(D_t^T \Omega_t D_t)^{-1} D_t^T \Omega_t Z = \Psi(t)^{-1}\Phi(t)\{1 + O_p(C_n)\} \tag{2.16}$$

令 $M = (X_1(t_{11})^T\theta(t_{11})，\cdots, X_n(t_{nn_n})^T\theta(t_{nn_n}))^T$，$\varepsilon = (\varepsilon_1(t_{11})，\cdots, \varepsilon_n(t_{nn_n}))^T$ 为 $N \times 1$ 向量。利用类似式 (2.16) 的证明可得，对 $t \in (0，1)$，一致有

$$(I_p，0_p)(D_t^T \Omega_t D_t)^{-1} D_t^T \Omega_t \varepsilon = O_p(C_n) \tag{2.17}$$

$$(I_p,\ 0_p)(D_t^T\Omega_t D_t)^{-1}D_t^T\Omega_t M=\theta(t)\{1+O_p(C_n)\} \tag{2.18}$$

结合式 (2.17) 和式 (2.18)，经简单计算可得

$$\hat{g}(t)=[\theta(t)+\Psi(t)^{-1}\Phi(t)\beta]\{1+O_p(C_n)\}$$

这就完成了本引理的证明。

引理 2.5.5 设条件 C2.1~C2.6 成立。如果 β 为参数真值，那么有

$$\frac{1}{\sqrt{n}}\sum_{i=1}^{n}\hat{\eta}_i(\beta)\xrightarrow{\mathcal{L}}N(0,\ B)$$

其中 B 由定理 2.2.2 所定义。

证明 由式 (2.5)，经简单计算可得

$$\breve{Z}_i(t_{ij})=[Z_i(t_{ij})-\mu(t_{ij})^TX_i(t_{ij})]+[\mu(t_{ij})-\hat{\mu}(t_{ij})]^TX_i(t_{ij})$$

以及

$$\breve{Y}_i(t_{ij})-\breve{Z}_i(t_{ij})^T\beta=X_i(t_{ij})^T[\theta(t_{ij})-\hat{g}(t_{ij})+\hat{\mu}(t_{ij})\beta]+\varepsilon_i(t_{ij})$$

其中，$\mu(t)=\Psi(t)^{-1}\Phi(t)$。进而我们有

$$\begin{aligned}\hat{\eta}_i(\beta)=&\int_0^1[Z_i(t)-\mu(t)^TX_i(t)]\varepsilon_i(t)dN_i(t)\\&+\int_0^1[\mu(t)-\hat{\mu}(t)]^TX_i(t)\varepsilon_i(t)dN_i(t)\\&+\int_0^1[Z_i(t)-\mu(t)^TX_i(t)]X_i(t)^T[\theta(t)-\hat{g}(t)+\hat{\mu}(t)\beta]dN_i(t)\\&+\int_0^1[\mu(t)-\hat{\mu}(t)]^TX_i(t)X_i(t)^T[\theta(t)-\hat{g}(t)+\hat{\mu}(t)\beta]dN_i(t)\\\equiv& J_{i1}+J_{i2}+J_{i3}+J_{i4}\end{aligned}$$

因此，我们可得

$$\frac{1}{\sqrt{n}}\sum_{i=1}^{n}\eta_i(\beta)=\sum_{\nu=1}^{4}\left(\frac{1}{\sqrt{n}}\sum_{i=1}^{n}J_{i\nu}\right)\equiv\sum_{\nu=1}^{4}J_\nu \tag{2.19}$$

注意到

$$J_1=\frac{1}{\sqrt{n}}\sum_{i=1}^{n}\int_0^1[Z_i(t)-\mu(t)^TX_i(t)]\varepsilon_i(t)dN_i(t)$$

简单计算可得 $E\{J_1\}=0$ 和 $\mathrm{Var}\{J_1\}=B$，并且 J_1 满足 Cramer-Wold 定理的条件和 Lindeberg 条件。因此，利用中心极限定理可得

$$J_1 \xrightarrow{\mathcal{L}} N(0,\ B)$$

再由式 (2.19) 可知，为证本引理，我们只需要证明 $J_\nu \xrightarrow{P} 0$，$\nu=2,\ 3,\ 4$。下面处理 J_2。设 $\Lambda_{ij}=[\mu(t_{ij})-\hat{\mu}(t_{ij})]^T$ 为 $q\times p$ 矩阵，$a_{ij}=X_i(t_{ij})\varepsilon_i(t_{ij})$ 为 $p\times 1$ 向量。另外，设 $b_{ij,\,rs}$ 为 Λ_{ij} 的第 $(r,\ s)$ 个分量，$a_{ij,\,s}$ 为 a_{ij} 的第 s 个分量，$b_{ij_0,\,rs_0}a_{ij_0,\,s_0}=\max\limits_{j,\,s}\{b_{ij,\,rs}a_{ij,\,s}\}$，以及 $(b_{t_i,\,r},\ i=1,\cdots,n)$ 为 $(b_{ij_0,\,rs_0},\ i=1,\cdots,n)$ 的某一置换，且满足 $b_{t_1,\,r}\geqslant b_{t_2,\,r}\geqslant,\cdots,\geqslant b_{t_n,\,r}$，对应的 $(a_{ij_0,\,s_0},\ i=1,\cdots,n)$ 记为 $(a_{t_i},\ i=1,\cdots,n)$。令 $J_{2,\,r}$ 为 J_2 的第 r 个分量。由引理 2.5.1至引理 2.5.4，并注意到 n_i 是有界的，我们可以得到

$$\begin{aligned}
|J_{2,\ r}| &= \frac{1}{\sqrt{n}}\left|\sum_{i=1}^{n}\sum_{j=1}^{n_i}\sum_{s=1}^{p} b_{ij,\,rs}a_{ij,\,s}\right| \leqslant \frac{n_i p}{\sqrt{n}}\left|\sum_{i=1}^{n} b_{ij_0,\,rs_0}a_{ij_0,\,s_0}\right| \\
&= \frac{n_i p}{\sqrt{n}}\left|\sum_{i=1}^{n} b_{t_i,\,r}a_{t_i}\right| \leqslant \frac{c}{\sqrt{n}}\sup_{1\leqslant i\leqslant n}\left|b_{t_i,\,r}\right|\max_{1\leqslant k\leqslant n}\left|\sum_{i=1}^{k} a_{t_i}\right| \\
&= \frac{c}{\sqrt{n}}O_p(C_n)O_p(\sqrt{n}\log n) \\
&= o_p(1)
\end{aligned}$$

即 $J_2 \xrightarrow{P} 0$。由引理 2.5.4，经简单计算可知

$$\sup_{0<t<1}\parallel \theta(t)-\hat{g}(t)+\hat{\mu}(t)\beta \parallel = O_p(C_n)$$

再结合 $E\left\{[Z_i(t)-\mu(t)^T X_i(t)]X_i(t)^T\right\}=0$，并利用类似 J_2 的证法可得 $J_3 \xrightarrow{P} 0$。另外，结合引理 2.5.4，我们有 $\parallel J_4 \parallel \leqslant O_p(\sqrt{n}C_n^2)=o_p(1)$。这就完成了本引理的证明。

引理 2.5.6 假设 C2.1~C2.6 成立。如果 β 为参数真值，那么有

$$\frac{1}{n}\sum_{i=1}^{n}\hat{\eta}_i(\beta)\hat{\eta}_i(\beta)^T \xrightarrow{P} B$$

其中 $\xrightarrow{P}$ 表示依概率收敛。

证明 我们仍采用引理 2.5.5 证明过程中的记号。令 $J_i^* \equiv J_{i2} + J_{i3} + J_{i4}$，那么有

$$\begin{aligned}\frac{1}{n}\sum_{i=1}^{n}\hat{\eta}_i(\beta)\hat{\eta}_i(\beta)^T &= \frac{1}{n}\sum_{i=1}^{n}J_{i1}J_{i1}^T + \frac{1}{n}\sum_{i=1}^{n}J_{i1}J_i^{*T} + \frac{1}{n}\sum_{i=1}^{n}J_i^*J_{i1}^T + \frac{1}{n}\sum_{i=1}^{n}J_i^*J_i^{*T}\\ &\equiv A_1 + A_2 + A_3 + A_4\end{aligned}$$

结合引理 2.5.5，并由大数定律可得 $A_1 \xrightarrow{P} B$。下面证明 $A_2 \xrightarrow{P} 0$。注意到

$$\begin{aligned}A_2 &= \frac{1}{n}\sum_{i=1}^{n}J_{i1}J_{i2}^T + \frac{1}{n}\sum_{i=1}^{n}J_{i1}J_{i3}^T + \frac{1}{n}\sum_{i=1}^{n}J_{i1}J_{i4}^T\\ &\equiv A_{21} + A_{22} + A_{23}\end{aligned}$$

令 $A_{21,rs}$ 为 A_{21} 的第 $(r，s)$ 个分量，J_{ijr} 为 J_{ij} 的第 r 个分量，$j = 1，2$。则利用 Cauchy-Schwarz 不等式可得

$$|A_{21,rs}| \leqslant \left(\frac{1}{n}\sum_{i=1}^{n}J_{i1r}^2\right)^{\frac{1}{2}}\left(\frac{1}{n}\sum_{i=1}^{n}J_{i2s}^2\right)^{\frac{1}{2}}$$

由引理 2.5.5 可知 $n^{-1}\sum_{i=1}^{n}J_{i1r}^2 = O_p(1)$ 和 $n^{-1}\sum_{i=1}^{n}J_{i2s}^2 = o_p(1)$。进而有 $A_{21} \xrightarrow{P} 0$。类似地，我们可以证明 $A_{2v} \xrightarrow{P} 0$，$v = 2，3$，因此有 $A_2 \xrightarrow{P} 0$。利用类似的讨论，我们可以证明 $A_v \xrightarrow{P} 0$，$v = 3，4$。这就完成了本引理的证明。

引理 2.5.7 假设条件 C2.1~C2.6 成立。如果 β 为参数真值，那么有 $\max_{1\leqslant i\leqslant n}\| \hat{\eta}_i(\beta) \| = o_p(n^{1/2})$。

证明 我们仍采用引理 2.5.5 证明过程中的记号。注意到对任一独立同分布的随机变量序列 $\{\xi_i，i = 1，\cdots，n\}$ 并且满足 $E\{\xi_i^T\xi_i\} < \infty$，则有

$$\max_{1\leqslant i\leqslant n}\| \xi_i \| = o_p(n^{1/2})$$

这就表明

$$\max_{1\leqslant i\leqslant n}\| J_{i1} \| = o_p(n^{1/2})$$

再结合引理 2.5.5，经简单计算可得

$$\max_{1\leqslant i\leqslant n}\| J_{i2} \| = O_p(C_n)\max_{1\leqslant i\leqslant n}\left\|\int_0^1 X_i(t)\varepsilon_i(t)dN_i(t)\right\| = o_p(n^{1/2})$$

类似地可以证明 $\max\limits_{1\leqslant i\leqslant n}\parallel J_{iv}\parallel=o_p(n^{1/2})$，$v=3$，$4$，这就完成了本引理的证明。

定理 2.2.1 的证明　结合引理 2.5.5 并利用与欧文（1990）类似的证明可得 $\parallel\lambda\parallel=O_p(n^{-1/2})$。

对式 (2.7) 进行 Taylor 展开，并结合引理 2.5.3 至引理 2.5.7 可得

$$\hat{R}(\beta)=2\sum_{i=1}^{n}\left\{\lambda^T\hat{\eta}_i(\beta)-[\lambda^T\hat{\eta}_i(\beta)]^2/2\right\}+o_p(1) \tag{2.20}$$

类似地，由式 (2.8) 可得

$$0=\sum_{i=1}^{n}\frac{\hat{\eta}_i(\beta)}{1+\lambda^T\hat{\eta}_i(\beta)}$$

$$=\sum_{i=1}^{n}\hat{\eta}_i(\beta)-\sum_{i=1}^{n}\hat{\eta}_i(\beta)\hat{\eta}_i(\beta)^T\lambda+\sum_{i=1}^{n}\frac{\hat{\eta}_i(\beta)[\lambda^T\hat{\eta}_i(\beta)]^2}{1+\lambda^T\hat{\eta}_i(\beta)}$$

由此，再由引理 2.5.3 至引理 2.5.7 可以证得

$$\sum_{i=1}^{n}[\lambda^T\hat{\eta}_i(\beta)]^2=\sum_{i=1}^{n}\lambda^T\hat{\eta}_i(\beta)+o_p(1)$$

$$\lambda=\left\{\sum_{i=1}^{n}\hat{\eta}_i(\beta)\hat{\eta}_i(\beta)^T\right\}^{-1}\sum_{i=1}^{n}\hat{\eta}_i(\beta)+o_p(n^{-1/2})$$

因此，再结合式 (2.20)，并经简单计算可得

$$\hat{R}(\beta)=\left\{\frac{1}{\sqrt{n}}\sum_{i=1}^{n}\hat{\eta}_i(\beta)\right\}^T\hat{B}^{-1}\left\{\frac{1}{\sqrt{n}}\sum_{i=1}^{n}\hat{\eta}_i(\beta)\right\} \tag{2.21}$$

其中 $\hat{B}=n^{-1}\sum\limits_{i=1}^{n}\hat{\eta}_i(\beta)\hat{\eta}_i(\beta)^T$。再由引理 2.5.5 和引理 2.5.6 则可得到本定理证明。

定理 2.2.2 的证明　利用薛和朱（2007）中定理 1[①] 的证法可得

$$\hat{\beta}-\beta=\hat{\Gamma}^{-1}\frac{1}{n}\sum_{i=1}^{n}\hat{\eta}_i(\beta)+o_p(n^{-1/2})$$

---

① Xue L，Zhu L. Empirical Likelihood Semiparametric Regression Analysis for Longitudinal Data[J]. Binmetrika，2007，94: 921-937.

再利用类似引理 2.5.6 的证法可知 $\hat{\Gamma} \xrightarrow{P} \Gamma$。进而由引理 2.5.5 以及 Slutsky 定理，则完成了本定理的证明。

定理 2.3.1 的证明 因为

$$\begin{aligned}\frac{1}{\sqrt{Nh}}\sum_{i=1}^{n}\varphi_i(\theta(t)) &= \frac{1}{\sqrt{Nh}}\sum_{i=1}^{n}\int_0^1 X_i(s)\varepsilon_i(s)K((t-s)/h)dN_i(s)\\ &\quad+\frac{1}{\sqrt{Nh}}\sum_{i=1}^{n}\int_0^1 X_i(s)(\beta-\hat{\beta})^T Z_i(s)K((t-s)/h)dN_i(s)\\ &\quad+\frac{1}{\sqrt{Nh}}\sum_{i=1}^{n}\int_0^1 X_i(s)[\theta(s)-\theta(t)]^T X_i(s)K((t-s)/h)dN_i(s)\\ &\equiv \frac{1}{\sqrt{Nh}}\sum_{i=1}^{n}I_{i1}+\frac{1}{\sqrt{Nh}}\sum_{i=1}^{n}I_{i2}+\frac{1}{\sqrt{Nh}}\sum_{i=1}^{n}I_{i3}\end{aligned}$$

利用与引理 2.5.5 类似的讨论可得

$$\frac{1}{\sqrt{Nh}}\sum_{i=1}^{n}I_{i1}\xrightarrow{\mathcal{L}} N(0,\ v(t)\Psi(t)) \tag{2.22}$$

由定理 2.2.2 以及 n_i 有界可知 $\sqrt{N}(\hat{\beta}-\beta)=O_p(1)$。另外，经简单计算可得

$$\frac{1}{Nh}\sum_{i=1}^{n}\int_0^1 K((t-s)/h)X_i(s)Z_i(s)^T dN_i(s)=O_p(1)$$

进而有

$$\begin{aligned}\frac{1}{\sqrt{Nh}}\sum_{i=1}^{n}I_{i2}&=\sqrt{h}\left\{\frac{1}{Nh}\sum_{i=1}^{n}\int_0^1 K((t-s)/h)X_i(s)Z_i^T(s)dN_i(s)\right\}\\ &\quad\times\left\{\sqrt{N}(\beta-\hat{\beta})\right\}=O_p(h^{1/2})\end{aligned} \tag{2.23}$$

另外，经简单计算可得

$$\hat{V}(t)^{-1}\frac{1}{Nh}\sum_{i=1}^{n}I_{i3}=b(t)+o_p(h^2) \tag{2.24}$$

利用与定理 2.2.2 类似的证法可得

$$\hat{\theta}(t)-\theta(t)=\hat{V}(t)^{-1}\frac{1}{Nh}\sum_{i=1}^{n}\varphi_i(\theta(t)) \tag{2.25}$$

再结合式 (2.23) 至式 (2.25)，可得

$$\sqrt{Nh}(\hat{\theta}(t)-\theta(t)-b(t))=\hat{V}(t)^{-1}\frac{1}{\sqrt{Nh}}\sum_{i=1}^{n}I_{i1}+o_p(1)$$

利用类似引理 2.5.6 的证法可得 $\hat{V}(t)\xrightarrow{P}\Psi(t)$。进而再结合式 (2.22)，并利用 Slutsky 定理则可以完成本定理的证明。

引理 2.5.8　假设条件 C2.1~C2.6 成立。对给定的 t，如果 $\theta(t)$ 为参数真值，那么有

$$\frac{1}{\sqrt{Nh}}\sum_{i=1}^{n}\hat{\varphi}_i(\theta(t))\xrightarrow{\mathcal{L}}N(0,\ v(t)\Psi(t))$$

证明　经简单计算可得

$$\frac{1}{\sqrt{Nh}}\sum_{i=1}^{n}\hat{\varphi}_i(\theta(t))=\frac{1}{\sqrt{Nh}}\sum_{i=1}^{n}I_{i1}+\frac{1}{\sqrt{Nh}}\sum_{i=1}^{n}I_{i2}+\frac{1}{\sqrt{Nh}}\sum_{i=1}^{n}I_{i3}^{*} \tag{2.26}$$

其中，I_{i1}、I_{i2} 由定理 2.3.1 的证明过程所定义，

$$I_{i3}^{*}=\frac{1}{\sqrt{Nh}}\sum_{i=1}^{n}\int_0^1 X_i(s)[\theta(s)-\theta(t)-(\hat{\theta}(s)-\hat{\theta}(t))]^{T}X_i(s)K((s-t)/h)dN_i(s)$$

由定理 2.3.1 可知，为证明本引理，我们只需要证明 $(Nh)^{-1/2}\sum\limits_{i=1}^{n}I_{i3}\xrightarrow{P}0$。对 $\theta(s)-\theta(t)$ 和 $\hat{\theta}(s)-\hat{\theta}(t)$ 分别在 t 点应用 Taylor 展开，并经简单计算可得

$$\theta(s)-\theta(t)-(\hat{\theta}(s)-\hat{\theta}(t))=[\theta'(t)-\hat{\theta}'(t)](s-t)+O_p\{(s-t)^2\} \tag{2.27}$$

由条件 C2.1~C2.5，我们可以证明

$$\frac{1}{\sqrt{Nh}}\sum_{i=1}^{n}\int_0^1(s-t)K((s-t)/h)dN_i(s)=O_p(1)$$

$$\frac{1}{\sqrt{Nh}}\sum_{i=1}^{n}\int_0^1(s-t)^2K((s-t)/h)dN_i(s)=o_p(1)$$

以及

$$\theta'(t)-\hat{\theta}'(t)\xrightarrow{P}0$$

再由式 (2.27)，我们可得 $\dfrac{1}{\sqrt{Nh}}\sum\limits_{i=1}^{n}I_{i3}^{*}\xrightarrow{P}0$。进而由式 (2.26) 即可得到本引理的证明。

引理 2.5.9 假设条件 C2.1~C2.6 成立。对给定的 t，如果 $\theta(t)$ 为参数真值，那么有

$$\frac{1}{Nh}\sum_{i=1}^{n}\hat{\varphi}_i(\theta(t))\hat{\varphi}_i(\theta(t))^T \xrightarrow{P} v(t)\Psi(t)$$

证明 结合引理 2.5.8，利用类似引理 2.5.6 的证明，我们即可得到本引理的证明。

定理 2.3.2 的证明 利用与定理 2.2.1 类似的证明可得，对给定的 t，我们有

$$\hat{l}(\theta(t)) = \left\{\frac{1}{\sqrt{Nh}}\sum_{i=1}^{n}\hat{\varphi}_i(\theta(t))\right\}^T \hat{\Delta}(\theta(t))^{-1}\left\{\frac{1}{\sqrt{Nh}}\sum_{i=1}^{n}\hat{\varphi}_i(\theta(t))\right\}$$

其中，$\hat{\Delta}(\theta(t)) = (Nh)^{-1}\sum\limits_{i=1}^{n}\hat{\varphi}_i(\theta(t))\hat{\varphi}_i(\theta(t))^T$。由引理 2.5.9 可得

$$\hat{\Delta}(\theta(t)) \xrightarrow{P} v(t)\Psi(t)$$

再结合引理 2.5.8，则得到 $\hat{l}(\theta(t)) \xrightarrow{\mathcal{L}} \chi_p^2$。这就完成了本定理的证明。

第 3 章　测量误差数据下纵向部分线性变系数模型的经验似然估计

3.1　引　　言

关于测量带误差回归模型的统计推断，目前已有一些文献对线性回归模型（Fuller，1987）、非线性回归模型（Carroll et al.，1995）以及部分线性模型（Liang et al.，1999）进行了研究。最近，在独立数据下，尤和陈（2006）对半参数变系数部分线性 EV 模型的参数分量 β，提出了一个改进的 Profile 最小二乘估计，并证明了所给估计是相合的，并且具有渐近正态性。胡等（2009）则利用经验似然方法，研究了 β 的估计问题。但是，在纵向数据下，对半参数变系数部分线性 EV 模型的统计推断，目前还没有相关文献进行研究。

基于此，我们对纵向数据下的半参数变系数部分线性 EV 模型，研究其参数分量 β 以及非参数分量 $\theta(\cdot)$ 的统计推断问题。类似尤和陈（2006），我们假定协变量 $Z(t)$ 带有可加测量误差，而 $Y(t)$ 和 $X(t)$ 可以精确观测。即考虑如下模型：

$$\begin{cases} Y(t) = X(t)^T\theta(t) + Z(t)^T\beta + \varepsilon(t) \\ W(t) = Z(t) + V(t) \end{cases} \tag{3.1}$$

其中，$Y(t)$ 和 $X(t)$ 可以精确观测，$Z(t)$ 为不能精确观测的潜在协变量，$W(t)$ 可以直接观测，$V(t)$ 为测量误差。类似尤和陈（2006）的研究，我们假定 $V(t)$ 与 $Y(t)$、$X(t)$ 以及 $Z(t)$) 相互独立。我们还进一步假定 $\mathrm{Var}\{V(t)\} \equiv \Sigma_{vv}$ 与 t 无关，并且 Σ_{vv} 是已知的。否则，可以通过重复测量 $V(t)$ 来估计 Σ_{vv}（Liang et al.，1999），我们的方法成立。

对模型 (3.1) 中的参数分量 β，我们提出一个偏差校正的经验对数似然比函数，并证明了其渐近服从标准卡方分布，进而构造了 β 的置信域。我们的方法不需要任何极限方差的估计，这与尤和陈（2006）利用正态逼近方法构造置信域是不同的。进一步，我们还利用经验似然方法研究了模型 (3.1) 中非参数分量 $\theta(\cdot)$ 的逐点置信区间估计问题。尽管胡等（2009）利用经验似然方法研究了 β 的置信域构造问题，但是对 $\theta(\cdot)$ 的经验似然推断并没有加以考虑。

3.2 参数分量的经验似然估计

考虑含有 n 个个体的样本，并且对第 i 个个体在时间点 $t=t_{i1}$，…，t_{in_i}，$i=1$，…，n 进行观测，其中 n_i 是对第 i 个个体观测的总次数。那么模型 (3.1) 可写为

$$\begin{cases} Y_i(t_{ij}) = X_i(t_{ij})^T\theta(t_{ij}) + Z_i(t_{ij})^T\beta + \varepsilon_i(t_{ij}) \\ W_i(t_{ij}) = Z_i(t_{ij}) + V_i(t_{ij}) \end{cases} \tag{3.2}$$

其中，$Y_i(t_{ij})$ 和 $X_i(t_{ij})$ 可以精确观测，$Z_i(t_{ij})$ 为不能精确观测的潜在协变量，$W_i(t_{ij})$ 可以直接观测，$V_i(t_{ij})$ 为测量误差。下面我们考虑模型 (3.2) 中 β 的置信域的构造问题。

如果 $Z_i(t_{ij})$ 也可以直接观测，那么类似第 2 章的讨论可知，对给定的 β，我们可以通过最小化式 (3.3) 得到 $\theta(t)$ 的局部加权最小二乘估计 $\breve{\theta}(t)$：

$$\sum_{i=1}^{n}\int_0^1\left\{[Y_i(s)-Z_i(s)^T\beta]-\sum_{k=1}^{p}[a_k+b_k(s-t)]X_{ik}(s)\right\}^2 K_h(s-t)dN_i(s) \tag{3.3}$$

其中，$K_h(\cdot)=h^{-1}K(\cdot/h)$，$K(\cdot)$ 为核函数，h 为带宽，$X_{ik}(t)$ 表示 $X_i(t)$ 的第 k 个分量。记

$$D_t=\begin{pmatrix} X_1(t_{11}) & \cdots & X_n(t_{nn_n}) \\ h^{-1}(t_{11}-t)X_1(t_{11}) & \cdots & h^{-1}(t_{nn_n}-t)X_n(t_{nn_n}) \end{pmatrix}^T$$

为 $N\times 2p$ 矩阵，$\Omega_t=\mathrm{diag}\{K_h(t-t_{11}),\cdots,K_h(t-t_{nn_n})\}$ 为 $N\times N$ 对角矩阵，其中 $N=\sum\limits_{i=1}^{n}n_i$。那么 $\breve{\theta}(t)$ 可写为

$$\breve{\theta}(t)=(I_p,\ 0_p)(D_t^T\Omega_tD_t)^{-1}D_t^T\Omega_t(Y-Z\beta) \tag{3.4}$$

其中，$Z=(Z_1(t_{11}),\cdots,Z_n(t_{nn_n}))^T$，$Y=(Y_1(t_{11}),\cdots,Y_n(t_{nn_n}))^T$，$I_p$ 为 $p\times p$ 单位矩阵，0_p 为 $p\times p$ 零矩阵。记

$$(I_p,\ 0_p)(D_t^T\Omega_tD_t)^{-1}D_t^T\Omega_t\equiv(S_{11}(t),\cdots,S_{1n_1}(t),\cdots,S_{nn_n}(t))$$

那么，由式 (3.4) 可得

$$\breve{\theta}(t)=\sum_{k=1}^{n}\sum_{l=1}^{n_k}S_{kl}(t)[Y_k(t_{kl})-Z_k(t_{kl})^T\beta] \tag{3.5}$$

令

$$\hat{\mu}(t)=\sum_{k=1}^{n}\sum_{l=1}^{n_k}S_{kl}(t)Z_k(t_{kl}),\qquad \hat{g}(t)=\sum_{k=1}^{n}\sum_{l=1}^{n_k}S_{kl}(t)Y_k(t_{kl}) \tag{3.6}$$

把式 (3.5) 代入模型 (3.2)，并经简单计算可得

$$\breve{Y}_i(t_{ij})=\breve{Z}_i(t_{ij})^T\beta+\varepsilon_i(t_{ij}) \tag{3.7}$$

其中，$\breve{Z}_i(t_{ij})=Z_i(t_{ij})-\hat{\mu}(t_{ij})^TX_i(t_{ij})$，$\breve{Y}_i(t_{ij})=Y_i(t_{ij})-X_i(t_{ij})^T\hat{g}(t_{ij})$。为了构造 β 的经验似然比函数，我们引入如下辅助随机向量：

$$\breve{\eta}_i(\beta)=\int_0^1\breve{Z}_i(t)[\breve{Y}_i(t)-\breve{Z}_i(t)^T\beta]dN_i(t) \tag{3.8}$$

由式 (3.7) 可知，如果 β 是参数真值，那么 $E\{\breve{\eta}_i(\beta)\}=o(1)$。利用此信息，我们可以定义 β 的经验似然比函数。但是，$\breve{\eta}_i(\beta)$ 中的 $Z_i(t_{ij})$ 不能直接精确观测，因此，由式 (3.8) 所定义的 $\breve{\eta}_i(\beta)$ 将不能直接应用于模型 (3.2) 中参数分量 β 的统计推断。如果忽略测量误差，并且直接用 $W_i(t_{ij})$ 代替 $Z_i(t_{ij})$，可以证明所得到的估计不是相合的。下面我们利用类似崔等（Cui et al.，2011）和戴维森（Davidson，1994）的偏差校正方法，给出一个关于 β 的偏差校正经验对数似然比函数。令

$$\tilde{\mu}(t)=\sum_{k=1}^{n}\sum_{l=1}^{n_i}S_{kl}(t)W_k(t_{kl}),\qquad \breve{W}_i(t_{ij})=W_i(t_{ij})-\tilde{\mu}(t_{ij})^TX_i(t_{ij}) \tag{3.9}$$

那么，定义偏差校正的辅助随机向量为

$$\tilde{\eta}_i(\beta)=\int_0^1\left\{\breve{W}_i(t)[\breve{Y}_i(t)-\breve{W}_i(t)^T\beta]+\Sigma_{vv}\beta\right\}dN_i(t) \tag{3.10}$$

其中，$\breve{Y}_i(t)$ 由式 (3.7) 所定义。进而，定义关于 β 的偏差校正经验对数似然比函数为

$$\tilde{R}(\beta)=-2\max\left\{\sum_{i=1}^{n}\log(np_i)\,\middle|\,p_i\geqslant 0,\ \sum_{i=1}^{n}p_i=1,\ \sum_{i=1}^{n}p_i\tilde{\eta}_i(\beta)=0\right\}$$

其中，$p_i=p_i(\beta)$，$i=1$，…，n。如果 0 在点 $(\tilde{\eta}_1(\beta)$，…，$\tilde{\eta}_n(\beta))$ 所生成的凸集内部，那么 $\tilde{R}(\beta)$ 存在唯一解。基于 Lagrange 乘子法选择最优的 p_i，那么 $\tilde{R}(\beta)$ 可表示为

$$\tilde{R}(\beta)=2\sum_{i=1}^{n}\log(1+\lambda^T\tilde{\eta}_i(\beta)) \tag{3.11}$$

其中，$\lambda=\lambda(\beta)$ 为 $q\times 1$ 向量，且满足

$$\sum_{i=1}^{n}\frac{\tilde{\eta}_i(\beta)}{1+\lambda^T\tilde{\eta}_i(\beta)}=0 \tag{3.12}$$

定理 3.2.1 假设第 3.5 节中的条件 C3.1~C3.6 成立。如果 β 为参数真值，那么有

$$\tilde{R}(\beta)\xrightarrow{\mathcal{L}}\chi_q^2$$

其中，$\xrightarrow{\mathcal{L}}$ 表示依分布收敛，χ_q^2 表示自由度为 q 的标准卡方分布。

记 $\chi_q^2(1-\alpha)$ 为 χ_q^2 的 $1-\alpha$ 分位数，$(0<\alpha<1)$。由定理 3.2.1 可知 β 的渐近 $1-\alpha$ 置信域为

$$C_\alpha(\beta)=\left\{\beta\,\middle|\,\tilde{R}(\beta)\leqslant\chi_q^2(1-\alpha)\right\}$$

同样可以最大化 $\{-\tilde{R}(\beta)\}$ 来获得 β 的极大经验似然估计。记

$$\tilde{\Gamma}=\frac{1}{n}\sum_{i=1}^{n}\int_0^1\left(\breve{W}_i(t)\breve{W}_i(t)^T-\Sigma_{vv}\right)dN_i(t)$$

如果矩阵 $\tilde{\Gamma}$ 是可逆的，利用类似秦和劳利斯（Qin & Lawless，1994）中定理 1[①] 的证明可得，β 的极大经验似然估计为

$$\tilde{\beta}=\tilde{\Gamma}^{-1}\frac{1}{n}\sum_{i=1}^{n}\int_0^1\breve{W}_i(t)\breve{Y}_i(t)dN_i(t)$$

记

$$\Gamma=E\left\{\int_0^1\left[Z(t)-\mu(t)^TX(t)\right]^{\otimes 2}dN(t)\right\}$$

$$B=E\left(\int_0^1\{[Z(t)+V(t)-\mu(t)^TX(t)][\varepsilon(t)-V(t)^T\beta]+\Sigma_{vv}\beta\}dN(t)\right)^{\otimes 2}$$

其中，$A^{\otimes 2}=AA^T$，$\mu(t)=\Psi(t)^{-1}\Phi(t)$，$\Phi(t)=E\{X(t)Z(t)^T|t\}$ 以及 $\Psi(t)=E\{X(t)X(t)^T|t\}$。下面的定理给出了 $\tilde{\beta}$ 的渐近正态性。

定理 3.2.2 假设第 3.5 节中的条件 C3.1~C3.6 成立，那么有

$$\sqrt{n}(\tilde{\beta}-\beta)\xrightarrow{\mathcal{L}}N(0,\ \Sigma)$$

其中，$\Sigma=\Gamma^{-1}B\Gamma^{-1}$。

① Qin J, Lawless J. Empirical Likelihood and General Estimating Equations[J]. The Annals of Statistics, 1994, 22: 300-325.

3.3 非参数分量的经验似然估计

在这一节，我们研究非参数分量 $\theta(t)$ 的区间估计问题。对任给的 t 定义辅助随机向量：

$$\varphi_i(\theta(t)) = \int_0^1 X_i(s)[Y_i(s) - Z_i(s)^T\tilde{\beta} - X_i(s)^T\theta(t)]K\left((t-s)/h\right)dN_i(s)$$

结合模型 (3.2) 以及定理 3.2.2，我们有 $E\{\varphi_i(\theta(t))\} = o(1)$。进而，我们可以定义关于 $\theta(t)$ 的经验似然比函数。但是，$\varphi_i(\theta(t))$ 不能直接用于关于 $\theta(t)$ 的统计推断，因为其含有不能直接精确观测的潜在协变量 $Z_i(t)$。为此，我们用 $W_i(t)$ 来代替 $Z_i(t)$。进而 $\varphi_i(\theta(t))$ 可写为

$$\bar{\varphi}_i(\theta(t)) = \int_0^1 X_i(s)[Y_i(s) - W_i(s)^T\tilde{\beta} - X_i(s)^T\theta(t)]K((t-s)/h)dN_i(s)$$

但是，利用类似薛和朱（2007）的讨论可知，除非应用欠光滑方法，否则基于 $\bar{\varphi}_i(\theta(t))$ 所构造的经验对数似然比函数的渐近分布不是标准卡方分布。下面我们利用类似第 2 章的方法，给出一个关于 $\theta(t)$ 的调整经验对数似然比函数。为此，定义残差调整的辅助随机向量为

$$\begin{aligned}\tilde{\varphi}_i(\theta(t)) = & \int_0^1 X_i(s)\{Y_i(s) - W_i(s)^T\tilde{\beta} - X_i(s)^T\theta(t) - X_i(s)^T[\tilde{\theta}(s) - \tilde{\theta}(t)]\} \\ & \times K((t-s)/h)dN_i(s)\end{aligned}$$

其中，$\tilde{\theta}(\cdot)$ 为 $\theta(\cdot)$ 的估计，可以通过用 $W_i(t)$ 和 $\tilde{\beta}$ 分别代替式 (3.5) 中的 $Z_i(t)$ 和 β 来得到。进而定义关于 $\theta(t)$ 的残差调整经验对数似然比函数为

$$\tilde{l}(\theta(t)) = -2\max\left\{\sum_{i=1}^n \log(np_i)\middle| p_i \geqslant 0,\ \sum_{i=1}^n p_i = 1,\ \sum_{i=1}^n p_i\tilde{\varphi}_i(\theta(t)) = 0\right\}$$

对给定的 t，如果 0 在点 $(\tilde{\varphi}_1(\theta(t)), \ldots, \tilde{\varphi}_n(\theta(t)))$ 所形成的凸集内部，那么 $\tilde{l}(\theta(t))$ 存在唯一解。基于 Lagrange 乘子法寻找最优的 p_i，那么 $\tilde{l}(\theta(t))$ 可写为

$$\tilde{l}(\theta(t)) = 2\sum_{i=1}^n \log[1 + \delta^T\tilde{\varphi}_i(\theta(t))]$$

其中，$\delta = \delta(\theta(t))$ 为 $p \times 1$ 向量且满足

$$\frac{1}{n}\sum_{i=1}^{n}\frac{\tilde{\varphi}_i(\theta(t))}{1+\delta^T\tilde{\varphi}_i(\theta(t))}=0$$

定理 3.3.1 假设第 3.5 节中的条件 C3.1~C3.6 成立。对给定的 t，如果 $\theta(t)$ 为参数真值，那么有

$$\tilde{l}(\theta(t))\xrightarrow{\mathcal{L}}\chi_p^2$$

记 $\chi_p^2(1-\alpha)$ 为 χ_p^2 的 $1-\alpha$ 分位数，$0<\alpha<1$。定理 3.3.1 表明 $\theta(t)$ 的渐近 $1-\alpha$ 逐点置信区间为

$$C_\alpha(\theta(t))=\left\{\theta(t)\left|\tilde{l}(\theta(t))\leqslant\chi_p^2(1-\alpha)\right.\right\}$$

3.4 数值模拟

在这一节，我们通过数据模拟来研究本章所提出方法的有限样性质。下面对本章所提出的经验似然推断方法进行数据模拟分析。为实施模拟，我们从如下模型产生数据：

$$Y_i(t_{ij})=\theta(t)X_i(t_{ij})+\beta Z_i(t_{ij})+\varepsilon_i(t_{ij})$$

这里 $\beta=1$，$\theta(t)=\cos(0.5\pi t)$。在模拟过程中，我们分别生成 $n=50$、100、150 个个体。协变量 $X_i(t_{ij})$ 和 $Z_i(t_{ij})$ 按如下模型产生：$X_i(t_{ij})=T_i(t_{ij})+e_i$，$Z_i(t_{ij})=T_i(t_{ij})+e_i^*$。其中，对给定的 t、$T_i(t)$、e_i 和 e_i^* 相互独立，并且 $T_i(t)\sim U(-0.5t,\ 0.5t)$，$e_i\sim N(0,\ 1)$ 以及 $e_i^*\sim N(0,\ 1.5^2)$。另外，假定时间点 t_{ij} 服从区间 $(-1,\ 1)$ 上的均匀分布。这样产生的数据满足不同个体之间是相互独立的而每个个体内部数据具有相关性。对应观测次数的计数过程 $N(t)$ 取速率为 ζ 的随机效应 Poisson 过程，其中 ζ 是区间 $(0,\ 1)$ 上的均匀分布随机变量。$Y(t)$ 由模型产生，其中 $\varepsilon(t)$ 是零均值的 Gaussian 过程，协方差函数取为 $E\{\varepsilon(s)\varepsilon(t)\}=\exp(-2|t-s|)$。另外，我们假定 $W_i(t_{ij})=Z_i(t_{ij})+V_{ij}$，其中 V_{ij} 独立同分布，并且 $V_{ij}\sim N(0,\ \sigma_{vv}^2)$。在模拟过程中，$\sigma_{vv}^2$ 分别取 0.2^2、0.4^2 和 0.6^2 以代表不同的数据污染水平。取核函数为 $K(t)=0.75(1-t^2)_+$，并且用交叉证实法选取带宽 h_{CV} 使其满足

$$\mathrm{CV}(h)=\sum_{i=1}^{n}\int_0^1\left\{Y_i(t)-\hat{\theta}_{[i]}(t)^TX_i(t)-\hat{\beta}_{[i]}^TW_i(t)\right\}^2dN_i(t)-\sum_{i=1}^{n}\hat{\beta}_{[i]}^T\Sigma_{vv}\hat{\beta}_{[i]}$$

其中，$\hat{\theta}_{[i]}(\cdot)$ 和 $\hat{\beta}_{[i]}$ 分别为去掉第 i 个个体后 $\theta(\cdot)$ 和 β 的估计。

对参数分量 β，用三种方法进行比较：本章提出的校正的经验似然（CEL）方法；尤和陈（2006）提出的正态逼近（NA）方法；Naive 经验似然（NEL）方法。后者为忽略测量误差，直接用 $W_i(t_{ij})$ 代替 $Z_i(t_{ij})$ 的经验似然推断方法。表 3-1 给出了基于 1000 次重复实验所得 β 的 95% 置信区间的平均区间长度以及对应的覆盖概率。

表 3-1 β 的 95% 置信区间的平均区间长度以及对应的覆盖概率

n	σ_{vv}^2	区间长度			覆盖率		
		CEL	NA	NEL	CEL	NA	NEL
50	0.2^2	0.147	0.145	0.144	0.891	0.857	0.834
	0.4^2	0.159	0.161	0.159	0.901	0.863	0.462
	0.6^2	0.204	0.229	0.174	0.907	0.859	0.106
100	0.2^2	0.090	0.091	0.092	0.964	0.927	0.826
	0.4^2	0.126	0.126	0.114	0.952	0.920	0.151
	0.6^2	0.175	0.176	0.139	0.949	0.913	0.090
150	0.2^2	0.051	0.052	0.050	0.953	0.931	0.765
	0.4^2	0.064	0.078	0.068	0.965	0.928	0.230
	0.6^2	0.093	0.093	0.073	0.958	0.942	0.103

由表 3-1，我们可以得到如下结论。

（1）对参数分量 β，基于 NEL 方法所得的置信区间是有偏的，并且随着测量误差水平的增加，置信区间所对应的覆盖概率随之下降；即使样本量增加，置信区间所对应的覆盖概率变化也不太明显。

（2）CEL 方法给出了比 NA 方法更短的置信区间，并且基于 CEL 方法所得置信区间对应的覆盖概率大于利用 NA 方法所得置信区间对应的覆盖概率。

对非参数分量 $\theta(t)$，我们在测量误差水平为 $\sigma_{vv} = 0.4^2$ 以及样本容量分别为 $n = 50$，100，150 的情况下，利用残差调整的经验似然方法模拟了 $\theta(t)$ 的 95% 逐点置信区间。图 3-1 为基于 1000 次重复实验所得的平均逐点置信区间，图 3-2 为平均逐点置信区间所对应的区间长度（**a**）以及覆盖概率（**b**），其中点虚线为基于 $n = 50$ 的模拟结果，长虚线为基于 $n = 100$ 的模拟结果，点线为基于 $n = 150$ 的模拟结果。

模拟结果表明随着样本容量的增加，平均区间长度随之减小而对应的覆盖概率越来越接近真实水平 95%。另外还可以看出除边界点外，我们的方法是可行的。

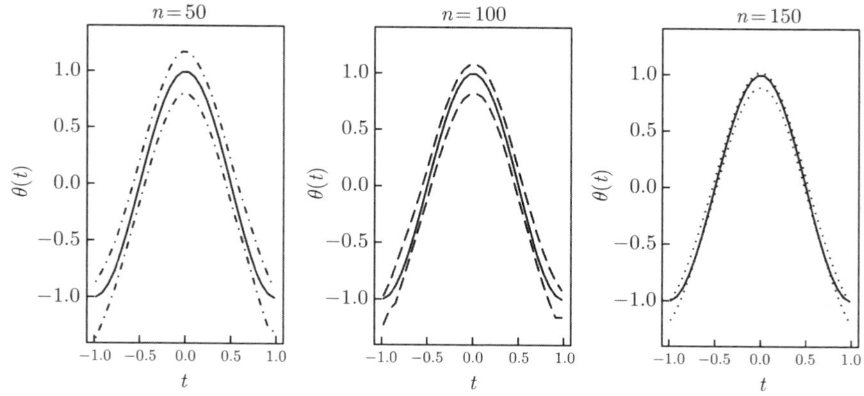

图 3-1 基于 CEL 方法，$\theta(t)$ 的 95% 平均逐点置信区间

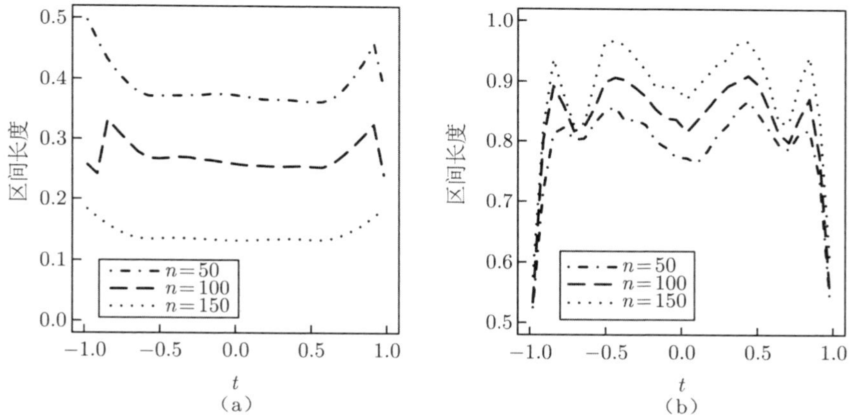

图 3-2 基于 CEL 方法所得 $\theta(t)$ 的 95% 逐点置信区间所对应的区间长度以及覆盖概率

3.5 引理及定理的证明

为了书写方便，令 c 表示某一正常数，每次出现可以代表不同的值。在证明主要定理之前，我们首先给出一些正则条件：

C3.1：带宽满足 $h = cn^{-1/5}$，其中 $c > 0$ 为某个正常数；

C3.2：核函数 $K(\cdot)$ 是对称的概率核函数，且满足 $\int t^4 K(t)dt < \infty$；

C3.3：强度函数 $f(t)$ 为 [0，1] 上的有界正函数，并且在区间 (0，1) 上二次连续可微；

C3.4：$\theta(t)$，$\Phi(t)$ 和 $\Psi(t)$ 为区间 (0，1) 上的二次连续可微函数；

C3.5: $\sup\limits_{0\leqslant t\leqslant 1} E\{\varepsilon(t)^4|t\}<\infty$，$\sup\limits_{0\leqslant t\leqslant 1} E\{X_r(t)^4|t\}<\infty, E\{\varepsilon(t)^4|t\}, E\{X_r(t)^4|t\}$，关于 t 连续，$r=1,\cdots,p$，其中 $X_r(t)$ 是 $X(t)$ 的第 r 个分量;

C3.6：对给定的 t，$\Psi(t)$ 是正定矩阵。

定理的证明依赖以下几个引理。

引理 3.5.1 假定条件 C3.1~C3.6 成立。那么有

$$\sup_{0<t<1} \| \tilde{\mu}(t)-\Psi(t)^{-1}\Phi(t) \|=O_p(C_n)$$

$$\sup_{0<t<1} \| \hat{g}(t)-\Psi(t)^{-1}\Phi(t)\beta-\theta(t) \|=O_p(C_n)$$

其中，$\hat{g}(t)$、$\tilde{\mu}(t)$ 分别由式 (3.6) 和式 (3.9) 所定义，$C_n=\left\{\dfrac{\log(1/h)}{nh}\right\}^{1/2}+h^2$。

证明 令

$$S_{nl}(t)=\sum_{i=1}^n\int_0^1 X_i(s)X_i(s)^T\left(\frac{s-t}{h}\right)^l K_h(s-t)dN_i(s),\qquad l=0，1，2$$

那么，简单计算可得

$$E\{S_{nl}(t)\}=nf(t)\Psi(t)\int_{-1}^1 s^lK(s)ds+o(1),\qquad l=0，1，2$$

注意到

$$D_t^T\Omega_tD_t=\begin{pmatrix} S_{n0}(t) & S_{n1}(t)\\ S_{nl}(t) & S_{n2}(t)\end{pmatrix}$$

那么由引理 2.5.3 可知，对 $t\in(0，1)$，一致有

$$D_t^T\Omega_tD_t=nf(t)\Psi(t)\otimes\begin{pmatrix} 1 & 0\\ 0 & \displaystyle\int_{-1}^1 s^2K(s)ds\end{pmatrix}\{1+O_p(C_n)\}\tag{3.13}$$

其中，$\otimes$ 为 Kronecker 乘积。结合 $E\{V_i(t_{ij})\}=0$，利用类似的证法可知，对 $t\in(0，1)$，一致有

$$D_t^T\Omega_tZ=nf(t)\Phi(t)\otimes(1，0)^T\{1+O_p(C_n)\}\tag{3.14}$$

$$D_t^T\Omega_tV=O_p(C_n)\tag{3.15}$$

其中，$V=(V_1(t_{11}),\cdots,V_1(t_{1n_1}),\cdots,V_n(t_{nn_n}))^T$。进而，结合式 (3.13) 至式 (3.15)，经简单计算可得

$$\tilde{\mu}(t)=(I_p,\ 0_p)(D_t^T\Omega_tD_t)^{-1}D_t^T\Omega_t(Z+V)=\Psi(t)^{-1}\Phi(t)\{1+O_p(C_n)\}$$

对 $t\in(0,\ 1)$ 一致成立。这就得到本引理中第一个式子的证明。利用类似的讨论可以证明本引理中第二个式子成立，这就证完了本引理。

引理 3.5.2 假设条件 C3.1~C3.6 成立。如果 β 为参数真值，那么有

$$\frac{1}{\sqrt{n}}\sum_{i=1}^{n}\tilde{\eta}_i(\beta)\xrightarrow{\mathcal{L}}N(0,\ B)$$

证明 注意到

$$\breve{W}_i(t_{ij})=[Z_i(t_{ij})-\mu(t_{ij})^TX_i(t_{ij})]+[\mu(t_{ij})-\tilde{\mu}(t_{ij})]^TX_i(t_{ij})+V_i(t_{ij})$$

$$\breve{Y}_i(t_{ij})-\breve{W}_i(t_{ij})^T\beta=X_i(t_{ij})^T[\theta(t_{ij})-\hat{g}(t_{ij})+\tilde{\mu}(t_{ij})\beta]+[\varepsilon_i(t_{ij})-V_i(t_{ij})^T\beta]$$

其中，$\mu(t)=\Psi(t)^{-1}\Phi(t)$。进而，经简单计算可得

$$\begin{aligned}
\tilde{\eta}_i(\beta)=&\int_0^1\{[Z_i(t)+V_i(t)-\mu(t)^TX_i(t)][\varepsilon_i(t)-V_i(t)^T\beta]+\Sigma_{vv}\beta\}dN_i(t)\\
&+\int_0^1[\mu(t)-\tilde{\mu}(t)]^TX_i(t)[\varepsilon_i(t)-V_i(t)^T\beta]dN_i(t)\\
&+\int_0^1[Z_i(t)-\mu(t)^TX_i(t)]X_i(t)^T[\theta(t)-\hat{g}(t)+\tilde{\mu}(t)\beta]dN_i(t)\\
&+\int_0^1V_i(t)X_i(t)^T[\theta(t)-\hat{g}(t)+\tilde{\mu}(t)\beta]dN_i(t)\\
&+\int_0^1[\mu(t)-\tilde{\mu}(t)]^TX_i(t)X_i(t)^T[\theta(t)-\hat{g}(t)+\tilde{\mu}(t)\beta]dN_i(t)\\
\equiv&J_{i1}+J_{i2}+J_{i3}+J_{i4}+J_{i5}
\end{aligned}$$

因此，我们有

$$\frac{1}{\sqrt{n}}\sum_{i=1}^{n}\tilde{\eta}_i(\beta)=\sum_{\nu=1}^{5}\left(\frac{1}{\sqrt{n}}\sum_{i=1}^{n}J_{i\nu}\right)\equiv\sum_{\nu=1}^{5}J_\nu \tag{3.16}$$

因为

$$J_1=\frac{1}{\sqrt{n}}\Sigma_{i=1}^n\int_0^1\{[Z_i(t)+V_i(t)-\mu(t)^TX_i(t)][\varepsilon_i(t)-V_i(t)^T\beta]+\Sigma_{vv}\beta\}dN_i(t)$$

经简单计算可得 $E\{J_1\}=0$ 和 $\mathrm{Var}\{J_1\}=B$，并且 J_1 满足 Cramer-Wold 定理的条件以及 Lindeberg 条件。因此，利用中心极限定理可得

$$J_1 \xrightarrow{\mathcal{L}} N(0,\ B)$$

因此，为证本引理，我们只需证明 $J_\nu \xrightarrow{P} 0$，$\nu=2,\ 3,\ 4,\ 5$。下面处理 J_2。令 $\Lambda_{ij}=[\mu(t_{ij})-\tilde{\mu}(t_{ij})]^T$ 为 $q\times p$ 矩阵，且 $a_{ij}=X_i(t_{ij})[\varepsilon_i(t_{ij})-V_i(t_{ij})^T\beta]$ 为 $p\times 1$ 向量。进一步，令 $b_{ij,rs}$ 为 Λ_{ij} 的第 $(r,\ s)$ 个分量，$a_{ij,s}$ 为 a_{ij} 的第 s 个分量，$b_{ij_0,rs_0}a_{ij_0,s_0}=\max\limits_{j,s}\{b_{ij,rs}a_{ij,s}\}$，以及 $(b_{t_i,r},\ i=1,\cdots,n)$ 为 $(b_{ij_0,rs_0},\ i=1,\cdots,n)$ 的某一置换，使得 $b_{t_1,r}\geqslant b_{t_2,r}\geqslant\cdots\geqslant b_{t_n,r}$，对应的 $(a_{ij_0,s_0},\ i=1,\cdots,n)$ 记为 $(a_{t_i},\ i=1,\cdots,n)$。令 $J_{2,r}$ 为 J_2 的第 r 分量。由引理 2.5.1至引理 2.5.3，并结合引理 3.5.1 以及 n_i 是有界的，经简单计算可得

$$\begin{aligned}
|J_{2,\ r}| &= \frac{1}{\sqrt{n}}\left|\sum_{i=1}^{n}\sum_{j=1}^{n_i}\sum_{s=1}^{p} b_{ij,\,rs}a_{ij,\,s}\right| \leqslant \frac{n_i p}{\sqrt{n}}\left|\sum_{i=1}^{n} b_{ij_0,\,rs_0}a_{ij_0,\,s_0}\right| \\
&= \frac{n_i p}{\sqrt{n}}\left|\sum_{i=1}^{n} b_{t_i,\,r}a_{t_i}\right| \leqslant \frac{c}{\sqrt{n}}\sup_{1\leqslant i\leqslant n}\left|b_{t_i,\,r}\right|\max_{1\leqslant k\leqslant n}\left|\sum_{i=1}^{k} a_{t_i}\right| \\
&= \frac{c}{\sqrt{n}}O_p(C_n)O_p(\sqrt{n}\log n)=o_p(1)
\end{aligned}$$

即

$$J_2 \xrightarrow{P} 0 \tag{3.17}$$

另外，由引理 3.5.1，经简单计算可得

$$\sup_{0<t<1}\parallel \theta(t)-\hat{g}(t)+\tilde{\mu}(t)\beta \parallel = O_p(C_n) \tag{3.18}$$

再结合 $E\left\{[Z_i(t_{ij})-\mu(t_{ij})^T X_i(t_{ij})]X_i(t_{ij})^T\right\}=0$，$E\left\{V_i(t_{ij})X_i(t_{ij})^T\right\}=0$，利用类似式 (3.17) 的证明，我们有 $J_3 \xrightarrow{P} 0$ 和 $J_4 \xrightarrow{P} 0$。另外，由引理 3.5.1 可知 $\parallel J_5 \parallel \leqslant O_p(\sqrt{n}C_n^2)=o_p(1)$。这就完成了本引理的证明。

引理 3.5.3 假设条件 C3.1~C3.6 成立。如果 β 为参数真值，那么

$$\frac{1}{n}\sum_{i=1}^{n}\tilde{\eta}_i(\beta)\tilde{\eta}_i(\beta)^T \xrightarrow{P} B$$

其中，$\xrightarrow{P}$ 表示依概率收敛。

证明 我们仍采用引理 3.5.2 证明过程中的记号，并且令 $J_i^* \equiv J_{i2} + J_{i3} + J_{i4} + J_{i5}$，那么有

$$\begin{aligned}\frac{1}{n}\sum_{i=1}^{n}\tilde{\eta}_i(\beta)\tilde{\eta}_i(\beta)^T &= \frac{1}{n}\sum_{i=1}^{n}J_{i1}J_{i1}^T + \frac{1}{n}\sum_{i=1}^{n}J_{i1}J_i^{*T} + \frac{1}{n}\sum_{i=1}^{n}J_i^*J_{i1}^T + \frac{1}{n}\sum_{i=1}^{n}J_i^*J_i^{*T}\\ &\equiv A_1 + A_2 + A_3 + A_4\end{aligned}$$

结合引理 3.5.2，并由大数定律可得 $A_1 \xrightarrow{P} B$。下面证明 $A_2 \xrightarrow{P} 0$。注意到

$$\begin{aligned}A_2 &= \frac{1}{n}\sum_{i=1}^{n}J_{i1}J_{i2}^T + \frac{1}{n}\sum_{i=1}^{n}J_{i1}J_{i3}^T + \frac{1}{n}\sum_{i=1}^{n}J_{i1}J_{i4}^T + \frac{1}{n}\sum_{i=1}^{n}J_{i1}J_{i5}^T\\ &\equiv A_{21} + A_{22} + A_{23} + A_{24}\end{aligned}$$

令 $A_{21,\,rs}$ 为 A_{21} 的第 $(r,\ s)$ 个分量，$J_{ij,\,r}$ 为 J_{ij} 的第 r 个分量，$j = 1，2$。则利用 Cauchy-Schwarz 不等式可得

$$|A_{21,\,rs}| \leqslant \left(\frac{1}{n}\sum_{i=1}^{n}J_{i1,\,r}^2\right)^{\frac{1}{2}}\left(\frac{1}{n}\sum_{i=1}^{n}J_{i2,\,s}^2\right)^{\frac{1}{2}}$$

由引理 3.5.2 可知，$n^{-1}\sum\limits_{i=1}^{n}J_{i1,\,r}^2 = O_p(1)$ 和 $n^{-1}\sum\limits_{i=1}^{n}J_{i2,\,s}^2 = o_p(1)$。进而有 $A_{21} \xrightarrow{P} 0$。类似地，我们可以证明 $A_{2v} \xrightarrow{P} 0$，$v = 2，3，4$，因此有 $A_2 \xrightarrow{P} 0$。利用类似的讨论，我们可以证明 $A_v \xrightarrow{P} 0$，$v = 3，4$。这就完成了本引理的证明。

引理 3.5.4 假设条件 C3.1~C3.6 成立。如果 β 为参数真值，那么有

$$\max_{1\leqslant i\leqslant n} \|\ \tilde{\eta}_i(\beta)\ \| = o_p(n^{1/2})$$

证明 我们仍采用引理 3.5.2 证明过程中的记号。注意到对任一独立同分布的随机变量序列 $\{\xi_i,\quad i = 1, \cdots, n\}$ 并且满足 $E\{\xi_i^T\xi_i\} < \infty$，则有

$$\max_{1\leqslant i\leqslant n} \|\ \xi_i\ \| = o_p(n^{1/2})$$

这就表明 $\max\limits_{1\leqslant i\leqslant n} \|\ J_{i1}\ \| = o_p(n^{1/2})$。再结合引理 3.5.2，经简单计算可得

$$\max_{1\leqslant i\leqslant n} \|\ J_{i2}\ \| = O_p(C_n)\max_{1\leqslant i\leqslant n}\left\|\int_0^1 X_i(t)[\varepsilon_i(t) - V_i(t)^T\beta]dN_i(t)\right\| = o_p(n^{1/2})$$

类似地可以证明 $\max\limits_{1\leqslant i\leqslant n}\parallel J_{iv}\parallel=o_p(n^{1/2})$，　$v=3$，4，5。这就证完了本引理。

定理 3.2.1 的证明　结合引理 3.5.2 并利用与欧文（1990）类似的证明可得

$$\parallel\lambda\parallel=O_p(n^{-1/2})$$

对式 (3.11) 进行 Taylor 展开，并结合引理 3.5.1至引理 3.5.4 可得

$$\tilde{R}(\beta)=2\sum_{i=1}^{n}\left\{\lambda^T\tilde{\eta}_i(\beta)-[\lambda^T\tilde{\eta}_i(\beta)]^2/2\right\}+o_p(1) \tag{3.19}$$

类似地，由式 (3.12) 可得

$$\begin{aligned}0=&\sum_{i=1}^{n}\frac{\tilde{\eta}_i(\beta)}{1+\lambda^T\tilde{\eta}_i(\beta)}\\=&\sum_{i=1}^{n}\tilde{\eta}_i(\beta)-\sum_{i=1}^{n}\tilde{\eta}_i(\beta)\tilde{\eta}_i(\beta)^T\lambda+\sum_{i=1}^{n}\frac{\tilde{\eta}_i(\beta)[\lambda^T\tilde{\eta}_i(\beta)]^2}{1+\lambda^T\tilde{\eta}_i(\beta)}\end{aligned}$$

因此，再由引理 3.5.1至引理 3.5.4 可以证得

$$\sum_{i=1}^{n}[\lambda^T\tilde{\eta}_i(\beta)]^2=\sum_{i=1}^{n}\lambda^T\tilde{\eta}_i(\beta)+o_p(1)$$

$$\lambda=\left\{\sum_{i=1}^{n}\tilde{\eta}_i(\beta)\tilde{\eta}_i(\beta)^T\right\}^{-1}\sum_{i=1}^{n}\tilde{\eta}_i(\beta)+o_p(n^{-1/2})$$

因此，再结合式 (3.19)，并经简单计算可得

$$\tilde{R}(\beta)=\left\{\frac{1}{\sqrt{n}}\sum_{i=1}^{n}\tilde{\eta}_i(\beta)\right\}^T\tilde{B}^{-1}\left\{\frac{1}{\sqrt{n}}\sum_{i=1}^{n}\tilde{\eta}_i(\beta)\right\} \tag{3.20}$$

其中，$\tilde{B}=n^{-1}\sum\limits_{i=1}^{n}\tilde{\eta}_i(\beta)\tilde{\eta}_i(\beta)^T$。再由引理 3.5.2 和引理 3.5.3 可得到本定理证明。

定理 3.2.2 的证明　利用薛和朱（2007）中定理 1[①] 的证法可得

$$\hat{\beta}-\beta=\tilde{\Gamma}^{-1}\frac{1}{n}\sum_{i=1}^{n}\tilde{\eta}_i(\beta)+o_p(n^{-1/2})$$

再利用类似引理 3.5.3 的证法可知 $\tilde{\Gamma}\xrightarrow{P}\Gamma$。进而由引理 3.5.2 以及 Slutsky 定理，则完成了本定理的证明。

---

① Xue L，Zhu L. Empirical Likelihood for a Varying Coefficient Model With Longitudinal Data[J]. Journal of the American Statistical Association，2007，102: 642-654

引理 3.5.5 假设条件 C3.1~C3.6 成立。对给定的 t，如果 $\theta(t)$ 为参数真值，那么

$$\frac{1}{\sqrt{Nh}}\sum_{i=1}^{n}\tilde{\varphi}_i(\theta(t)) \xrightarrow{\mathcal{L}} N(0,\ v(t)\Psi(t))$$

其中，$v(t)=[\sigma(t)^2+\beta^T\sum_{vv}\beta]f(t)\int_{-1}^{1}K(t)^2dt$。

证明 经简单计算可得

$$\begin{aligned}
&\frac{1}{\sqrt{Nh}}\sum_{i=1}^{n}\tilde{\varphi}_i(\theta(t))\\
&=\frac{1}{\sqrt{Nh}}\sum_{i=1}^{n}\int_0^1 X_i(s)[\varepsilon_i(s)-V_i(s)^T\beta]K((t-s)/h)dN_i(s)\\
&\quad+\frac{1}{\sqrt{Nh}}\sum_{i=1}^{n}\int_0^1 X_i(s)(\beta-\tilde{\beta})^T W_i(s)K((t-s)/h)dN_i(s)\\
&\quad+\frac{1}{\sqrt{Nh}}\sum_{i=1}^{n}\int_0^1 X_i(s)[\theta(s)-\theta(t)-(\tilde{\theta}(s)-\tilde{\theta}(t))]^T X_i(s)K((t-s)/h)dN_i(s)\\
&\equiv\frac{1}{\sqrt{Nh}}\sum_{i=1}^{n}I_{i1}+\frac{1}{\sqrt{Nh}}\sum_{i=1}^{n}I_{i2}+\frac{1}{\sqrt{Nh}}\sum_{i=1}^{n}I_{i3}
\end{aligned} \tag{3.21}$$

经简单计算可得

$$E\left(\frac{1}{\sqrt{Nh}}\sum_{i=1}^{n}I_{i1}\right)=0\quad \mathrm{Var}\left(\frac{1}{\sqrt{Nh}}\sum_{i=1}^{n}I_{i1}\right)=v(t)\Psi(t)$$

因此，由中心极限定理可得

$$\frac{1}{\sqrt{Nh}}\sum_{i=1}^{n}I_{i1} \xrightarrow{\mathcal{L}} N(0,\ v(t)\Psi(t)) \tag{3.22}$$

由于定理 3.2.2 以及 n_i 是有界的，我们有 $\sqrt{N}(\tilde{\beta}-\beta)=O_p(1)$。另外，注意到

$$\frac{1}{Nh}\sum_{i=1}^{n}\int_0^1 K((t-s)/h)X_i(s)W_i(s)^T dN_i(s)=O_p(1)$$

因此有

$$\begin{aligned}\frac{1}{\sqrt{Nh}}\sum_{i=1}^{n}I_{i2}&=\sqrt{h}\left\{\frac{1}{Nh}\sum_{i=1}^{n}\int_0^1 K((t-s)/h)X_i(s)W_i(s)^T dN_i(s)\right\}\\&\quad\times\left\{\sqrt{N}(\beta-\tilde{\beta})\right\}\\&=O_p(h^{1/2})\end{aligned}\tag{3.23}$$

另外，对 $\theta(s)-\theta(t)$ 和 $\tilde{\theta}(s)-\tilde{\theta}(t)$ 分别在 t 点应用 Taylor 展开，并经简单计算可得

$$\theta(s)-\theta(t)-(\tilde{\theta}(s)-\tilde{\theta}(t))=[\theta'(t)-\tilde{\theta}'(t)](s-t)+O_p\{(s-t)^2\}\tag{3.24}$$

由条件 C3.1~C3.5，我们可以证明

$$\frac{1}{\sqrt{Nh}}\sum_{i=1}^{n}\int_0^1(s-t)K((s-t)/h)dN_i(s)=O_p(1)$$

$$\frac{1}{\sqrt{Nh}}\sum_{i=1}^{n}\int_0^1(s-t)^2K((s-t)/h)dN_i(s)=o_p(1)$$

以及

$$\theta'(t)-\tilde{\theta}'(t)\xrightarrow{P}0$$

再由式 (3.24) 可得

$$\frac{1}{\sqrt{Nh}}\sum_{i=1}^{n}I_{i3}\xrightarrow{P}0\tag{3.25}$$

进而由式 (3.21) 即可得到本引理的证明。

引理 3.5.6 设条件 C3.1~C3.6 成立。对给定的 t，如果 $\theta(t)$ 为参数真值，那么有 $\frac{1}{Nh}\sum\limits_{i=1}^{n}\tilde{\varphi}_i(\theta(t))\tilde{\varphi}_i(\theta(t))^T\xrightarrow{P}v(t)\Psi(t)$。

证明 我们仍然使用引理 3.5.5 证明过程中的记号，并令 $S_i=I_{i2}+I_{i3}$，则有

$$\begin{aligned}&\frac{1}{Nh}\sum_{i=1}^{n}\tilde{\varphi}_i(\theta(t))\tilde{\varphi}_i(\theta(t))^T\\&\quad=\frac{1}{Nh}\sum_{i=1}^{n}I_{i1}I_{i1}^T+\frac{1}{Nh}\sum_{i=1}^{n}I_{i1}S_i^T+\frac{1}{Nh}\sum_{i=1}^{n}S_iI_{i1}^T+\frac{1}{Nh}\sum_{i=1}^{n_i}S_iS_i^T\\&\quad\equiv D_1+D_2+D_3+D_4\end{aligned}$$

结合引理 3.5.5，利用大数定律可得 $D_1 \xrightarrow{P} v(t)\Psi(t)$。再结合引理 3.5.5，并利用类似引理 3.5.3 的证明可知 $D_v \xrightarrow{P} 0$，$v=2$，3，4。这就完成了本引理的证明。

定理 3.3.1 的证明 结合引理 3.5.5 以及引理 3.5.6，并利用类似定理 3.2.1 的证法可得，对给定的 t，有

$$\tilde{l}(\theta(t)) = \left\{\frac{1}{\sqrt{Nh}}\sum_{i=1}^{n}\tilde{\varphi}_i(\theta(t))\right\}^T \tilde{V}(\theta(t))^{-1}\left\{\frac{1}{\sqrt{Nh}}\sum_{i=1}^{n}\tilde{\varphi}_i(\theta(t))\right\}$$

其中，$\tilde{V}(\theta(t)) = (Nh)^{-1}\sum\limits_{i=1}^{n}\tilde{\varphi}_i(\theta(t))\tilde{\varphi}_i(\theta(t))^T$。

由引理 3.5.6 可得

$$\tilde{V}(\theta(t)) \xrightarrow{P} v(t)\Psi(t)$$

再由引理 3.5.5，有 $\tilde{l}(\theta(t)) \xrightarrow{\mathcal{L}} \chi_p^2$。这就证完了本定理。

第 4 章　缺失数据下部分线性变系数模型的经验似然估计

4.1 引　言

在第 2 章和第 3 章，我们分别研究了纵向数据下以及测量误差数据下的部分线性变系数模型的统计推断。但是，在实际应用中，数据往往由于某种原因而产生部分缺失，当数据含有缺失时，第 2 章和第 3 章所提出的方法将不能直接应用。如果仅仅用可以完全观测到的数据进行统计推断，得到的估计往往会产生偏差，而且一般不是渐近有效的。

本章在响应变量随机缺失的情况下，我们研究部分线性变系数模型的估计问题。设 $(X_i,\ Z_i,\ U_i,\ Y_i,\ \delta_i)$，$i=1,\cdots,n$，为来自如下模型的一个不完全随机样本，即

$$Y_i = X_i^T\theta(U_i) + Z_i^T\beta + \varepsilon_i, \quad i=1,\cdots,n \tag{4.1}$$

其中，$\beta=(\beta_1,\cdots,\beta_q)^T$ 为 $q\times 1$ 未知参数向量，$\theta(\cdot)=(\theta_1(\cdot),\cdots,\theta_p(\cdot))^T$ 为 $p\times 1$ 未知函数系数向量，ε_i 为模型误差，并且满足 $E\{\varepsilon_i|U_i,\ X_i,\ Z_i\}=0$。另外，协变量 X_i、Z_i 和 U_i 可以完全观测，并且当 $\delta_i=1$ 时，Y_i 可以观测，当 $\delta_i=0$ 时，Y_i 缺失。本章假定 Y_i 为随机缺失，即

$$P(\delta_i=1|Y_i,\ X_i,\ Z_i,\ U_i)=P(\delta_i=1|X_i,\ Z_i,\ U_i)$$

关于缺失数据问题的研究，目前已有大量的文献对缺失数据下的线性模型（Xue，2009）以及部分线性模型（Wang & Sun，2007）进行了研究。但是关于缺失数据下的部分线性变系数模型的估计问题，目前还没有相关的文献。

本章在响应变量随机缺失的情况下，主要考虑模型 (4.1) 中参数分量 β 的置信域构造问题。我们利用逆边际概率加权方法，提出了一个调整的经验似然推断方法。通过构造逆边际概率加权的辅助随机向量，给出了关于 β 的调整经验对数似然比函数，并证明了其渐近服从标准卡方分布，进而构造了 β 的置信域。但是，该方法只用到了完全观测数据，而没有考虑缺失数据所提供的信息。为了提高置信域的精度，我们提出了一个基于借补值的经验似然推断方法。通过巧妙地构造

基于借补值的辅助随机向量，构造了关于 β 的借补经验对数似然比函数，并证明了其仍然渐近服从标准卡方分布。最后通过数据模拟，研究了所提出方法的有限样本性质。

4.2 基于调整的经验似然推断

为了避免“维数灾难”现象，我们假定协变量 U_i 为一维随机变量，不失一般性，假定其在区间 [0，1] 上取值。由模型 (4.1) 可知：

$$\delta_i Y_i = \delta_i X_i^T \theta(U_i) + \delta_i Z_i^T \beta + e_i \tag{4.2}$$

其中，$e_i = \delta_i \varepsilon_i$ 为独立同分布的随机变量，并且有 $E\{e_i|X_i，Z_i，U_i\} = 0$。模型 (4.2) 为基于完全观测数据的部分线性变系数模型，因此利用类似第 2 章的方法，对给定的 β 最小化，见式 (4.3)，则得到 $\theta(u)$ 的局部最小二乘估计 $\breve{\theta}(u)$。

$$\sum_{i=1}^{n}\left\{Y_i - Z_i^T\beta - \sum_{k=1}^{p}[a_k + b_k(U_i - u)]X_{ik}\right\}^2 \delta_i K_h(u - U_i) \tag{4.3}$$

其中，$K_h(\cdot) = h^{-1}K(\cdot/h)$，$K(\cdot)$ 为核函数，h 为带宽，X_{ik} 为 X_i 的第 k 个元素。记 $Z = (Z_1, \cdots, Z_n)^T$，$Y = (Y_1, \cdots, Y_n)^T$，I_p 为 $p\times p$ 单位阵，0_p 为 $p\times p$ 零矩阵，以及

$$S(u) = (I_p，0_p)(D_u^T\Omega_u D_u)^{-1}D_u^T\Omega_u \equiv (S_1(u), \cdots, S_n(u))$$

其中，$\Omega_u = \mathrm{diag}\{\delta_1 K_h(u-U_1), \cdots, \delta_n K_h(u-U_n)\}$，为 $n\times n$ 对角阵，并且

$$D_u = \begin{pmatrix} X_1 & \cdots & X_n \\ h^{-1}(U_1-u)X_1 & \cdots & h^{-1}(U_n-u)X_n \end{pmatrix}^T$$

为 $n\times 2p$ 矩阵。那么经简单计算可知

$$\breve{\theta}(u) = \sum_{k=1}^{n} S_k(u)(Y_k - Z_k^T\beta) \tag{4.4}$$

把式 (4.4) 代入式 (4.1) 可得

$$\breve{Y}_i = \breve{Z}_i^T\beta + \varepsilon_i \tag{4.5}$$

其中，$\breve{Y}_i = Y_i - X_i^T \hat{g}(U_i)$，$\breve{Z}_i = Z_i - \hat{\mu}(U_i)^T X_i$，$\hat{\mu}(u) = \sum\limits_{k=1}^{n} S_k(u) Z_k^T$，$\hat{g}(u) = \sum\limits_{k=1}^{n} S_k(u) Y_k$。定义逆边际概率加权辅助随机向量：

$$\hat{\eta}_i(\beta) = \frac{\delta_i}{\hat{\pi}(U_i)} \breve{Z}_i \{\breve{Y}_i - \breve{Z}_i^T \beta\} \tag{4.6}$$

其中，调整因子 $\hat{\pi}(u)$ 为 $\pi(u) = P(\delta_i = 1 | U_i = u)$ 的核估计，其定义为

$$\hat{\pi}(u) = \sum_{i=1}^{n} \omega_{ni}(u) \delta_i$$

其中，$\omega_{ni}(u) = K\left((u - U_i)/h\right) \Big/ \sum\limits_{j=1}^{n} K\left((u - U_j)/h\right)$。

由式 (4.5) 可知 $E\{\hat{\eta}_i(\beta)\} = o(1)$。因此，关于 β 的调整经验对数似然比函数可以定义为

$$\hat{R}(\beta) = -2 \max \left\{ \sum_{i=1}^{n} \log(n p_i) \middle| p_i \geqslant 0,\ \sum_{i=1}^{n} p_i = 1,\ \sum_{i=1}^{n} p_i \hat{\eta}_i(\beta) = 0 \right\}$$

其中，$p_i = p_i(\beta)$，$i = 1, \cdots, n$。对任意给定的 β，假设 0 在点 $(\hat{\eta}_1(\beta), \cdots, \hat{\eta}_n(\beta))$ 所构成的凸集内部，则 $\hat{R}(\beta)$ 存在唯一解。利用 Lagrange 乘子法选择最优的 p_i，那么 $\hat{R}(\beta)$ 可以表示为

$$\hat{R}(\beta) = 2 \sum_{i=1}^{n} \log(1 + \lambda^T \hat{\eta}_i(\beta)) \tag{4.7}$$

其中，$\lambda = \lambda(\beta)$ 为 $q \times 1$ 向量，且满足

$$\sum_{i=1}^{n} \frac{\hat{\eta}_i(\beta)}{1 + \lambda^T \hat{\eta}_i(\beta)} = 0 \tag{4.8}$$

辅助随机向量 $\hat{\eta}_i(\beta)$ 中的调整因子也可以取为 $\pi^*(x,\ z,\ u) = P(\delta = 1 | X = x,\ Z = z,\ U = u)$。但是，当 X 和 Z 的维数较高时，对 $\pi^*(x,\ z,\ u)$ 的非参数估计往往会遇到“维数灾难”现象。因此，类似秦等（2009）的研究，我们采用边际概率 $\pi(u)$ 作为调整因子。另外，从第 4.4 节的模拟结果可以看出，本节所提出调整经验似然方法是可行的。

定理 4.2.1 设第 4.5 节中的条件 C4.1~C4.5 成立。如果 β 为参数真值，那么有

$$\hat{R}(\beta) \xrightarrow{\mathcal{L}} \chi_q^2$$

其中，$\xrightarrow{\mathcal{L}}$ 表示依分布收敛，χ_q^2 为自由度为 q 的卡方分布。

以 $\chi_q^2(1-\alpha)$ 记 χ_q^2 的 $1-\alpha$ 分位数，$0<\alpha<1$。由定理 4.2.1 可以得到 β 的渐近 $1-\alpha$ 置信域为

$$C_\alpha(\beta) = \left\{\beta \,\middle|\, \hat{R}(\beta) \leqslant \chi_q^2(1-\alpha)\right\}$$

通过最大化 $\{-\hat{R}(\beta)\}$ 可以得到 β 的极大经验似然估计 $\hat{\beta}$。记

$$\hat{\Gamma} = \frac{1}{n}\sum_{i=1}^{n} \frac{\delta_i}{\hat{\pi}(U_i)} \breve{Z}_i \breve{Z}_i^T$$

如果矩阵 $\hat{\Gamma}$ 是可逆的，那么利用与秦和劳利斯（1994）定理 1① 的类似证明可知，β 的极大经验似然估计可以表示为

$$\hat{\beta} = \hat{\Gamma}^{-1} \frac{1}{n}\sum_{i=1}^{n} \frac{\delta_i}{\hat{\pi}(U_i)} \breve{Z}_i \breve{Y}_i \tag{4.9}$$

令

$$\Gamma = E\left\{\pi(U)^{-1}[\Delta(U) - \Phi(U)^T \Psi(U)^{-1} \Phi(U)]\right\} \tag{4.10}$$

以及

$$B = E\left\{\sigma(U)^2 \pi(U)^{-2}[\Delta(U) - \Phi(U)^T \Psi(U)^{-1} \Phi(U)]\right\} \tag{4.11}$$

其中，$\Delta(u) = E\{\delta_i Z_i Z_i^T | U_i = u\}$，$\Phi(u) = E\{\delta_i X_i Z_i^T | U_i = u\}$，$\Psi(u) = E\{\delta_i X_i X_i^T | U_i = u\}$，$\sigma(u)^2 = E\{\varepsilon_i^2 | U_i = u\}$。下面的定理给出了 $\hat{\beta}$ 的渐近正态性。

定理 4.2.2 设第 4.5 节中的条件 C4.1~C4.5 成立，那么有

$$\sqrt{n}(\hat{\beta} - \beta) \xrightarrow{\mathcal{L}} N(0,\ \Sigma)$$

其中，$\Sigma = \Gamma^{-1} B \Gamma^{-1}$。

4.3 基于借补值的经验似然推断

在第 4.2 节中所构造的调整经验对数似然比函数仅仅用到了可以完全观测的数据，而对缺失数据所包含的信息并没有考虑。因此，当大量数据缺失时，基于

① Qin J, Lawless J. Empirical Likelihood and General Estimating Equations[J]. The Annals of Statistics, 1994, 22: 300-325

上述调整经验似然方法得到的置信域往往具有相对较低的覆盖精度。为了提高置信域的精度，下面我们给出一个基于借补值的经验似然推断方法。为此，定义基于借补值的辅助随机向量为

$$\tilde{\eta}_i(\beta) = \breve{Z}_i \left\{ \frac{\delta_i \breve{Y}_i}{\hat{\pi}(U_i)} + \left(1 - \frac{\delta_i}{\hat{\pi}(U_i)}\right) \breve{Z}_i^T \hat{\beta} - \breve{Z}_i^T \beta \right\} \tag{4.12}$$

其中，$\hat{\beta}$ 由式 (4.9) 所定义。进而，关于 β 的借补经验对数似然比函数可以定义为

$$\tilde{R}(\beta) = -2 \max \left\{ \sum_{i=1}^n \log(np_i) \middle| p_i \geqslant 0,\ \sum_{i=1}^n p_i = 1,\ \sum_{i=1}^n p_i \tilde{\eta}_i(\beta) = 0 \right\}$$

其中，$p_i = p_i(\beta)$，$i = 1, \cdots, n$。对任意给定的 β，假设 0 在点 $(\tilde{\eta}_1(\beta), \cdots, \tilde{\eta}_n(\beta))$ 所构成的凸集内部，则 $\tilde{R}(\beta)$ 存在唯一解。利用 Lagrange 乘子法，可以把 $\tilde{R}(\beta)$ 表示为

$$\tilde{R}(\beta) = 2 \sum_{i=1}^n \log(1 + \lambda^T \tilde{\eta}_i(\beta)) \tag{4.13}$$

其中，$\lambda = \lambda(\beta)$ 为 $q \times 1$ 向量，且满足

$$\sum_{i=1}^n \frac{\tilde{\eta}_i(\beta)}{1 + \lambda^T \tilde{\eta}_i(\beta)} = 0 \tag{4.14}$$

定理 4.3.1　设第 4.5 节中的条件 C4.1～C4.5 成立，如果 β 为参数真值，那么有

$$\tilde{R}(\beta) \xrightarrow{\mathcal{L}} \chi_q^2$$

以 $\chi_q^2(1-\alpha)$ 记 χ_q^2 的 $1-\alpha$ 分位数，$0 < \alpha < 1$。由定理 4.3.1 可以得到 β 的渐近 $1-\alpha$ 置信域为

$$\tilde{C}_\alpha(\beta) = \left\{ \beta \middle| \tilde{R}(\beta) \leqslant \chi_q^2(1-\alpha) \right\}$$

4.4　数值模拟

为实施模拟，我们从如下模型产生数据：

$$Y = \sin(0.5\pi U) X + 1.5 Z + \varepsilon \tag{4.15}$$

其中，$X \sim N(0,\ 1)$，U 和 Z 均服从区间 $(-2,\ 2)$ 上的均匀分布。Y 由模型产生，其中模型误差 $\varepsilon \sim N(0,\ 0.5)$。在模拟过程中，样本容量分别取 $n = 100$，150，200，并且对每一种情况实验重复 1000 次。另外，缺失概率 $\pi(u)$ 分别取如下三种情况来代表响应变量的不同缺失水平：

（1）如果 $|u| \leqslant 0.5$，则 $\pi_1(u) = 0.9 + 0.2u$，否则 $\pi_1(u) = 0.95$；

（2）如果 $|u| \leqslant 0.5$，则 $\pi_2(u) = 0.7 + 0.2u$，否则 $\pi_2(u) = 0.75$；

（3）如果 $|u| \leqslant 0.5$，则 $\pi_3(u) = 0.5 + 0.2u$，否则 $\pi_3(u) = 0.55$。

这三种情况对应的缺失概率平均分别为 10%、30% 和 50%。在模拟过程中，核函数取为 $K(u) = 0.75(1-u^2)_+$，并且用“去一分量”交叉证实法选取带宽 h_{CV}，使其满足式 (4.16) 达到最小。

$$CV(h) = \frac{1}{n}\sum_{i=1}^{n}\delta_i\left\{Y_i - X_i^T\hat{\theta}_{[i]}(U_i) - Z_i^T\hat{\beta}_{[i]}\right\}^2 \tag{4.16}$$

其中，$\hat{\theta}_{[i]}(u)$ 和 $\hat{\beta}_{[i]}$ 分别为去掉第 i 个观测值后 $\theta(u)$ 和 β 的估计，$\hat{\theta}_{[i]}(u)$ 可通过把 $\hat{\beta}_{[i]}$ 代入式 (4.4) 得到。

对于参数分量 β，我们用三种方法进行比较：第 4.2 节提出的调整经验似然方法（AEL）；第 4.3 节提出的借补经验似然方法（IEL）和未调整的经验似然方法（NEL）。后者是只用完全观测到的样本，并且把式 (4.6) 中的调整因子 $\delta_i/\hat{\pi}(U_i)$ 直接用 δ_i 所代替，进而来构造关于 β 的经验对数似然比函数。基于 1000 次重复实验，在各种情况下，我们分别计算了 β 的 95% 置信区间的平均长度（Len）以及对应的覆盖概率（Cov）。模拟结果如表 4-1 所示。

表 4-1　β 的 95% 置信区间的平均区间长度以及对应的覆盖概率

$\pi(u)$	n	NEL		AEL		IEL	
		区间长度	覆盖概率	区间长度	覆盖概率	区间长度	覆盖概率
$\pi_1(u)$	100	0.2259	0.93	0.2253	0.941	0.2010	0.942
	150	0.1982	0.938	0.1811	0.947	0.1702	0.949
	200	0.1633	0.944	0.1566	0.949	0.1491	0.951
$\pi_2(u)$	100	0.2628	0.845	0.2634	0.938	0.2042	0.940
	150	0.2191	0.926	0.2135	0.944	0.1715	0.946
	200	0.1874	0.937	0.1830	0.945	0.1503	0.947
$\pi_3(u)$	100	0.2930	0.722	0.2926	0.932	0.2109	0.939
	150	0.2625	0.852	0.2792	0.937	0.1808	0.942
	200	0.2163	0.920	0.2651	0.940	0.1587	0.943

从表 4-1 可以得到如下结论。

（1）对给定的缺失概率 $\pi(u)$，三种区间估计方法所给出的平均区间长度都随着样本容量 n 的增大而变短，而对应的覆盖概率随之增大，并且越来越接近真实水平 95%。

（2）对给定的样本容量 n，三种区间估计方法所给出的覆盖概率均随着缺失概率的增大而减小，但是基于 AEL 和 IEL 方法所给出的覆盖概率变化不大。这表明我们所提出的调整机制以及借补机制是可行的。另外还可以看出，当缺失概率较大时，基于 NEL 方法所给出的覆盖概率是非常不准确的。

（3）在所模拟的各种情况下，IEL 方法优于 NEL 方法和 AEL 方法。这主要是因为 IEL 方法充分利用了样本信息的缘故。

总之，从模拟结果来看本章提出的 AEL 方法以及 IEL 方法均具有优良的有限样本性质，并且当缺失概率较大时，我们的方法明显优于 NEL 方法。

4.5　引理及定理的证明

为书写方便，下文用 c 表示正常数，每次出现时可以代表不同的值。在证明本章的主要结果之前，首先给出一些正则化条件。

C4.1：带宽满足 $h=cn^{-1/5}$，其中 $c>0$ 为某给定常数。

C4.2：核函数 $K(\cdot)$ 是对称的概率核函数，且有 $\int u^4K(u)du<\infty$。

C4.3：对任给的 $u\in(0,\ 1)$，$f(u)$，$\Delta(u)$，$\Phi(u)$，$\Psi(u)$，$\sigma(u)^2$，$\theta(u)$，在 u 点均二次连续可微，其中 $f(\cdot)$ 为 U 的密度函数。

C4.4：$\sup\limits_{0\leqslant u\leqslant 1}E\{\varepsilon_i^4|U_i=u\}<\infty$，$\sup\limits_{0\leqslant u\leqslant 1}E\{X_{ir}^4|U_i=u\}<\infty$，且关于 u 连续，$i=1,\cdots,n$，$r=1,\cdots,p$，其中 X_{ir} 为 X_i 的第 r 个分量。

C4.5：对给定的 u，$\Psi(u)$ 和 $\Delta(u)$ 为正定矩阵。

下面首先给出几个引理。

引理 4.5.1　设条件 C4.1~C4.5 成立，则有

$$\sup_{0<u<1}\|\hat{\mu}(u)-\Psi(u)^{-1}\Phi(u)\|=O_p(C_n)$$

$$\sup_{0<u<1}\|\hat{g}(u)-\Psi(u)^{-1}\Phi(u)\beta-\theta(u)\|=O_p(C_n)$$

其中，$\hat{\mu}(u)$ 和 $\hat{g}(u)$ 由式 (4.5) 所定义，并且 $C_n=h^2+\left(\dfrac{\log(1/h)}{nh}\right)^{1/2}$。

证明 设:

$$S_{nl}(u)=\sum_{i=1}^{n}\delta_i X_i X_i^T\left[h^{-1}(s-u)\right]^l K_h(s-u), \qquad l=0,\ 1,\ 2$$

那么，简单计算可得

$$E\{S_{nl}(u)\}=nf(u)\Psi(u)\int_{-1}^{1}s^l K(s)ds+o(1), \qquad l=0,\ 1,\ 2$$

注意到

$$D_u^T\Omega_u D_u=\begin{pmatrix} S_{n0}(u) & S_{n1}(u) \\ S_{nl}(u) & S_{n2}(u)\end{pmatrix}$$

那么由引理 2.5.3 可知，对 $u\in(0,\ 1)$，一致有

$$D_u^T\Omega_u D_u=nf(u)\Psi(u)\otimes\begin{pmatrix} 1 & 0 \\ 0 & \int_{-1}^{1}s^2K(s)ds\end{pmatrix}\{1+O_p(C_n)\} \tag{4.17}$$

其中 $\otimes$ 为 Kronecker 乘积。利用类似的证法可知，对 $u\in(0,\ 1)$，一致有

$$D_u^T\Omega_u Z=n\Delta(u)f(u)\Phi(u)\otimes(1,\ 0)^T\{1+O_p(C_n)\} \tag{4.18}$$

再结合 $\hat{\mu}(u)$ 的定义，经简单计算可得

$$\hat{\mu}(u)=(I_p,\ 0_p)(D_u^T\Omega_u D_u)^{-1}D_u^T\Omega_u Z=\Psi(u)^{-1}\Phi(u)\{1+O_p(C_n)\}$$

对 $u\in(0,\ 1)$ 一致成立。因此该引理的第一式成立。利用类似的方法可以证明第二式，这就完成了本引理的证明。

引理 4.5.2 设条件 C4.1~C4.5 成立，如果 β 是参数真值，则

$$\frac{1}{\sqrt{n}}\sum_{i=1}^{n}\hat{\eta}_i(\beta)\xrightarrow{\mathcal{L}}N(0,\ B)$$

其中，B 由式 (4.11) 所定义。

证明　结合式 (4.6)，经简单计算可得

$$\begin{aligned}\hat{\eta}_i(\beta)=&\frac{\delta_i}{\hat{\pi}(U_i)}[Z_i-\mu(U_i))^TX_i]\varepsilon_i+\frac{\delta_i}{\hat{\pi}(U_i)}[\mu(U_i)-\hat{\mu}(U_i)]^TX_i\varepsilon_i\\&+\frac{\delta_i}{\hat{\pi}(U_i)}[Z_i-\mu(U_i)^TX_i]X_i^T[\theta(U_i)-\hat{g}(U_i)+\hat{\mu}(U_i)\beta]\\&+\frac{\delta_i}{\hat{\pi}(U_i)}[\mu(U_i)-\hat{\mu}(U_i)]^TX_iX_i^T[\theta(U_i)-\hat{g}(U_i)+\hat{\mu}(U_i)\beta]\\\equiv&J_{i1}+J_{i2}+J_{i3}+J_{i4}\end{aligned}$$

注意到在条件 C4.1、C4.2 下有

$$\sup_u|\hat{\pi}(u)-\pi(u)|=O_p((nh)^{-1/2}) \tag{4.19}$$

再利用对 $1/\hat{\pi}(u)$ 在 $\pi(u)$ 点进行 Taylor 展开，并经简单计算可得

$$\begin{aligned}\frac{1}{\sqrt{n}}\sum_{i=1}^n J_{i1}=&\frac{1}{\sqrt{n}}\sum_{i=1}^n\frac{\delta_i}{\pi(U_i)}[Z_i-\mu(U_i)^TX_i]\varepsilon_i\\&-\frac{1}{\sqrt{n}}\sum_{i=1}^n\frac{\delta_i}{\pi(U_i)^2}[\hat{\pi}(U_i)-\pi(U_i)][Z_i-\mu(U_i)^TX_i]\varepsilon_i+o_p(1)\\\equiv&\frac{1}{\sqrt{n}}\sum_{i=1}^n I_{i1}+\frac{1}{\sqrt{n}}\sum_{i=1}^n I_{i2}+o_p(1)\end{aligned}$$

注意到 $E\{I_{i1}\}=0$，　$\mathrm{Var}\{I_{i1}\}=B$，利用中心极限定理可知

$$\frac{1}{\sqrt{n}}\sum_{i=1}^n I_{i1}\xrightarrow{\mathcal{L}}N(0,\ B)$$

下证 $n^{-1/2}\sum\limits_{i=1}^n I_{i2}\xrightarrow{P}0$。令 $b(U_i)=\hat{\pi}(U_i)-\pi(U_i)$，$a_i=\dfrac{\delta_i}{\pi(U_i)^2}(Z_i-\mu(U_i)^TX_i)\varepsilon_i$ 为 $q\times1$ 向量。另外，令 $a_{i,s}$ 为 a_i 的第 s 个分量，并且 $(b(U_{t_i}),\ i=1,\cdots,n)$ 为 $(b(U_i),\ i=1,\cdots,n)$ 的某一置换，使得 $b(U_{t_1})\geqslant b(U_{t_2})\geqslant,\cdots,\geqslant b(U_{t_n})$，对应的 $(a_{i,s},\ i=1,\cdots,n)$ 记为 $(a_{t_i,s},\ i=1,\cdots,n)$。设 $I_{i2,s}$ 为 I_{i2} 的第 s 个分量，那么由引理 2.6.1 至引理 2.6.3 并结合式 (4.19) 以及引理 4.5.1 可

得

$$\left|\frac{1}{\sqrt{n}}\sum_{i=1}^{n}I_{i2,\ s}\right|=\frac{1}{\sqrt{n}}\left|\sum_{i=1}^{n}b(U_{t_i})a_{t_i,\ s}\right|\leqslant\frac{1}{\sqrt{n}}\sup_{0\leqslant u\leqslant 1}\left|b(u)\right|\max_{1\leqslant k\leqslant n}\left|\sum_{i=1}^{k}a_{t_i,\ s}\right|$$
$$=\frac{1}{\sqrt{n}}O_p\left((nh)^{-1/2}\right)O_p\left(\sqrt{n}\log n\right)=o_p(1)$$

因此有

$$\frac{1}{\sqrt{n}}\sum_{i=1}^{n}I_{i2}\xrightarrow{P}0$$

进而可得

$$\frac{1}{\sqrt{n}}\sum_{i=1}^{n}J_{i1}\xrightarrow{\mathcal{L}}N(0,\ B)\tag{4.20}$$

另外，结合 $E\{X_i\varepsilon_i\}=0$，$E\left\{[Z_i-\mu(U_i)^TX_i]X_i^T\right\}=0$，以及引理 4.5.1，用类似证明式 (4.20) 的方法可以得

$$\frac{1}{\sqrt{n}}\sum_{i=1}^{n}J_{iv}\xrightarrow{P}0,\quad v=2,\ 3\tag{4.21}$$

再由引理 4.5.1 可得

$$\left\|\frac{1}{\sqrt{n}}\sum_{i=1}^{n}J_{i4}\right\|\leqslant O_p(\sqrt{n}C_n^2)=o_p(1)\tag{4.22}$$

结合式 (4.20) 至式 (4.22) 则完成了本引理的证明。

引理 4.5.3 设条件 C4.1~C4.5 成立，如果 β 是参数真值，那么有

$$\frac{1}{n}\sum_{i=1}^{n}\hat{\eta}_i(\beta)\hat{\eta}_i(\beta)^T\xrightarrow{P}B$$

证明 我们仍使用引理 4.5.2 证明过程中的记号，并令 $J_i^*\equiv J_{i2}+J_{i3}+J_{i4}$，那么

$$\frac{1}{n}\sum_{i=1}^{n}\hat{\eta}_i(\beta)\hat{\eta}_i(\beta)^T=\frac{1}{n}\sum_{i=1}^{n}J_{i1}J_{i1}^T+\frac{1}{n}\sum_{i=1}^{n}J_{i1}J_i^{*T}+\frac{1}{n}\sum_{i=1}^{n}J_i^*J_{i1}^T+\frac{1}{n}\sum_{i=1}^{n}J_i^*J_i^{*T}$$
$$\equiv A_1+A_2+A_3+A_4$$

再结合引理 4.5.2 的证明过程，经简单计算可得

$$
\begin{aligned}
A_1 &= \frac{1}{n}\sum_{i=1}^{n} I_{i1}I_{i1}^T + \frac{1}{n}\sum_{i=1}^{n} I_{i1}I_{i2}^T + \frac{1}{n}\sum_{i=1}^{n} I_{i2}I_{i1}^T + \frac{1}{n}\sum_{i=1}^{n} I_{i2}I_{i2}^T + o_p(1) \\
&\equiv A_{11} + A_{12} + A_{13} + A_{14} + o_p(1)
\end{aligned}
$$

由大数定律可知 $A_{11} \xrightarrow{P} B$。下面证明 $A_{12} \xrightarrow{P} 0$。设 $A_{12,rs}$ 为 A_{12} 的第 $(r，s)$ 个元素，I_{ijr} 为 I_{ij}，$j=1，2$ 的第 r 个分量，那么利用 Cauchy-Schwarz 不等式可得

$$
|A_{12,rs}| \leqslant \left(\frac{1}{n}\sum_{i=1}^{n} I_{i1r}^2\right)^{\frac{1}{2}} \left(\frac{1}{n}\sum_{i=1}^{n} I_{i2s}^2\right)^{\frac{1}{2}} \tag{4.23}
$$

另外，由引理 4.5.2 可知，$n^{-1}\sum\limits_{i=1}^{n} I_{i1r}^2 = O_p(1)$，以及 $n^{-1}\sum\limits_{i=1}^{n} I_{i2s}^2 = o_p(1)$。因此，由式 (4.23) 可知 $A_{12} \xrightarrow{P} 0$。类似地可以证明 $A_{1v} \xrightarrow{P} 0$，$v=3，4$。因此，$A_1 \xrightarrow{P} \Sigma$。利用类似的证明方法可以得到 $A_v \xrightarrow{P} 0$，$v=3，4$，这就证完了本引理。

定理 4.2.1 的证明　结合引理 4.5.2，经简单计算可得

$$
\max_{1\leqslant i\leqslant n} \| \hat{\eta}_i(\beta) \| = o_p\left(n^{1/2}\right) \tag{4.24}
$$

另外，利用与欧文（1990）类似的证法可知

$$
\| \lambda \| = O_p\left(n^{-1/2}\right) \tag{4.25}
$$

结合式 (4.24) 和式 (4.25)，并对式 (4.7) 利用 Taylor 展开可得

$$
\hat{R}(\beta) = 2\sum_{i=1}^{n} \left\{\lambda^T\hat{\eta}_i(\beta) - [\lambda^T\hat{\eta}_i(\beta)]^2/2\right\} + o_p(1) \tag{4.26}
$$

另外，由式 (4.8) 可得

$$
\sum_{i=1}^{n} [\lambda^T\hat{\eta}_i(\beta)]^2 = \sum_{i=1}^{n} \lambda^T\hat{\eta}_i(\beta) + o_p(1) \tag{4.27}
$$

$$
\lambda = \left\{\sum_{i=1}^{n} \hat{\eta}_i(\beta)\hat{\eta}_i(\beta)^T\right\}^{-1} \sum_{i=1}^{n} \hat{\eta}_i(\beta) + o_p(n^{-1/2}) \tag{4.28}
$$

结合式 (4.26) 至式 (4.28)，经简单计算可得

$$\hat{R}(\beta)=\left\{\frac{1}{\sqrt{n}}\sum_{i=1}^{n}\hat{\eta}_i(\beta)\right\}^T\hat{B}^{-1}\left\{\frac{1}{\sqrt{n}}\sum_{i=1}^{n}\hat{\eta}_i(\beta)\right\}$$

其中 $\hat{B}=n^{-1}\sum_{i=1}^{n}\hat{\eta}_i(\beta)\hat{\eta}_i(\beta)^T$。再利用引理 4.5.2 和引理 4.5.3 则完成了本定理的证明。

定理 4.2.2 的证明 结合式 (4.9)，并利用薛和朱（2007）中定理 1[①] 类似的证法可得

$$\hat{\beta}-\beta=\hat{\Gamma}^{-1}\frac{1}{n}\sum_{i=1}^{n}\hat{\eta}_i(\beta)+o_p(n^{-1/2}) \tag{4.29}$$

利用类似引理 4.5.3 的证法可得 $\hat{\Gamma}\xrightarrow{P}\Gamma$，其中 Γ 由式 (4.10) 所定义。再结合引理 4.5.2 以及 Slutsky 定理，由式 (4.29) 可得

$$\sqrt{n}(\hat{\beta}-\beta)\xrightarrow{\mathcal{L}}N(0,\ \Gamma^{-1}B\Gamma^{-1})$$

这就完成了本定理的证明。

引理 4.5.4 设条件 C4.1~C4.5 成立，如果 β 是参数真值，则

$$\frac{1}{\sqrt{n}}\sum_{i=1}^{n}\tilde{\eta}_i(\beta)\xrightarrow{\mathcal{L}}N(0,\ B)$$

其中，B 由式 (4.11) 所定义。

证明 结合式 (4.6) 以及式 (4.12) 可得

$$\begin{aligned}\frac{1}{\sqrt{n}}\sum_{i=1}^{n}\tilde{\eta}_i(\beta)&=\frac{1}{\sqrt{n}}\sum_{i=1}^{n}\hat{\eta}_i(\beta)+\frac{1}{\sqrt{n}}\sum_{i=1}^{n}\left(1-\frac{\delta_i}{\hat{\pi}(U_i)}\right)\breve{Z}_i^T(\hat{\beta}-\beta)\\&\equiv S_1+S_2\end{aligned} \tag{4.30}$$

对 $1/\hat{\pi}(u)$ 在 $\pi(u)$ 点进行 Taylor 展开，并经简单计算可得

$$\begin{aligned}S_2=&\frac{1}{\sqrt{n}}\sum_{i=1}^{n}\left(1-\frac{\delta_i}{\pi(U_i)}\right)\breve{Z}_i^T(\hat{\beta}-\beta)\\&+\frac{1}{\sqrt{n}}\sum_{i=1}^{n}\frac{\delta_i}{\pi(U_i)^2}[\pi(U_i)-\hat{\pi}(U_i)]\breve{Z}_i^T(\hat{\beta}-\beta)+o_p(1)\\\equiv& S_{21}+S_{22}+o_p(1)\end{aligned} \tag{4.31}$$

① Xue L，Zhu L. Empirical Likelihood for a Varying Coeffi-cient Model with Longitudinal Data[J]. Journal of the American Statistical Association，2007，102: 642-654.

注意到 $E\{1-\delta_i/\pi(U_i)\}=0$ 以及 $\hat{\beta}-\beta=O_p(n^{-1/2})$，利用引理 2.5.1 和引理 2.5.2 可得

$$S_{21}=n^{-1/2}O_p(\sqrt{n}\ln n)O_p(n^{-1/2})=o_p(1) \tag{4.32}$$

另外，由式 (4.19) 以及定理 4.2.2 可得

$$S_{22}=\sqrt{n}O_p\left((nh)^{-1/2}\right)O_p(n^{-1/2})=o_p(1) \tag{4.33}$$

由式 (4.31) 至式 (4.33) 可知 $S_2=o_p(1)$。进而由式 (4.30) 可得

$$\frac{1}{\sqrt{n}}\sum_{i=1}^{n}\tilde{\eta}_i(\beta)=\frac{1}{\sqrt{n}}\sum_{i=1}^{n}\hat{\eta}_i(\beta)+o_p(1) \tag{4.34}$$

因此，结合式 (4.34) 以及引理 4.5.2 即可得到本引理的证明。

定理 4.3.1 的证明　结合式 (4.34)，并利用类似定理 4.2.1 的证明方法可得

$$\tilde{R}(\beta)=\left\{\frac{1}{\sqrt{n}}\sum_{i=1}^{n}\tilde{\eta}_i(\beta)\right\}^T\tilde{B}^{-1}\left\{\frac{1}{\sqrt{n}}\sum_{i=1}^{n}\tilde{\eta}_i(\beta)\right\}$$

其中，$\tilde{B}=n^{-1}\sum\limits_{i=1}^{n}\tilde{\eta}_i(\beta)\tilde{\eta}_i(\beta)^T$。利用类似引理 4.5.3 的证明可得 $\tilde{B}\stackrel{P}{\longrightarrow}B$。进而再由引理 4.5.4 完成了本定理的证明。

第 5 章　部分线性单指标空间自回归模型的 GMM 估计

5.1　引　　言

空间计量经济学主要研究的是空间依赖性，空间自回归（spatial autoregressive，SAR）模型在这方面占据重要作用。关于 SAR 模型早期的研究可参见安塞林（1988）、克雷西（1993）、安塞林和贝拉（1998）等的相关研究，然而，他们的研究主要集中在参数模型的空间自回归上。巴西勒（Basile，2008）证实了许多经济变量对因变量存在非线性影响。因此，许多学者提出了半参数/非参数的 SAR 模型来处理这种非线性影响。苏和金（Su & Jin，2010）针对半参数部分线性空间自回归模型提出了拟极大似然估计方法，并验证了模型中参数部分和非参数函数的大样本性质。然而，不幸的是，苏和金（2010）构造的拟极大似然估计量是通过非线性迭代得到的，没有具体的显式解，因此在实际应用中存在诸多不便。为了克服这个缺点，苏（2012）对非线性空间自回归模型提出了广义矩估计方法（GMM），该方法只需满足一些比较弱的矩条件即可。然而，非参数部分的估计精度会随着解释变量维数的增加而急剧下降，即“维数灾难”。近年来，许多学者提出了非参数/半参数 SAR 模型来解决“维数灾难”问题。常见的模型有以下几种。非参数可加模型：杜等（Du et al.，2018）、谢琍等（2018）提出了部分线性可加空间自回归模型，分别采用了 GMM 估计方法和截面极大似然估计方法来估计未知参数。非参数变系数模型：李坤明与陈建宝（2013）利用截面似然估计方法讨论了变系数空间自回归模型，陈建宝与孙林（2017）将他们的模型推广到了面板情形；陈建宝与乔宁宁（2017）对非参数空间误差滞后变系数模型构造了截面似然估计量。非参数单指标模型：陈建宝与孙林（2015）提出了非参数单指标空间自回归面板模型，并构造了参数部分的截面似然估计量；孙（Sun，2017）对单指标空间自回归模型提出了 GMM 估计方法。上述文献分别构造了估计量的大样本性质，并通过 Monte Carlo 数值模型方法考察了小样本表现。

孙（2017）提出的模型既避免了“维数灾难”，又考虑了响应变量间的空间依赖性。但是，在许多经济问题中，响应变量与协变量之间同时存在线性关系和非线性关系。因此，本章的目的是将孙（2017）的模型推广到部分线性单指标空间自回归模型。由于苏（2010）提出的拟极大似然估计方法需要计算矩阵的行列式和导数，当样本量增大或变量个数增大时，计算将耗时良久。因此，我们采用苏（2012）和孙（2017）的思想，构造模型的 GMM 估计。

5.2 模型介绍和估计

本章考虑部分线性单指标空间自回归模型：

$$y_{n,i}=g(\boldsymbol{\delta}_0^T\boldsymbol{x}_{n,i})+\lambda_0\sum_{j=1}^{n}w_{n,ij}y_{n,j}+\sum_{k=1}^{q}z_{n,ik}\beta_{0k}+\varepsilon_{n,i},\quad i=1,\ 2,\cdots,n \tag{5.1}$$

其中，$y_{n,i}$ 是响应变量；$\boldsymbol{x}_{n,i}=(x_{n,i1},\ x_{n,i2},\cdots,x_{n,ip})^T\in R^p$ 和 $\boldsymbol{z}_{n,i}=(z_{n,i1},\ z_{n,i2},\cdots,z_{n,iq})^T\in R^q$ 分别是 p 维和 q 维协变量；$w_{n,\ ij}$ 是预先设定好的空间权重；$g(\cdot)$ 是未知连接函数；$\boldsymbol{\delta}_0=(\delta_{01},\ \delta_{02},\cdots,\delta_{0p})^T\in R^p$ 是真实的单指标系数；$\boldsymbol{\beta}_0=(\beta_{01},\ \beta_{02},\cdots,\beta_{0q})^T\in R^q$ 是真实的线性部分系数；$|\lambda_0|<1$ 是真实的空间回归系数，表示空间相关关系；$\varepsilon_{n,\ i}\ (i=1,\ 2,\cdots,n)$ 是均值为零、方差为 σ_0^2 的独立随机变量。考虑到模型的可识别性，规定 $\|\boldsymbol{\delta}_0\|=1$，并且 $\boldsymbol{\delta}_0$ 的第一个非零分量是正数（其中，$\|\cdot\|$ 是常见的欧式范数)。

令 $\boldsymbol{Y}_n=(y_{n,1},\ y_{n,2},\cdots,y_{n,n})^T$，$\boldsymbol{X}_n=(\boldsymbol{x}_{n,1},\ \boldsymbol{x}_{n,2},\cdots,\boldsymbol{x}_{n,n})^T$，$\boldsymbol{W}_n=(w_{n,ij})_{n\times n}$，$\boldsymbol{Z}_n=(\boldsymbol{z}_{n,1},\ \boldsymbol{z}_{n,2},\cdots,\boldsymbol{z}_{n,n})^T$，$\boldsymbol{G}_n(\boldsymbol{\delta}_0)=\big(g(\boldsymbol{\delta}_0^T\boldsymbol{x}_{n,1}),\ g(\boldsymbol{\delta}_0^T\boldsymbol{x}_{n,2}),\cdots,g(\boldsymbol{\delta}_0^T\boldsymbol{x}_{n,n})\big)^T$，$\boldsymbol{I}_n$ 是 $n\times n$ 的单位矩阵。如果矩阵 $\boldsymbol{I}_n-\lambda_0\boldsymbol{W}_n$ 可逆，则模型 (5.1) 的矩阵形式表示为

$$\boldsymbol{Y}_n=(\boldsymbol{I}_n-\lambda_0\boldsymbol{W}_n)^{-1}\boldsymbol{G}_n(\boldsymbol{\delta}_0)+(\boldsymbol{I}_n-\lambda_0\boldsymbol{W}_n)^{-1}\boldsymbol{Z}_n\boldsymbol{\beta}_0+(\boldsymbol{I}_n-\lambda_0\boldsymbol{W}_n)^{-1}\boldsymbol{\varepsilon}_n \tag{5.2}$$

显然，当 $\{\boldsymbol{x}_{n,i}\}_{i=1}^n$、$\{\boldsymbol{z}_{n,i}\}_{i=1}^n$ 与 $\{\varepsilon_{n,i}\}_{i=1}^n$ 不相关时，$\mathrm{E}\boldsymbol{W}_n\boldsymbol{Y}_n\boldsymbol{\varepsilon}_n^T\neq 0$，即模型 (5.1) 具有内生性问题。针对该问题，常用的估计方法包括极大似然估计法、广义矩估计法及工具变量估计法等。极大似然估计方法要求对误差项具有明确的分布，然而在现实情况中，误差项的分布往往是无从知晓的。而广义矩估计方法只需要假定误差项的有限阶矩存在，这种比较弱的假设，使得广义矩估计方法在实际问题中得到广泛应用。因此，我们结合工具变量与广义矩估计方法给出模型中未知参数及未知连接函数的估计。

对于模型 (5.1)，关键是找到合适的估计方法来估计未知参数 $\boldsymbol{\xi}=(\boldsymbol{\delta}^T,\ \boldsymbol{\beta}^T,\ \lambda)^T$ 和未知连接函数 $g(\cdot)$。本章采用苏（2012） 和孙（2017）的方法来估

计 $\boldsymbol{\xi}$ 和 $g(\cdot)$。首先，采用局部线性估计方法对未知连接函数进行估计；其次，考虑到单指标系数的识别条件，利用“去一分量”方法进行处理；最后，采用广义矩估计方法对未知参数进行估计。具体步骤如下。

第一步，假定 λ、$\boldsymbol{\beta}$ 和 $\boldsymbol{\delta}$ 已知，首先将 $g(\boldsymbol{\delta}^T\boldsymbol{x}_{n,i})$ 在 $\boldsymbol{\delta}^T\boldsymbol{x}$ 处做一阶 Taylor 展开：

$$g(\boldsymbol{\delta}^T\boldsymbol{x}_{n,i}) \approx g(\boldsymbol{\delta}^T\boldsymbol{x}) + g'(\boldsymbol{\delta}^T\boldsymbol{x})(\boldsymbol{\delta}^T\boldsymbol{x}_{n,i} - \boldsymbol{\delta}^T\boldsymbol{x})$$

然后采用局部线性估计方法得到 $g(\cdot)$ 的初始估计 $\tilde{g}(\cdot)$。

$$\sum_{i=1}^{n}\left(y_{n,i}^* - g(\boldsymbol{\delta}^T\boldsymbol{x}) - g'(\boldsymbol{\delta}^T\boldsymbol{x})(\boldsymbol{\delta}^T\boldsymbol{x}_{n,i} - \boldsymbol{\delta}^T\boldsymbol{x})\right)^2 k_h(\boldsymbol{\delta}^T\boldsymbol{x}_{n,i} - \boldsymbol{\delta}^T\boldsymbol{x}) \tag{5.3}$$

其中，$y_{n,i}^* = y_{n,i} - \lambda\sum\limits_{j=1}^{n} w_{n,ij}y_{n,j} - \sum\limits_{k=1}^{q} z_{n,ik}\beta_k$，$k_h(u) = \dfrac{1}{h}k\left(\dfrac{u}{h}\right)$，$k(\cdot)$ 是核函数，h 是对应的带宽，$g'(\cdot)$ 是 $g(\cdot)$ 的一阶导数。令 $\tilde{g}(\boldsymbol{\delta}^T\boldsymbol{x};\boldsymbol{\delta},\ \boldsymbol{\beta},\ \lambda)$ 和 $\tilde{g}'(\boldsymbol{\delta}^T\boldsymbol{x};\boldsymbol{\delta},\ \boldsymbol{\beta},\ \lambda)$ 是使式 (5.3) 最小的值，利用加权最小二乘方法可得

$$\begin{aligned}&\begin{pmatrix} \tilde{g}(\boldsymbol{\delta}^T\boldsymbol{x};\boldsymbol{\delta},\ \boldsymbol{\beta},\ \lambda) \\ h\tilde{g}'(\boldsymbol{\delta}^T\boldsymbol{x};\boldsymbol{\delta},\ \boldsymbol{\beta},\ \lambda) \end{pmatrix}\\ &= \boldsymbol{\psi}_{nh}^{-1}(\boldsymbol{\delta}^T\boldsymbol{x};\boldsymbol{\delta})\boldsymbol{B}_{nh}^T(\boldsymbol{\delta}^T\boldsymbol{x};\boldsymbol{\delta})\boldsymbol{K}_{nh}(\boldsymbol{\delta}^T\boldsymbol{x};\boldsymbol{\delta})(\boldsymbol{Y}_n - \lambda\boldsymbol{W}_n\boldsymbol{Y}_n - \boldsymbol{Z}_n\boldsymbol{\beta})\end{aligned}$$

其中，$\boldsymbol{B}_{nh}(\boldsymbol{\delta}^T\boldsymbol{x};\boldsymbol{\delta}) = \begin{pmatrix} 1 & \cdots & 1 \\ \dfrac{\boldsymbol{\delta}^T\boldsymbol{x}_{n,1} - \boldsymbol{\delta}^T\boldsymbol{x}}{h} & \cdots & \dfrac{\boldsymbol{\delta}^T\boldsymbol{x}_{n,n} - \boldsymbol{\delta}^T\boldsymbol{x}}{h} \end{pmatrix}^T$，$\boldsymbol{\psi}_{nh}(\boldsymbol{\delta}^T\boldsymbol{x};\boldsymbol{\delta}) = \boldsymbol{B}_{nh}^T(\boldsymbol{\delta}^T\boldsymbol{x};\boldsymbol{\delta})\ \boldsymbol{K}_{nh}(\boldsymbol{\delta}^T\boldsymbol{x};\boldsymbol{\delta})\boldsymbol{B}_{nh}(\boldsymbol{\delta}^T\boldsymbol{x};\boldsymbol{\delta})$，$\boldsymbol{K}_{nh}(\boldsymbol{\delta}^T\boldsymbol{x};\boldsymbol{\delta}) = \mathrm{diag}\left\{k_h(\boldsymbol{\delta}^T\boldsymbol{x}_{n,1} - \boldsymbol{\delta}^T\boldsymbol{x}), \cdots, k_h(\boldsymbol{\delta}^T\boldsymbol{x}_{n,n} - \boldsymbol{\delta}^T\boldsymbol{x})\right\}$。

定义平滑算子：

$$\boldsymbol{s}_{nh}(\boldsymbol{\delta}^T\boldsymbol{x};\boldsymbol{\delta}) = (1,\ 0)\boldsymbol{\psi}_{nh}^{-1}(\boldsymbol{\delta}^T\boldsymbol{x};\boldsymbol{\delta})\boldsymbol{B}_{nh}^T(\boldsymbol{\delta}^T\boldsymbol{x};\boldsymbol{\delta})\boldsymbol{K}_{nh}(\boldsymbol{\delta}^T\boldsymbol{x};\boldsymbol{\delta})$$

$$\boldsymbol{s}_{nh}^*(\boldsymbol{\delta}^T\boldsymbol{x};\boldsymbol{\delta}) = (0,\ 1)\boldsymbol{\psi}_{nh}^{-1}(\boldsymbol{\delta}^T\boldsymbol{x};\boldsymbol{\delta})\boldsymbol{B}_{nh}^T(\boldsymbol{\delta}^T\boldsymbol{x};\boldsymbol{\delta})\boldsymbol{K}_{nh}(\boldsymbol{\delta}^T\boldsymbol{x};\boldsymbol{\delta})$$

$$\boldsymbol{S}_{nh}(\boldsymbol{\delta}) = \left(\boldsymbol{s}_{nh}^T(\boldsymbol{\delta}^T\boldsymbol{x}_{n,1};\boldsymbol{\delta}),\ \boldsymbol{s}_{nh}^T(\boldsymbol{\delta}^T\boldsymbol{x}_{n,2};\boldsymbol{\delta}), \cdots, \boldsymbol{s}_{nh}^T(\boldsymbol{\delta}^T\boldsymbol{x}_{n,n};\boldsymbol{\delta})\right)^T$$

$$\boldsymbol{S}_{nh}^*(\boldsymbol{\delta}) = \left(\boldsymbol{s}_{nh}^{*T}(\boldsymbol{\delta}^T\boldsymbol{x}_{n,1};\boldsymbol{\delta}),\ \boldsymbol{s}_{nh}^{*T}(\boldsymbol{\delta}^T\boldsymbol{x}_{n,2};\boldsymbol{\delta}), \cdots, \boldsymbol{s}_{nh}^{*T}(\boldsymbol{\delta}^T\boldsymbol{x}_{n,n};\boldsymbol{\delta})\right)^T$$

则

$$\tilde{\boldsymbol{G}}_n(\boldsymbol{\delta}) = \boldsymbol{S}_{nh}(\boldsymbol{\delta})(\boldsymbol{Y}_n - \lambda\boldsymbol{W}_n\boldsymbol{Y}_n - \boldsymbol{Z}_n\boldsymbol{\beta})$$

$$h\tilde{\boldsymbol{G}}_n'(\boldsymbol{\delta}) = \boldsymbol{S}_{nh}^*(\boldsymbol{\delta})(\boldsymbol{Y}_n - \lambda\boldsymbol{W}_n\boldsymbol{Y}_n - \boldsymbol{Z}_n\boldsymbol{\beta})$$

其中，$\tilde{\boldsymbol{G}}_n(\boldsymbol{\delta})=\big(\tilde{g}(\boldsymbol{\delta}^T\boldsymbol{x}_{n,1};\boldsymbol{\delta},\ \boldsymbol{\beta},\ \lambda),\cdots,\tilde{g}(\boldsymbol{\delta}^T\boldsymbol{x}_{n,n};\boldsymbol{\delta},\ \boldsymbol{\beta},\ \lambda)\big)^T$，$\tilde{\boldsymbol{G}}'_n(\boldsymbol{\delta})$ 是 $\tilde{\boldsymbol{G}}_n(\boldsymbol{\delta})$ 的导数，与 $\tilde{\boldsymbol{G}}_n(\boldsymbol{\delta})$ 的定义类似。

第二步，利用全局工具变量方法来估计 $\boldsymbol{\xi}=(\boldsymbol{\delta}^T,\ \boldsymbol{\beta}^T,\ \lambda)^T$。令 $\boldsymbol{H}_n=(\boldsymbol{h}_{n,1},\ \boldsymbol{h}_{n,2},\cdots,\boldsymbol{h}_{n,n})^T$ 是 $n\times r$ $(r\geqslant p+q+1)$ 阶工具变量矩阵，其中 $\boldsymbol{h}_{n,i}=(h_{n,i1},\ h_{n,i2},\cdots,h_{n,ir})^T$，因此 $\mathrm{E}(\boldsymbol{H}_n^T\boldsymbol{\varepsilon}_n)=\boldsymbol{0}$。

将 $\tilde{\boldsymbol{G}}_n(\boldsymbol{\delta})$ 代入模型 (5.1)，从而得到

$$\boldsymbol{m}_n(\boldsymbol{\delta},\ \boldsymbol{\beta},\ \lambda)=\boldsymbol{H}_n^T\big(\boldsymbol{Y}_n-\lambda\boldsymbol{W}_n\boldsymbol{Y}_n-\boldsymbol{Z}_n\boldsymbol{\beta}-\tilde{\boldsymbol{G}}_n(\boldsymbol{\delta})\big)$$

令 $\boldsymbol{A}_n$ 是 $r\times r$ 阶正定常数矩阵，则 $\boldsymbol{\delta}$、$\boldsymbol{\beta}$ 和 λ 的估计是使函数

$$Q_n(\boldsymbol{\delta},\ \boldsymbol{\beta},\ \lambda)=\boldsymbol{m}_n^T(\boldsymbol{\delta},\ \boldsymbol{\beta},\ \lambda)\boldsymbol{A}_n\boldsymbol{m}_n(\boldsymbol{\delta},\ \boldsymbol{\beta},\ \lambda)$$

在 $\|\boldsymbol{\delta}\|=1$ 且 $\boldsymbol{\delta}$ 的第一个非零元素是正数的限制条件下的最小值。

下面，我们参考余和鲁伯特（Yu & Ruppert，2002）、王等（2010）和孙（2017）的研究中所采用的再参数化（reparameterization）方法对限制条件进行处理。为了描述简便，不妨令 $\boldsymbol{\alpha}=(\delta_2,\cdots,\delta_p)^T$ 是 $\boldsymbol{\delta}$ 去掉第一个元素 δ_1 后的 $p-1$ 维参数向量，则

$$\boldsymbol{\delta}=\boldsymbol{\delta}(\boldsymbol{\alpha})=(\sqrt{1-\|\boldsymbol{\alpha}\|^2},\ \boldsymbol{\alpha}^T)^T \tag{5.4}$$

易知，参数 $\boldsymbol{\alpha}$ 对应的真实参数 $\boldsymbol{\alpha}_0$ 满足条件 $\|\boldsymbol{\alpha}_0\|<1$，且 $\boldsymbol{\delta}$ 在 $\boldsymbol{\alpha}_0$ 的邻域内是无限次可微的。这种方法被称为“去一分量法”（remove-one-component）。下面，我们考虑 $\boldsymbol{\delta}$ 关于 $\boldsymbol{\alpha}$ 的 Jacobi 矩阵：

$$\boldsymbol{J}_{\boldsymbol{\alpha}}=\frac{\partial\boldsymbol{\delta}}{\partial\boldsymbol{\alpha}^T}=(\gamma_1,\ \gamma_2,\cdots,\gamma_p)^T \tag{5.5}$$

其中，$\gamma_1=-(1-\|\boldsymbol{\alpha}\|^2)^{-1/2}\boldsymbol{\alpha}$，$\gamma_i$ $(2\leqslant i\leqslant p)$ 是第 i 个元素为 1 的 $p-1$ 维单位向量。因此，再参数化之后对应的矩函数为

$$\boldsymbol{m}_n(\boldsymbol{\delta},\ \boldsymbol{\beta},\ \lambda)=\boldsymbol{m}_n(\boldsymbol{\delta}(\boldsymbol{\alpha}),\ \boldsymbol{\beta},\ \lambda)=\tilde{\boldsymbol{m}}_n(\boldsymbol{\alpha},\ \boldsymbol{\beta},\ \lambda)$$

此时，GMM 的目标函数变为

$$Q_n(\boldsymbol{\delta},\ \boldsymbol{\beta},\ \lambda)=Q_n(\boldsymbol{\delta}(\boldsymbol{\alpha}),\ \boldsymbol{\beta},\ \lambda)=\tilde{Q}_n(\boldsymbol{\alpha},\ \boldsymbol{\beta},\ \lambda)$$

因此，有限维参数 $(\boldsymbol{\alpha}^T,\ \boldsymbol{\beta}^T,\ \lambda)^T$ 的 GMM 估计为

$$\begin{aligned}(\hat{\boldsymbol{\alpha}}^T,\ \hat{\boldsymbol{\beta}}^T,\ \hat{\lambda})^T&=\arg\min_{\boldsymbol{\alpha},\ \boldsymbol{\beta},\ \lambda}\tilde{Q}_n(\boldsymbol{\alpha},\ \boldsymbol{\beta},\ \lambda)\\&=\arg\min_{\boldsymbol{\alpha},\ \boldsymbol{\beta},\ \lambda}\tilde{\boldsymbol{m}}_n^T(\boldsymbol{\alpha},\ \boldsymbol{\beta},\ \lambda)\boldsymbol{A}_n\tilde{\boldsymbol{m}}_n(\boldsymbol{\alpha},\ \boldsymbol{\beta},\ \lambda)\end{aligned} \tag{5.6}$$

故 $\boldsymbol{\delta}$ 的估计为 $\hat{\boldsymbol{\delta}}=\boldsymbol{\delta}(\hat{\boldsymbol{\alpha}})$。

用 $\hat{\boldsymbol{\delta}}$、$\hat{\boldsymbol{\beta}}$ 和 $\hat{\lambda}$ 分别替换 $\tilde{g}(\cdot;\boldsymbol{\delta},\ \boldsymbol{\beta},\ \lambda)$ 中的 $\boldsymbol{\delta}$、$\boldsymbol{\beta}$ 和 λ，得到 $g(\cdot)$ 的最终估计 $\hat{g}(\cdot)$，此时的带宽记为 h_1，其中 h_1 比 h 稍微大一点①。

5.3 估计量的大样本性质

5.3.1 假设条件

我们来讨论估计量的渐近性质。为了表述方便，首先给出下列符号：

$$\hat{\boldsymbol{\xi}}=(\hat{\boldsymbol{\delta}}^T,\ \hat{\boldsymbol{\beta}}^T,\ \hat{\lambda})^T\quad \boldsymbol{\xi}_0=(\boldsymbol{\delta}_0^T,\ \boldsymbol{\beta}_0^T,\ \lambda_0)^T$$

$$\boldsymbol{M}_n=\boldsymbol{W}_n(\boldsymbol{I}_n-\lambda_0\boldsymbol{W}_n)^{-1}$$

$$\boldsymbol{\Gamma}_{1,\,n}=\frac{1}{n}\sum_{i=1}^{n}g'(\boldsymbol{\delta}_0^T\boldsymbol{x}_{n,\,i})\boldsymbol{h}_{n,\,i}\boldsymbol{x}_{n,\,i}^T$$

$$\boldsymbol{\Gamma}_{2,\,n}=\frac{1}{n}\boldsymbol{H}_n^T\big(\boldsymbol{I}_n-\boldsymbol{S}_{n,\,h}(\boldsymbol{\delta})\big)\boldsymbol{Z}_n$$

$$\boldsymbol{\Gamma}_{3,\,n}=\frac{1}{n}\boldsymbol{H}_n^T\big(\boldsymbol{I}_n-\boldsymbol{S}_{n,\,h}(\boldsymbol{\delta})\big)\boldsymbol{M}_n\boldsymbol{G}_n(\boldsymbol{\delta}_0)$$

$$\boldsymbol{\Sigma}_n=\frac{1}{n}\boldsymbol{H}_n^T\big(\boldsymbol{I}_n-\boldsymbol{S}_{n,\,h}(\boldsymbol{\delta})\big)\big(\boldsymbol{I}_n-\boldsymbol{S}_{n,\,h}(\boldsymbol{\delta})\big)^T\boldsymbol{H}_n$$

为了得到估计量的渐近性质，给出如下假设。

假设 5.1

(1) 序列 $\{\boldsymbol{z}_{n,\,i}\}_{i=1}^n$ 和 $\{\boldsymbol{h}_{n,\,i}\}_{i=1}^n$ 是一致有界的常数序列；

(2) 序列 $\{\boldsymbol{x}_{n,\,i}\}_{i=1}^n$ 与 $\{\varepsilon_{n,\,i}\}_{i=1}^n$ 是相互独立的随机序列，且存在某个常数 C_1 使得 $E(|\boldsymbol{x}_{n,\,i}|)\leqslant C_1$；

(3) 误差项 $\{\varepsilon_{n,\,i}\}_{i=1}^n$ 是独立的，且 $E(\varepsilon_{n,\,i})=0$，$E(\varepsilon_{n,\,i}^2)=\sigma_0^2$，对任意的 $s>2$ 都有 $E\big(|\varepsilon_{n,\,i}|^s\big)<\infty$；

(4) $\boldsymbol{\delta}^T\boldsymbol{x}$ 的密度函数 $f(\cdot)>0$，并且在 $\boldsymbol{\delta}_0^T\boldsymbol{x}$ 的邻域内满足一阶 Lipschitz 条件，$f(\cdot)$ 在点 $\boldsymbol{\delta}_0^T\boldsymbol{x}$ 处具有连续可微的二阶导数，另外，$f(\cdot)$ 在其支撑集上一致有界远离零；

(5) 参数 $\boldsymbol{\beta}$ 在真值 $\boldsymbol{\beta}_0$ 的邻域内，满足 $|\boldsymbol{z}_{n,\,i}^T\boldsymbol{\beta}|\leqslant C_2$，其中，$C_2$ 是正的常数；

① 王等（2010）同样说明了 h_1 比 h 稍微大一点。另外，本章 5.4节的模拟部分得到 h_1 的值为 0.3188，h 的值为 0.2976.

(6) 实值函数 $g(\cdot)$ 是二阶连续可微的有界函数，且在任意的 $\boldsymbol{\delta}^T\boldsymbol{x}$ 处满足一阶 Lipschitz 条件，即存在某个常数 m_g，使得 $|g(\boldsymbol{\delta}^T\boldsymbol{x})| \leqslant m_g$ 成立。另外，$g'(\cdot)$ 和 $g''(\cdot)$ 在其支撑集上是有界的。

假设 5.2

(1) 对于所有的 $|\lambda|<1$，矩阵 $\boldsymbol{I}_n-\lambda\boldsymbol{W}_n$ 是非奇异的；

(2) 空间权重矩阵 $\boldsymbol{W}_n$ 的元素是非随机的，$\omega_{ii}=0$，对所有的 i，$j=1,2,\cdots,n$，都有 $\omega_{ij}=O_P(1/l_n)$，且 $\lim\limits_{n\to\infty} l_n/n=0$；

(3) 矩阵 $\boldsymbol{W}_n$ 和 $\left(\boldsymbol{I}_n-\lambda_0\boldsymbol{W}_n\right)^{-1}$ 的行元素绝对值的和与列元素绝对值的和是一致有界的。

假设 5.3

(1) 核函数 $k(\cdot)$ 在其有界闭支撑集上是连续非负的对称函数。也就是说，存在某个常数 $m_k>0$，使得 $[-m_k,\ m_k]\subset\mathbb{R}$，对任意的 $|v|\leqslant m_k$，都有 $k(v)>0$，另外，它的一阶导数是连续有界的。

(2) 令 $\mu_l=\displaystyle\int k(v)v^l dv$，$\nu_l=\displaystyle\int k^2(v)v^l dv$，其中 l 是非负整数。显然 $\mu_0=1$，$\mu_1=0$，$\mu_2\neq 0$，如果 l 是奇数，则 $\mu_l=\nu_l=0$。

(3) $n\to\infty$，$h\to 0$，$nh^3\to\infty$，$nh^4\to 0$，$h_1\to 0$，$nh_1^5=O(1)$。

假设 5.4

(1) 真实参数 $(\boldsymbol{\delta}_0^T,\ \boldsymbol{\beta}_0^T,\ \lambda_0)^T$ 是其紧支撑集的内点；

(2) 令 $p\lim\limits_{n\to\infty}\boldsymbol{\Gamma}_{1,n}=\boldsymbol{\Gamma}_1$，$\lim\limits_{n\to\infty}\boldsymbol{\Gamma}_{2,n}=\boldsymbol{\Gamma}_2$，$\lim\limits_{n\to\infty}\boldsymbol{\Gamma}_{3,n}=\boldsymbol{\Gamma}_3$，$\lim\limits_{n\to\infty}\boldsymbol{A}_n=\boldsymbol{A}$，$\lim\limits_{n\to\infty}\boldsymbol{\Sigma}_n=\boldsymbol{\Sigma}$，其中，$\boldsymbol{A}$ 和 $\boldsymbol{\Sigma}$ 是正定矩阵，$p\lim\limits_{n\to\infty}$ 指依概率收敛。

注 5.3.1 假设 5.1 是自变量、误差项及未知函数经常用到的条件，与孙（2017）中假设 2 、假设 4 和假设 6 类似①。但是孙（2017）要求 $\{\boldsymbol{x}_{n,i}\}_{i=1}^n$ 是固定序列，本章中的 $\{\boldsymbol{x}_{n,i}\}_{i=1}^n$ 是随机序列。假设 5.2 是空间权重矩阵的基本特征，它与苏和金（2013）②中的假设 3、苏（2012）中假设 1 及孙（2017）中假设 5 一样③。假设 5.3 是非参数估计模型中常见的关于核函数和带宽的假设。假设 5.4 是证明估计量渐近正态性所需要的必要条件。

---

① Sun Y. Estimation of single-index model spatial interaction[J]. Regional Science and Urban Economics，2017，62: 36-45.

② Su L. and Jin S. Profile quasi-maximum likelihood estimation of partially linear spatial autoregressive models[J]. Journal of Business & Economic Statistics，2013，31(2): 184-207.

③ Su L. Semiparametric GMM estimation of spatial autoregressive models[J]. Journal of Econometrics，2012，167: 543-560. Sun Y. Estimation of singleindex model spatial interaction[J]. Regional Science and Urban Economics，2017，62: 36-45.

5.3.2 主要结果

下面给出估计量的渐近正态性，其中定理 5.3.1 讨论了参数估计量的渐近正态性，定理 5.3.2 讨论了非参数函数估计量的渐近正态性。

定理 5.3.1 当假设 5.1至假设 5.4 成立时，$\hat{\boldsymbol{\xi}}$ 具有如下渐近分布：

$$\sqrt{n}(\hat{\boldsymbol{\xi}}-\boldsymbol{\xi}_0)\xrightarrow{D}\boldsymbol{N}(\mathbf{0},\ \boldsymbol{\Omega})$$

其中，$\xrightarrow{D}$ 是依分布收敛，$\boldsymbol{\Omega}=\sigma^2\boldsymbol{J}_1(\boldsymbol{\Gamma}^T\boldsymbol{A}\boldsymbol{\Gamma})^{-1}\boldsymbol{\Gamma}^T\boldsymbol{A}\boldsymbol{\Sigma}\boldsymbol{A}\boldsymbol{\Gamma}(\boldsymbol{\Gamma}^T\boldsymbol{A}\boldsymbol{\Gamma})^{-1}\boldsymbol{J}_1^T$，$\boldsymbol{\Gamma}=(\boldsymbol{\Gamma}_1\boldsymbol{J}_{\boldsymbol{\alpha}_0},\ \boldsymbol{\Gamma}_2,\ \boldsymbol{\Gamma}_3)$，$\boldsymbol{J}_1=\mathrm{diag}\{\boldsymbol{J}_{\boldsymbol{\alpha}_0},\ \boldsymbol{I}_{q+1}\}$，$\boldsymbol{J}_{\boldsymbol{\alpha}_0}=\left.\dfrac{\partial\boldsymbol{\delta}}{\partial\boldsymbol{\alpha}^T}\right|_{\boldsymbol{\alpha}=\boldsymbol{\alpha}_0}$。特别地，如果正定矩阵 $\boldsymbol{A}_n=\boldsymbol{\Sigma}_n^{-1}$ 时，$\sqrt{n}(\hat{\boldsymbol{\xi}}-\boldsymbol{\xi}_0)\xrightarrow{D}\boldsymbol{N}\big(\mathbf{0},\ \sigma^2\boldsymbol{J}_1(\boldsymbol{\Gamma}^T\boldsymbol{\Sigma}^{-1}\boldsymbol{\Gamma})^{-1}\boldsymbol{J}_1^T\big)$。

注 5.3.2 苏（2012）中定理 3.1 讨论了 $\hat{\lambda}$ 的渐近正态性，孙（2017）中定理 1[①]讨论了 $(\hat{\boldsymbol{\delta}}^T,\ \hat{\lambda})^T$ 的渐近正态性。本章不仅将孙（2017）中单指标中设计阵推广到随机情形，而且得到 $(\hat{\boldsymbol{\delta}}^T,\ \boldsymbol{\beta}^T,\ \hat{\lambda})^T$ 的渐近正态性。因此，本章的模型有更广泛的理论价值。

定理5.3.2 当假设 5.1至假设 5.3 成立时，$\sqrt{nh_1}\big\{\hat{g}(\hat{\boldsymbol{\delta}}^T\boldsymbol{x};\hat{\boldsymbol{\delta}},\ \hat{\boldsymbol{\beta}},\ \hat{\lambda})-g(\boldsymbol{\delta}_0^T\boldsymbol{x})-\dfrac{1}{2}\mu_2h_1^2g''(\boldsymbol{\delta}_0^T\boldsymbol{x})\big\}\ \xrightarrow{D}\ N\big(0,\ \sigma^2\nu_0/f(\boldsymbol{\delta}_0^T\boldsymbol{x})\big)$。更进一步地，如果 $nh_1^5\to 0$，则 $\sqrt{nh_1}\big\{\hat{g}(\hat{\boldsymbol{\delta}}^T\boldsymbol{x};\hat{\boldsymbol{\delta}},\ \hat{\boldsymbol{\beta}},\ \hat{\lambda})-g(\boldsymbol{\delta}_0^T\boldsymbol{x})\big\}\xrightarrow{D}N\big(0,\ \sigma^2\nu_0/f(\boldsymbol{\delta}_0^T\boldsymbol{x})\big)$。

5.4 数值模拟

我们将通过 Monte Carlo 数值模拟来考察估计量的小样本表现。对于参数的估计，采用样本均值 (MEAN)、样本标准差 (SD）和根方误差 (root mean square error，RMSE）作为评价标准。

$$\mathrm{RMSE}=\left(\frac{1}{mcn}\sum_{i=1}^{mcn}(\hat{\xi}_i-\xi_0)^2\right)^{\frac{1}{2}}$$

其中，mcn 是模拟次数，$\hat{\xi}_i\ (i=1,\ 2,\cdots,mcn)$ 是每次模拟的参数估计值，ξ_0 是对应的真实值。对于非参数部分 $g(\cdot)$ 的估计 $\hat{g}(\cdot)$ 采用平均绝对误差（mean absolute deviation error，MADE）作为评价标准。

$$\mathrm{MADE}_j=Q^{-1}\sum_{q=1}^{Q}|\hat{g}_j(u_q)-g_j(u_q)|,\quad j=1,\ 2,\cdots,mcn$$

① Sun Y. Estimation of single-index model spatial interaction[J]. Regional Science and Urban Economics，2017，62: 36-45.

其中，$g_j(\cdot)$ 表示每次 $g(\cdot)$ 的拟合值，$\{u_q\}_{q=1}^{Q}$ 是在点 u 的支撑集处的 Q 个固定网格点的值，本章取 Q 为 40。由于很难选择最优带宽，根据麦克和西尔弗曼（1982）的方法，我们选用交叉验证法（cross validation）来确定最优带宽。对于非参数 $g(\cdot)$ 模拟时采用标准的 Epanechikov 核函数 $k(u)=\frac{3}{4}\sqrt{5}\left(1-\frac{1}{5}u^2\right)I(u^2\leqslant 5)$，工具变量矩阵选用 $\boldsymbol{H}_n=(\boldsymbol{Z}_n,\ \boldsymbol{X}_n,\ \boldsymbol{W}_n\boldsymbol{Z}_n)$。

5.4.1 数据生成过程

我们考虑如下数据生成过程：

$$y_{n,i}=\lambda_0\sum_{j=1}^{n}w_{n,ij}y_{n,j}+\sum_{k=1}^{2}z_{n,ik}\beta_{0k}+2\sin(\boldsymbol{\delta}_0^T\boldsymbol{x}_{n,i})+\varepsilon_{n,i} \tag{5.7}$$

其中，协变量 $z_{n,ik}$，$k=1$，2 是由独立的多元正态分布 $N(\mathbf{0},\ \boldsymbol{\Sigma})$ 生成。其中，$\mathbf{0}=(0,\ 0)^T$，$\boldsymbol{\Sigma}=\begin{pmatrix}1 & 1/3\\ 1/3 & 1\end{pmatrix}$；$\boldsymbol{x}_{n,i}=(x_{n,1i},\ x_{n,2i})^T$ 中每个分量均来自均匀分布 $U(-3,\ 3)$；误差项 $\varepsilon_{n,i}$ 来自独立的正态分布 $N(0,\ 0.1^2)$；$\boldsymbol{\delta}_0=(1/\sqrt{2},\ 1/\sqrt{2})^T$，$\boldsymbol{\beta}_0=(1,\ 1.5)^T$。

为了考察空间相关性的影响，模拟过程中分别选取 $\lambda_0=0.25$，$\lambda_0=0.5$，$\lambda_0=0.75$。类似于苏和金（2010）的研究方法，我们选择 Case 空间权重矩阵，该矩阵是由 R 个地区，每个地区有 M 个成员构成，若地区中的成员是相邻的记为 1，否则为 0。在 Monte Carlo 模拟中，我们取 $R=20$ 和 $R=50$，$M=3$ 和 $M=5$。为了考察空间权重矩阵对模拟结果的影响，我们还考虑了 Rook 空间权重矩阵（Anselin，1998）。在 Monte Carlo 模拟中，选择样本量为 $n=64$，$n=100$，$n=144$，$n=196$。

5.4.2 模拟结果

对于每一种情况，我们分别利用 Matlab 软件进行 500 模拟，模拟结果如表 5-1 至表 5-6 所示。参数估计的均值（mean）、标准差（standard deviation，SD）和均方根误差（root-mean-square-error，RMSE）结果如表 5-1、表 5-2 和表 5-4、表 5-5 所示。非参数 MADE 的 SD 和 MADE 结果如表 5-3 和表 5-6 所示。

通过观察表 5-1、表 5-2，我们发现如下事实。

第一，在每种情况下，λ 的 SD 都非常小；λ 的 RMSE 随着 M 或 R 的增大而减小；δ_1 和 δ_2 的 SD 和 RMSE 也都非常小；β_1 和 β_2 的 SD 和 RMSE 也随着 M 或 R 的增大而减小。

第二，当 M（3 或 5）固定时，每个参数估计的均值随着 R 的增大越来越接近真实值，SD 和 RMSE 随着 R 的增大而减小，该结果表明，在相同的空间复杂度情况下，随着样本量的增加，估计偏差越来越小。这个结果与表 5-3 的大样本性质一致。

第三，当 R（20 或 50）固定时，δ_1、δ_2、β_1 和 β_2 的均值随着 M 的增大越来越接近真实值，SD 和 RMSE 随着 M 的增大而减小，但是 λ 的 SD 和 RMSE 变化很小。

表 5-1　Case 空间权重矩阵下参数的估计结果（1）

R	参数	真值	$M=3$			$M=5$		
			MEAN	SD	RMSE	MEAN	SD	RMSE
	λ	0.25	0.2446	0.0006	0.0754	0.2456	0.0005	0.0446
	δ_1	0.7071	0.7073	0.0104	0.0104	0.7074	0.0056	0.0056
	δ_2	0.7071	0.7068	0.0105	0.0105	0.7068	0.0056	0.0056
	β_1	1	0.9866	0.1365	0.1370	1.0016	0.1010	0.1009
	β_2	1.5	1.4893	0.1336	0.1338	1.4904	0.0997	0.1001
	λ	0.5	0.5127	0.0009	0.1037	0.5117	0.0008	0.0117
	δ_1	0.7071	0.7066	0.0120	0.0120	0.7070	0.0060	0.0060
20	δ_2	0.7071	0.7074	0.0120	0.0120	0.7072	0.0060	0.0060
	β_1	1	0.9799	0.1372	0.1386	0.9942	0.1018	0.1018
	β_2	1.5	1.4771	0.1361	0.1397	1.4874	0.0988	0.0995
	λ	0.75	0.7462	0.0005	0.0262	0.7511	0.0005	0.0211
	δ_1	0.7071	0.7065	0.0122	0.0122	0.7068	0.0064	0.0064
	δ_2	0.7071	0.7075	0.0122	0.0121	0.7074	0.0064	0.0064
	β_1	1	0.9648	0.1365	0.1408	0.9752	0.0995	0.1025
	β_2	1.5	1.4269	0.1552	0.1715	1.4695	0.1044	0.1087

表 5-2　Case 空间权重矩阵下参数的估计结果（2）

R	参数	真值	$M=3$			$M=5$		
			MEAN	SD	RMSE	MEAN	SD	RMSE
	λ	0.25	0.2477	0.0003	0.0177	0.2509	0.0001	0.0079
	δ_1	0.7071	0.7070	0.0033	0.0033	0.7070	0.0018	0.0018
	δ_2	0.7071	0.7072	0.0033	0.0033	0.7072	0.0018	0.0018
	β_1	1	0.9914	0.0730	0.0734	0.9986	0.0533	0.0533
	β_2	1.5	1.4929	0.0715	0.0718	1.4970	0.0537	0.0537
	λ	0.5	0.5082	0.0006	0.0082	0.5052	0.0003	0.0052
	δ_1	0.7071	0.7071	0.0044	0.0044	0.7071	0.0019	0.0019
50	δ_2	0.7071	0.7071	0.0044	0.0044	0.7071	0.0019	0.0019
	β_1	1	0.9835	0.0728	0.0746	0.9935	0.0510	0.0513
	β_2	1.5	1.4786	0.0765	0.0793	1.4902	0.0531	0.0539
	λ	0.75	0.7509	0.0004	0.0209	0.7501	0.0003	0.0141
	δ_1	0.7071	0.7069	0.0053	0.0052	0.7072	0.0026	0.0026
	δ_2	0.7071	0.7072	0.0052	0.0052	0.7070	0.0026	0.0026
	β_1	1	0.9690	0.0759	0.0819	0.9857	0.0534	0.0552
	β_2	1.5	1.4449	0.0808	0.0977	1.4765	0.0542	0.0590

表 5-3　Case 空间权重矩阵下 500 个 MADE 值的 MEDIAN 和 SD

R	统计量	$M=3$			$M=5$		
		$\lambda=0.25$	$\lambda=0.50$	$\lambda=0.75$	$\lambda=0.25$	$\lambda=0.50$	$\lambda=0.75$
20	MEDIAN	0.0988	0.1317	0.1644	0.0572	0.0743	0.1438
	SD	0.0574	0.0741	0.0843	0.0360	0.0378	0.0872
50	MEDIAN	0.0431	0.0585	0.0867	0.0229	0.0316	0.0434
	SD	0.0240	0.0320	0.0429	0.0119	0.0154	0.0199

表 5-3 和图 5-1 描述了未知连接函数 $g(\cdot)=2\sin(\delta_1 x_{n,\ 1}+\delta_2 x_{n,\ 2})$ 在 40 个网格点处的估计结果。表 5-3 展示了随着 R 或 M 的增加，500 个 MADE 值的中位数和标准差急速下降。换句话说，未知函数的估计是收敛的。另外，空间系数 λ 对非参数估计的影响很小。图 5-1 展示了不同空间系数下 ($\lambda=0.25$，0.5，0.75) 样本量分别为 $R=50$、$M=3$、$R=50$、$M=5$ 的未知连接函数 $g(\cdot)=2\sin(\delta_1 x_{n,\ 1}+\delta_2 x_{n,\ 2})$ 的拟合情况。其中，实线是真实的函数值，点虚线是非参数函数的估计值，长虚线是 95% 的同时置信带。仔细观察图 5-1 发现，随着样本量的增加，拟合效果越来越好，这说明我们给出的估计方法是非常有效的。

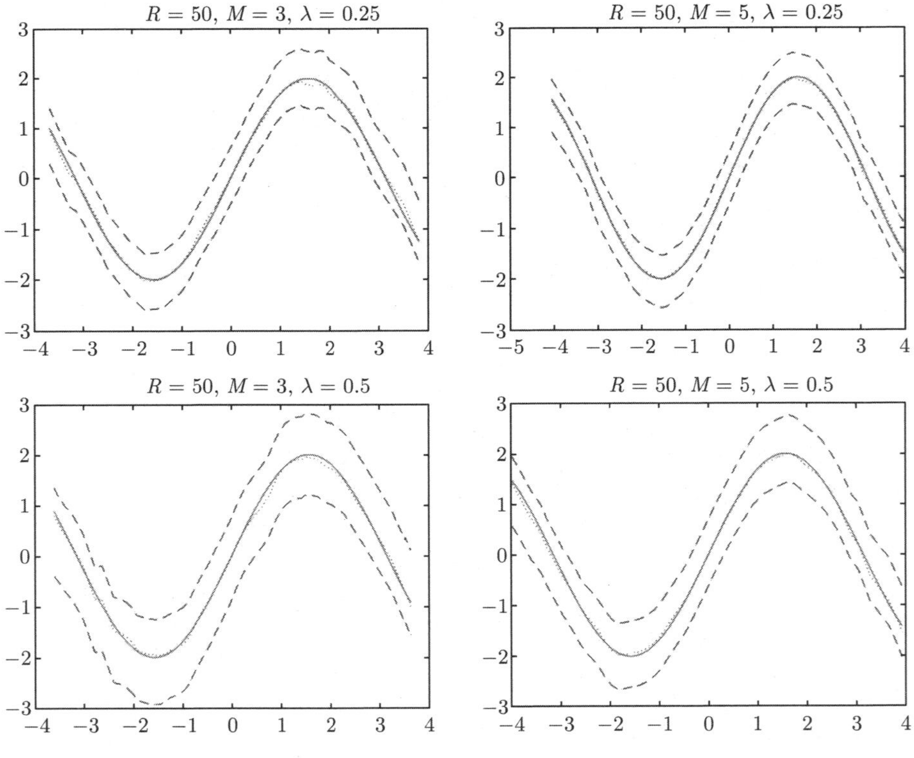

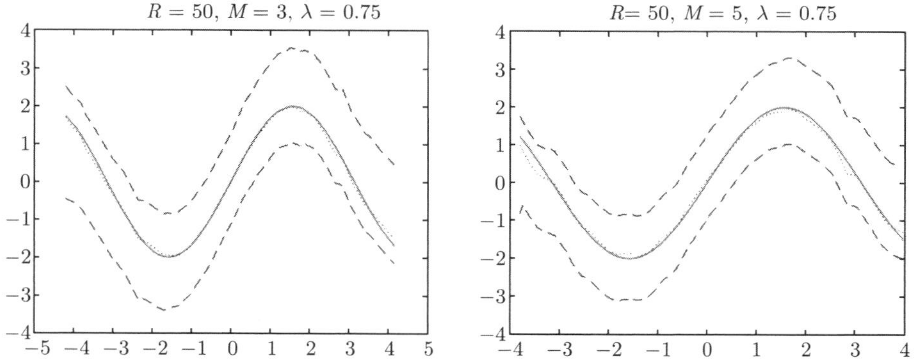

图 5-1 Case 空间权重矩阵下 $2\sin(\delta_1 x_{n,\ 1} + \delta_2 x_{n,\ 2})$ 的拟合结果

表 5-4 至表 5-6 和图 5-2 给出了在 Rook 空间权重矩阵下参数和非参数部分的估计结果。经过观察，容易发现模拟结果与 Case 空间权重矩阵下的结果类似。

表 5-4 Rook 空间权重矩阵下参数的估计结果（1）

参数	真值	$n = 64$			$n = 100$		
		MEAN	SD	RMSE	MEAN	SD	RMSE
λ	0.25	0.2574	0.0009	0.0164	0.2568	0.0008	0.0147
δ_1	0.7071	0.7076	0.0094	0.0095	0.7071	0.0060	0.0060
δ_2	0.7071	0.7065	0.0095	0.0095	0.7071	0.0060	0.0060
β_1	1	0.9922	0.1249	0.1251	0.9934	0.0986	0.0987
β_2	1.5	1.4950	0.1348	0.1347	1.4913	0.0948	0.0951
λ	0.5	0.5104	0.0009	0.0386	0.5085	0.0004	0.0285
δ_1	0.7071	0.7072	0.0112	0.0112	0.7070	0.0060	0.0060
δ_2	0.7071	0.7068	0.0111	0.0111	0.7072	0.0060	0.0060
β_1	1	0.9900	0.1321	0.1323	0.9851	0.1011	0.1021
β_2	1.5	1.4789	0.1375	0.1390	1.4839	0.0972	0.0985
λ	0.75	0.7388	0.0009	0.0657	0.7433	0.0005	0.0488
δ_1	0.7071	0.7064	0.0234	0.0234	0.7071	0.0080	0.0080
δ_2	0.7071	0.7072	0.0174	0.0174	0.7070	0.0080	0.0080
β_1	1	0.9800	0.1308	0.1322	0.9798	0.0995	0.1014
β_2	1.5	1.4666	0.1370	0.1408	1.4698	0.0998	0.1042

在相近的样本量 ($R = 20$，$M = 3$ 或 $n = 64$) 情形下，我们发现 λ 在 Case 空间权重矩阵下的样本均值比在 Rook 空间权重矩阵下的样本均值更加接近真值，λ 在 Case 权重矩阵下的 SD 和 MSE 比在 Rook 空间权重矩阵下的 SD 和 MSE 小。非参数的中位数和标准差也有类似的结果。造成这个结果的原因可能是 Rook 权重矩阵比 Case 空间权重矩阵的构造更加复杂。总之，在每种情况下，我们估计量的小样本表现都非常良好。

表 5-5　　Rook 空间权重矩阵下参数的估计结果（2）

参数	真值	$n=144$			$n=196$		
		MEAN	SD	RMSE	MEAN	SD	RMSE
λ	0.25	0.2564	0.0006	0.0108	0.2562	0.0002	0.0062
δ_1	0.7071	0.7073	0.0032	0.0032	0.7072	0.0024	0.0024
δ_2	0.7071	0.7069	0.0032	0.0032	0.7070	0.0024	0.0024
β_1	1	0.9997	0.0754	0.0753	1.0005	0.0569	0.0568
β_2	1.5	1.4960	0.0699	0.0700	1.4937	0.0623	0.0626
λ	0.5	0.5063	0.0001	0.0215	0.5018	0.0005[a]	0.0018
δ_1	0.7071	0.7072	0.0041	0.0041	0.7071	0.0028	0.0028
δ_2	0.7071	0.7069	0.0041	0.0041	0.7071	0.0027	0.0027
β_1	1	0.9934	0.0729	0.0731	0.9934	0.0593	0.0596
β_2	1.5	1.4830	0.0750	0.0768	1.4845	0.0607	0.0626
λ	0.75	0.7457	0.0005	0.0332	0.7532	0.0009[b]	0.0333
δ_1	0.7071	0.7072	0.0063	0.0063	0.7065	0.0039	0.0039
δ_2	0.7071	0.7069	0.0064	0.0064	0.7077	0.0039	0.0039
β_1	1	0.9853	0.0790	0.0803	0.9812	0.0611	0.0639
β_2	1.5	1.4724	0.0830	0.0874	1.4740	0.0660	0.0709

注：a. 0.000467; b. 0.0000877。

表 5-6　　Rook 空间权重矩阵下 500 个 MADE 值的 MEDIAN 和 SD

参数	n	MEDIAN	SD	n	MEDIAN	SD
$\lambda=0.25$		0.1063	0.0567		0.0690	0.0398
$\lambda=0.50$	64	0.1185	0.0732	100	0.0881	0.0643
$\lambda=0.75$		0.1372	0.1362		0.1043	0.0624
$\lambda=0.25$		0.0449	0.0255		0.0322	0.0181
$\lambda=0.50$	144	0.0502	0.0314	196	0.0385	0.0238
$\lambda=0.75$		0.0728	0.0580		0.0580	0.0397

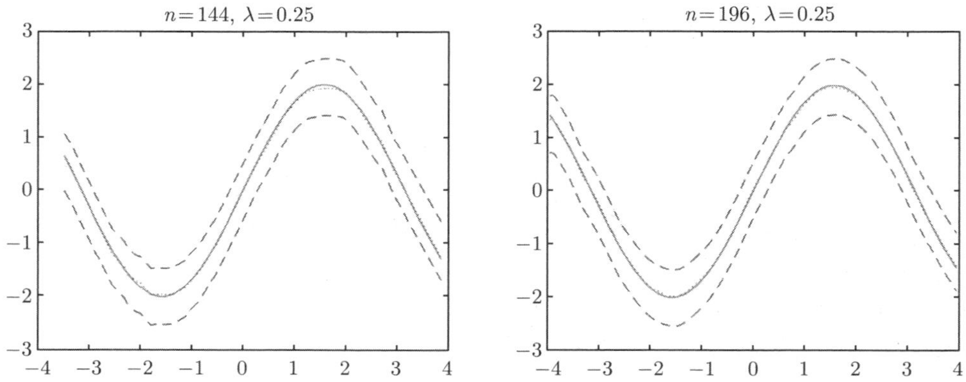

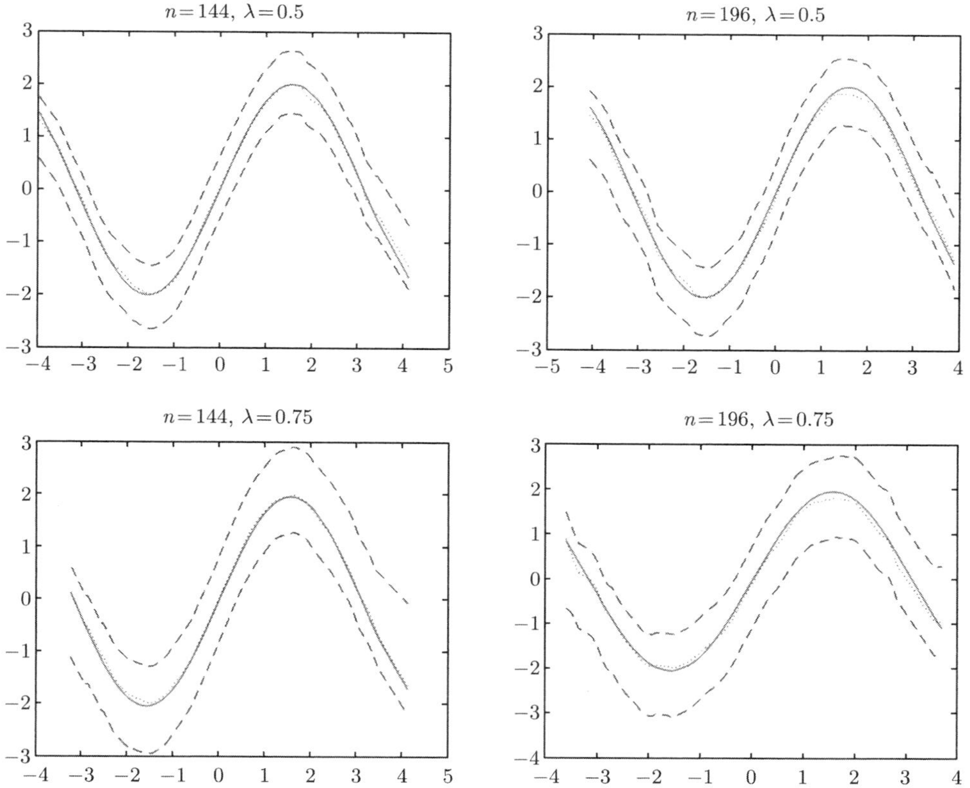

图 5-2 Rook 权重矩阵下 $2\sin(\delta_1 x_{n,1}+\delta_2 x_{n,2})$ 的拟合结果

5.5 实 例 分 析

为了考察 5.2节所提出模型的实际应用价值，本节参考众所周知的 1970 年波士顿房价数据。该数据可以从 R 软件中的 Spdep 包中获取，包含 506 个观测值和 14 个变量。哈里森和鲁（Harrison & Rubinfeld，1978）首次研究了该数据集。王等（2010）和吕等（2015）学者利用部分线性单指标模型研究了该数据集。王等（2010）将 Charles River 作为非参数部分，其余变量作为线性部分。吕等（2015）基于变量 *RM*、log（*TAX*），*PTRATIO* 和 log（*LSTAT*）构造了单指标函数，其余 10 个变量作为线性部分。他们都得到了一些有意思的结果。然而，他们的模型没有考虑空间效应对房价的影响。因此，刘等（2018）利用 Moran's I 统计量检验了这份数据具有空间依赖性，并对这些数据做了变量选择。结果得出 *ZN*、*AGE*、*TAX*、*INDUS* 和 *B* 在模型中是不显著的，所以在最终模型中将这些变量移除。谢

琍等（2018）利用部分线性可加空间自回归模型分析该数据，在他们的模型中将变量 *RAD* 和 *PTRATIO* 作为线性部分，*RM*、*TAX* 和 *LSTAT* 作为非线性部分进行讨论。

根据吕等（2015）、刘等（2018）和谢琍等（2018）的分析，我们将自住房屋房价的中位数（*MEDV*）作为因变量；距离高速公路的便利指数（*RAD*）和城镇中的师生比（*PTRATIO*）对应变量 *MEDV* 具有线性影响；城镇人均犯罪率（*CRIM*）、环保指数（*NOX*）、每栋住宅的房间数（*RM*）、每一万美元的不动产税率（*TAX*）和地区有多少百分比的房东属于低收入阶层（*LSTAT*）对应变量 *MEDV* 具有非线性影响。因此，通过如下模型来拟合该数据：

$$\begin{aligned} y_{n,i} = {} & \lambda \sum_{j=1}^{n} w_{n,ij} y_{n,j} + z_{n,1i}\beta_1 + z_{n,2i}\beta_2 \\ & + g(\delta_1 x_{n,1i} + \delta_2 x_{n,2i} + \delta_3 x_{n,3i} + \delta_4 x_{n,4i} + \delta_5 x_{n,5i}) + \varepsilon_{n,i} \end{aligned} \tag{5.8}$$

其中，响应变量为 $y_{n,i} = \log(MEDV_i)$，协变量 $x_{n,1i}, \cdots, x_{n,5i}$ 分别是 *CRIM*、*NOX*、*RM*、$\log(TAX)$ 和 $\log(LSTAT)$ 的第 i 个观测值，$z_{n,1i} = \log(RAD_i)$，$z_{n,2i} = \log(PTRATIO_i)$。类似于谢琍等（2018）和刘等（2018）的讨论，对变量 *TAX*、*LSTAT*、*PTRATIO*、*RAD* 和 *MEDV* 进行对数变换，目的是将数值较大的数据进行平滑处理。另外，通过数据中的经纬度坐标来计算空间权重矩阵，并对其做标准化处理。

首先，我们通过空间自回归模型来确定未知参数 λ、β_1、β_2、δ_1、δ_2、δ_3、δ_4 和 δ_5 的初始值；后利用 5.2 节的估计方法获得参数和未知连接函数的最终估计。未知参数的估计如表 5-7 所示，非参数函数的拟合如图 5-3 所示。

表 5-7　模型 (5.8) 中未知参数的估计结果

	λ	β_1	β_2	δ_1	δ_2	δ_3	δ_4	δ_5
估计值	0.2167	0.0331	−0.1055	−0.0059	0.2593	0.1628	−0.0153	0.9518
标准差	0.0992	0.0153	0.0459	0.0015	0.0422	0.0226	0.0385	0.0760

从表 5-7 中可以观察得到如下结论。第一，空间系数的估计值为 0.2167，标准差为 0.0992，说明响应变量之间存在一定的空间相关关系。该结果与杜等（2018）和刘等（2018）的研究结果一致。第二，*RAD* 的回归系数是正的，说明交通越便利，房价越高，他们之间存在同向增长的趋势；*PTRATIO* 的回归系数为负，说明师生比越高的地方房价越低。由于师生比反映了一个地区的师资配备、教育资源的分配情况，师生比越高，教师所需承担的任务越重，因此，教育质量就会下

降，房价相对较低，这与现实情况比较吻合。这些结果与杜等（2018）的研究结果一致。第三，对于非线性部分的系数拟合结果显示，*TAX* 的系数为负，*CRIM*、*NOX*、*RM* 和 *LSTAT* 的系数为正。非线性部分的总体效应及 95% 的同时置信带如图 5-3所示。该曲线随着非线性指标的增加呈现下降趋势，这个趋势与王等（2010）的分析结果类似。

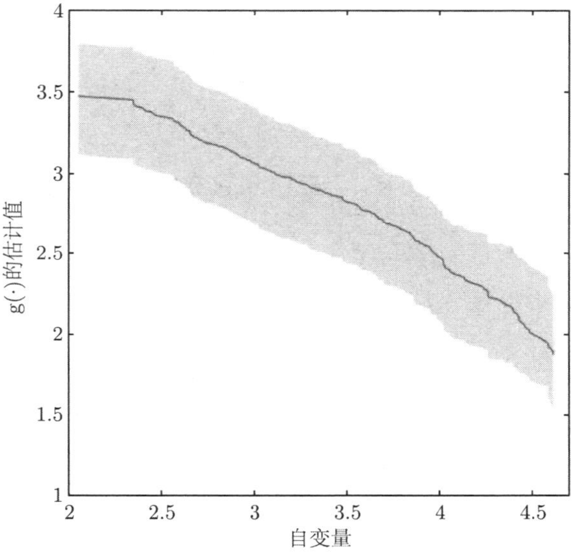

图 5-3 模型 (5.8) 中单指标函数的拟合结果

5.6 引理及定理的证明

本节我们将给出 5.3节中定理的证明，在此之前先给出证明中需要用到的一些引理。

引理 5.6.1 如果 $n \times n$ 矩阵 $\boldsymbol{B}_{1n}$ 和 $\boldsymbol{B}_{2n}$ 的行元素绝对值的和与列元素绝对值的和是一致有界的，则它们的乘积矩阵 $\boldsymbol{B}_{1n}\boldsymbol{B}_{2n}$ 的行元素绝对值的和与列元素绝对值的和也是一致有界的。

引理 5.6.2 如果矩阵 $\boldsymbol{B}_{1n}$ 的行元素绝对值的和与列元素绝对值的和是一致有界的，矩阵 $\boldsymbol{B}_{2n}$ 中的所有元素一致收敛到 $O(o_n)$，并且 $\boldsymbol{B}_{1n}$ 与 $\boldsymbol{B}_{2n}$ 可乘，则 $\boldsymbol{B}_{1n}\boldsymbol{B}_{2n}$（$\boldsymbol{B}_{2n}\boldsymbol{B}_{1n}$）中元素也是一致收敛到 $O(o_n)$。

注 5.6.1 引理 5.6.1 和引理 5.6.2 的证明详见科勒建和普鲁查（1999）的研究。

引理 5.6.3 当假设 5.1至假设 5.3 成立时，有：

(1) $\dfrac{1}{n}\boldsymbol{\psi}_{nh}(\boldsymbol{\delta}^T\boldsymbol{x};\boldsymbol{\delta})=f(\boldsymbol{\delta}^T\boldsymbol{x})\begin{pmatrix}1 & 0\\ 0 & \mu_2\end{pmatrix}+o_P(1)$ 在其支撑集上成立；

(2) $\boldsymbol{\psi}_{nh}^{-1}(\boldsymbol{\delta}^T\boldsymbol{x};\boldsymbol{\delta})\boldsymbol{B}_{nh}^T(\boldsymbol{\delta}^T\boldsymbol{x};\boldsymbol{\delta})\boldsymbol{K}_{nh}(\boldsymbol{\delta}^T\boldsymbol{x};\boldsymbol{\delta})\boldsymbol{G}_n(\boldsymbol{\delta})-\big(g(\boldsymbol{\delta}^T\boldsymbol{x}),\ hg'(\boldsymbol{\delta}^T\boldsymbol{x})\big)^T$

$=\begin{pmatrix}\dfrac{1}{2}\mu_2h^2g''(\boldsymbol{\delta}^T\boldsymbol{x})\\ 0\end{pmatrix}+o_P(h^2)$ 在其支撑集上成立；

(3) $\sup\limits_{\boldsymbol{\delta},\ \boldsymbol{x}}\left|\boldsymbol{s}_{nh}(\boldsymbol{\delta}^T\boldsymbol{x};\boldsymbol{\delta})\boldsymbol{W}_n\boldsymbol{Y}_n\right|=O_P(1)$ 和 $\sup\limits_{\boldsymbol{\delta},\ \boldsymbol{x}}\left|\boldsymbol{s}_{nh}^*(\boldsymbol{\delta}^T\boldsymbol{x};\boldsymbol{\delta})\boldsymbol{W}_n\boldsymbol{Y}_n\right|=O_P(1)$。

引理 5.6.4 当假设 5.1至假设 5.3 成立时，有：

(1) 当 $\|\boldsymbol{\delta}_0-\boldsymbol{\delta}\|<Bn^{-1/2}$ 时，$\dfrac{1}{n}\boldsymbol{H}_n^T\big(\boldsymbol{S}_{nh}(\boldsymbol{\delta}_0)-\boldsymbol{S}_{nh}(\boldsymbol{\delta})\big)\boldsymbol{M}_n\boldsymbol{G}_n(\boldsymbol{\delta}_0)=o_P(1)$；

(2) $\dfrac{1}{n}\boldsymbol{H}_n^T\big(\boldsymbol{I}_n-\boldsymbol{S}_{nh}(\boldsymbol{\delta}_0)\big)\boldsymbol{G}_n(\boldsymbol{\delta}_0)=O_P(h^2)$。

引理 5.6.5 当假设 5.1至假设 5.3 成立时，有：

(1) $\dfrac{1}{n}\boldsymbol{H}_n^T\big(\boldsymbol{I}_n-\boldsymbol{S}_{nh}(\boldsymbol{\delta})\big)\boldsymbol{M}_n\boldsymbol{\varepsilon}_n=o_P(1)$；

(2) $\dfrac{1}{\sqrt{n}}\boldsymbol{H}_n^T\big(\boldsymbol{I}_n-\boldsymbol{S}_{nh}(\boldsymbol{\delta}_0)\big)\boldsymbol{\varepsilon}_n=O_P(1)$；

(3) $\dfrac{1}{\sqrt{n}}\boldsymbol{H}_n^T\big(\boldsymbol{I}_n-\boldsymbol{S}_{nh}(\boldsymbol{\delta}_0)\big)\boldsymbol{\varepsilon}_n\xrightarrow{D}\boldsymbol{N}(\boldsymbol{0},\ \sigma^2\boldsymbol{\Sigma})$。

注 5.6.2 引理 5.6.3至引理 5.6.5 的证明详见孙（2017）的研究。容易验证引理 5.6.3至引理 5.6.5 对本章所提出的模型依然成立。

引理 5.6.6 当假设 5.1至假设 5.3 成立时，有：

(1) $\boldsymbol{S}_{nh}(\boldsymbol{\delta})=O_P\big((n^2h)^{-1/2}\big)$ 和 $\boldsymbol{S}_{nh}^*(\boldsymbol{\delta})=O_P\big((n^2h)^{-1/2}\big)$；

(2) $\sup\limits_{\boldsymbol{\delta},\ \boldsymbol{x}}\left|\boldsymbol{s}_{nh}(\boldsymbol{\delta}^T\boldsymbol{x};\boldsymbol{\delta})\boldsymbol{Z}_n\boldsymbol{\beta}\right|=O_P(1)$ 和 $\sup\limits_{\boldsymbol{\delta},\ \boldsymbol{x}}\left|\boldsymbol{s}_{nh}^*(\boldsymbol{\delta}^T\boldsymbol{x};\boldsymbol{\delta})\boldsymbol{Z}_n\boldsymbol{\beta}\right|=O_P\big((nh)^{-1/2}\big)$；

(3) $\dfrac{1}{n}\boldsymbol{H}_n^T\big(\boldsymbol{I}_n-\boldsymbol{S}_{nh}(\boldsymbol{\delta}_0)\big)\boldsymbol{M}_n\boldsymbol{Z}_n\boldsymbol{\beta}_0=O_P(1)$ 和 $\boldsymbol{s}_{nh}^*(\boldsymbol{\delta}^T\boldsymbol{x};\boldsymbol{\delta})\boldsymbol{G}_n(\boldsymbol{\delta}_0)=O_P\big((nh)^{-1/2}\big)$；

(4) $\sup\limits_{\boldsymbol{\delta},\ \boldsymbol{x}}\left|\tilde{g}'(\boldsymbol{\delta}^T\boldsymbol{x};\boldsymbol{\delta},\ \boldsymbol{\beta}_0,\ \lambda_0)-g'(\boldsymbol{\delta}_0^T\boldsymbol{x})-h^{-1}\boldsymbol{s}_{nh}^*(\boldsymbol{\delta}^T\boldsymbol{x};\boldsymbol{\delta})\boldsymbol{\varepsilon}_n\right|=O_P\big((nh^3)^{-1/2}+h\big)$。

证明 (1) 由于

$$\frac{1}{n}\boldsymbol{B}_{nh}^T(\boldsymbol{\delta}^T\boldsymbol{x};\boldsymbol{\delta})\boldsymbol{K}_{nh}(\boldsymbol{\delta}^T\boldsymbol{x};\boldsymbol{\delta})$$

$$=\begin{pmatrix}\dfrac{1}{n}k_h(\boldsymbol{\delta}^T\boldsymbol{x}_{n,\ 1}-\boldsymbol{\delta}^T\boldsymbol{x}) & \cdots & \dfrac{1}{n}k_h(\boldsymbol{\delta}^T\boldsymbol{x}_{n,\ n}-\boldsymbol{\delta}^T\boldsymbol{x})\\ \dfrac{1}{n}\dfrac{\boldsymbol{\delta}^T\boldsymbol{x}_{n,\ 1}-\boldsymbol{\delta}^T\boldsymbol{x}}{h}k_h(\boldsymbol{\delta}^T\boldsymbol{x}_{n,\ 1}-\boldsymbol{\delta}^T\boldsymbol{x}) & \cdots & \dfrac{1}{n}\dfrac{\boldsymbol{\delta}^T\boldsymbol{x}_{n,\ n}-\boldsymbol{\delta}^T\boldsymbol{x}}{h}k_h(\boldsymbol{\delta}^T\boldsymbol{x}_{n,\ n}-\boldsymbol{\delta}^T\boldsymbol{x})\end{pmatrix}$$

经过简单计算可得

$$
\begin{aligned}
E\left(\frac{1}{n}k_h(\boldsymbol{\delta}^T\boldsymbol{x}_{n,\,i}-\boldsymbol{\delta}^T\boldsymbol{x})\right) &= \frac{1}{nh}\int k\left(\frac{\boldsymbol{\delta}^T\boldsymbol{x}_{n,\,i}-\boldsymbol{\delta}^T\boldsymbol{x}}{h}\right)f(\boldsymbol{\delta}^T\boldsymbol{x}_{n,\,i})d\boldsymbol{\delta}^T\boldsymbol{x}_{n,\,i}\\
&= \frac{1}{n}\int k(v)f(\boldsymbol{\delta}^T\boldsymbol{x}+hv)dv\\
&= \frac{1}{n}\left(f(\boldsymbol{\delta}^T\boldsymbol{x})+O(h^2)\right)
\end{aligned}
$$

$$
\begin{aligned}
E\left(\frac{1}{n^2}k_h^2(\boldsymbol{\delta}^T\boldsymbol{x}_{n,\,i}-\boldsymbol{\delta}^T\boldsymbol{x})\right) &= \frac{1}{(nh)^2}\int k^2\left(\frac{\boldsymbol{\delta}^T\boldsymbol{x}_{n,\,i}-\boldsymbol{\delta}^T\boldsymbol{x}}{h}\right)f(\boldsymbol{\delta}^T\boldsymbol{x}_{n,\,i})d\boldsymbol{\delta}^T\boldsymbol{x}_{n,\,i}\\
&= \frac{1}{n^2h}\int k^2(v)f(\boldsymbol{\delta}^T\boldsymbol{x}+hv)dv\\
&= O((n^2h)^{-1})
\end{aligned}
$$

$$
\begin{aligned}
Var\left(\frac{1}{n}k_h(\boldsymbol{\delta}^T\boldsymbol{x}_{n,\,i}-\boldsymbol{\delta}^T\boldsymbol{x})\right) &= E\left(\frac{1}{n^2}k_h^2(\boldsymbol{\delta}^T\boldsymbol{x}_{n,\,i}-\boldsymbol{\delta}^T\boldsymbol{x})\right)\\
&\quad - E^2\left(\frac{1}{n}k_h(\boldsymbol{\delta}^T\boldsymbol{x}_{n,\,i}-\boldsymbol{\delta}^T\boldsymbol{x})\right)\\
&= O((n^2h)^{-1})-\left(\frac{1}{n}\left(f(\boldsymbol{\delta}^T\boldsymbol{x})+O(h^2)\right)\right)^2\\
&= O((n^2h)^{-1})
\end{aligned}
$$

根据 Chebyshev 不等式，易知

$$
\frac{1}{n}k_h(\boldsymbol{\delta}^T\boldsymbol{x}_{n,\ i}-\boldsymbol{\delta}^T\boldsymbol{x}) = \frac{1}{n}\left(f(\boldsymbol{\delta}^T\boldsymbol{x})+O(h^2)\right)+O_P((n^2h)^{-1/2}),\quad i=1,\ 2,\cdots,n
$$

类似地，有

$$
E\left(\frac{1}{n}\frac{\boldsymbol{\delta}^T\boldsymbol{x}_{n,\ i}-\boldsymbol{\delta}^T\boldsymbol{x}}{h}k_h(\boldsymbol{\delta}^T\boldsymbol{x}_{n,\ i}-\boldsymbol{\delta}^T\boldsymbol{x})\right) = O(n^{-1}h),\quad i=1,\ 2,\cdots,n
$$

$$
Var\left(\frac{1}{n}\frac{\boldsymbol{\delta}^T\boldsymbol{x}_{n,\ i}-\boldsymbol{\delta}^T\boldsymbol{x}}{h}k_h(\boldsymbol{\delta}^T\boldsymbol{x}_{n,\ i}-\boldsymbol{\delta}^T\boldsymbol{x})\right) = O((n^2h)^{-1}),\quad i=1,\ 2,\cdots,n
$$

$$
\frac{1}{n}\frac{\boldsymbol{\delta}^T\boldsymbol{x}_{n,\ i}-\boldsymbol{\delta}^T\boldsymbol{x}}{h}k_h(\boldsymbol{\delta}^T\boldsymbol{x}_{n,\ i}-\boldsymbol{\delta}^T\boldsymbol{x}) = O_P((n^2h)^{-1/2}),\quad i=1,\ 2,\cdots,n
$$

结合引理 5.6.3 得到

$$
\begin{aligned}
\boldsymbol{s}_{nh}(\boldsymbol{\delta}^T\boldsymbol{x};\boldsymbol{\delta}) &= (1,\ 0)\left(\frac{1}{n}\boldsymbol{\psi}_{nh}(\boldsymbol{\delta}^T\boldsymbol{x};\boldsymbol{\delta})\right)^{-1}\left(\frac{1}{n}\boldsymbol{B}_{nh}^T(\boldsymbol{\delta}^T\boldsymbol{x};\boldsymbol{\delta})\boldsymbol{K}_{nh}(\boldsymbol{\delta}^T\boldsymbol{x};\boldsymbol{\delta})\right)\\
&= O_P\left((n^2h)^{-1/2}\right)
\end{aligned}
$$

$$\boldsymbol{s}_{nh}^*(\boldsymbol{\delta}^T\boldsymbol{x};\boldsymbol{\delta}) = (0,\ 1)\left(\frac{1}{n}\boldsymbol{\psi}_{nh}(\boldsymbol{\delta}^T\boldsymbol{x};\boldsymbol{\delta})\right)^{-1}\left(\frac{1}{n}\boldsymbol{B}_{nh}^T(\boldsymbol{\delta}^T\boldsymbol{x};\boldsymbol{\delta})\boldsymbol{K}_{nh}(\boldsymbol{\delta}^T\boldsymbol{x};\boldsymbol{\delta})\right)$$
$$= O_P\big((n^2h)^{-1/2}\big)$$

因此，

$$\boldsymbol{S}_{nh}(\boldsymbol{\delta}) = O_P\big((n^2h)^{-1/2}\big) \quad 和 \quad \boldsymbol{S}_{nh}^*(\boldsymbol{\delta}) = O_P\big((n^2h)^{-1/2}\big)$$

（2）类似于（1）的证明：

$$\frac{1}{n}\boldsymbol{B}_{nh}^T(\boldsymbol{\delta}^T\boldsymbol{x};\boldsymbol{\delta})\boldsymbol{K}_{nh}(\boldsymbol{\delta}^T\boldsymbol{x};\boldsymbol{\delta})\boldsymbol{Z}_n\boldsymbol{\beta}$$
$$= \begin{pmatrix} \dfrac{1}{n}\displaystyle\sum_{i=1}^{n}\sum_{j=1}^{q} k_h(\boldsymbol{\delta}^T\boldsymbol{x}_{n,\,i} - \boldsymbol{\delta}^T\boldsymbol{x}) z_{n,\,ij}\beta_j \\ \dfrac{1}{n}\displaystyle\sum_{i=1}^{n}\sum_{j=1}^{q} k_h(\boldsymbol{\delta}^T\boldsymbol{x}_{n,\,i} - \boldsymbol{\delta}^T\boldsymbol{x}) \frac{\boldsymbol{\delta}^T\boldsymbol{x}_{n,\,i} - \boldsymbol{\delta}^T\boldsymbol{x}}{h} z_{n,\,ij}\beta_j \end{pmatrix}$$

结合假设 5.1可得

$$E\left(\frac{1}{n}\sum_{i=1}^{n}\sum_{j=1}^{q} k_h(\boldsymbol{\delta}^T\boldsymbol{x}_{n,\,i} - \boldsymbol{\delta}^T\boldsymbol{x}) z_{n,\,ij}\beta_j\right)$$
$$= \int k_h(\boldsymbol{\delta}^T\boldsymbol{x}_{n,\,1} - \boldsymbol{\delta}^T\boldsymbol{x}) \sum_{j=1}^{q} z_{n,\,1j}\beta_j f(\boldsymbol{\delta}^T\boldsymbol{x}_{n,\,1}) d\boldsymbol{\delta}^T\boldsymbol{x}_{n,\,1}$$
$$= \sum_{j=1}^{q} z_{n,\,1j}\beta_j \int k(v) f(\boldsymbol{\delta}^T\boldsymbol{x} + hv)dv \leqslant C_2(f(\boldsymbol{\delta}^T\boldsymbol{x}) + O(h^2))$$

类似地，有

$$E\left(\frac{1}{n}\sum_{i=1}^{n}\sum_{j=1}^{q} k_h(\boldsymbol{\delta}^T\boldsymbol{x}_{n,\,i} - \boldsymbol{\delta}^T\boldsymbol{x}) \frac{\boldsymbol{\delta}^T\boldsymbol{x}_{n,\,i} - \boldsymbol{\delta}^T\boldsymbol{x}}{h} z_{n,\,ij}\beta_j\right) \leqslant C_2 O(h)$$

结合引理 5.6.3 可知：

$$\sup_{\boldsymbol{\delta},\ \boldsymbol{x}} |\boldsymbol{s}_{nh}(\boldsymbol{\delta}^T\boldsymbol{x};\boldsymbol{\delta})\boldsymbol{Z}_n\boldsymbol{\beta} \leqslant (1,\ 0)\left(\frac{1}{n}\boldsymbol{\psi}_{nh}(\boldsymbol{\delta}^T\boldsymbol{x};\boldsymbol{\delta})\right)^{-1} C_2(f(\boldsymbol{\delta}^T\boldsymbol{x}) + O(h^2)) = O_P(1)$$

从而，

$$\sup_{\boldsymbol{\delta},\ \boldsymbol{x}} |\boldsymbol{s}_{nh}(\boldsymbol{\delta}^T\boldsymbol{x};\boldsymbol{\delta})\boldsymbol{Z}_n\boldsymbol{\beta}| = O_P(1) \quad 和 \quad \sup_{\boldsymbol{\delta},\ \boldsymbol{x}} |\boldsymbol{s}_{nh}^*(\boldsymbol{\delta}^T\boldsymbol{x};\boldsymbol{\delta})\boldsymbol{Z}_n\boldsymbol{\beta}| = O_P\big((nh)^{-1/2}\big)$$

（3）根据（1）、引理 5.6.1 和引理 5.6.2 直接计算可得。

（4）显然有

$$
\begin{aligned}
&\tilde{g}'(\boldsymbol{\delta}^T\boldsymbol{x};\boldsymbol{\delta}，\boldsymbol{\beta}_0，\lambda_0)-g'(\boldsymbol{\delta}_0^T\boldsymbol{x})-h^{-1}\boldsymbol{s}_{nh}^*(\boldsymbol{\delta}^T\boldsymbol{x};\boldsymbol{\delta})\varepsilon_n\\
=&\big(\tilde{g}'(\boldsymbol{\delta}^T\boldsymbol{x};\boldsymbol{\delta}，\boldsymbol{\beta}_0，\lambda_0)-h^{-1}\boldsymbol{s}_{nh}^*(\boldsymbol{\delta}^T\boldsymbol{x};\boldsymbol{\delta})\varepsilon_n\big)-g'(\boldsymbol{\delta}_0^T\boldsymbol{x})\\
=&h^{-1}\boldsymbol{s}_{nh}^*(\boldsymbol{\delta}^T\boldsymbol{x};\boldsymbol{\delta})\boldsymbol{G}_n(\boldsymbol{\delta}_0)-g'(\boldsymbol{\delta}_0^T\boldsymbol{x})
\end{aligned}
\tag{5.9}
$$

根据假设 5.1（5）、引理 5.6.3（2）和式 (5.9)，可以得到

$$
\tilde{g}'(\boldsymbol{\delta}_0^T\boldsymbol{x};\boldsymbol{\delta}_0，\boldsymbol{\beta}_0，\lambda_0)-g'(\boldsymbol{\delta}_0^T\boldsymbol{x})-h^{-1}\boldsymbol{s}_{nh}^*(\boldsymbol{\delta}_0^T\boldsymbol{x};\boldsymbol{\delta}_0)\varepsilon_n=o(h)
$$

又由于

$$
\begin{aligned}
&\tilde{g}'(\boldsymbol{\delta}^T\boldsymbol{x};\boldsymbol{\delta}，\boldsymbol{\beta}_0，\lambda_0)-g'(\boldsymbol{\delta}_0^T\boldsymbol{x})-h^{-1}\boldsymbol{s}_{nh}^*(\boldsymbol{\delta}^T\boldsymbol{x};\boldsymbol{\delta})\varepsilon_n\\
=&\big(\tilde{g}'(\boldsymbol{\delta}_0^T\boldsymbol{x};\boldsymbol{\delta}_0，\boldsymbol{\beta}_0，\lambda_0)-g'(\boldsymbol{\delta}_0^T\boldsymbol{x})-h^{-1}\boldsymbol{s}_{nh}^*(\boldsymbol{\delta}_0^T\boldsymbol{x};\boldsymbol{\delta}_0)\varepsilon_n\big)\\
&+\big(\tilde{g}'(\boldsymbol{\delta}^T\boldsymbol{x};\boldsymbol{\delta}，\boldsymbol{\beta}_0，\lambda_0)-h^{-1}\boldsymbol{s}_{nh}^*(\boldsymbol{\delta}^T\boldsymbol{x};\boldsymbol{\delta})\varepsilon_n\big)\\
&-\big(\tilde{g}'(\boldsymbol{\delta}_0^T\boldsymbol{x};\boldsymbol{\delta}_0，\boldsymbol{\beta}_0，\lambda_0)-h^{-1}\boldsymbol{s}_{nh}^*(\boldsymbol{\delta}_0^T\boldsymbol{x};\boldsymbol{\delta}_0)\varepsilon_n\big)
\end{aligned}
$$

因此，结合上式及引理 5.6.6（3），有

$$
\sup_{\boldsymbol{\delta}，\boldsymbol{x}}\left|\tilde{g}'(\boldsymbol{\delta}^T\boldsymbol{x};\boldsymbol{\delta}，\boldsymbol{\beta}_0，\lambda_0)-g'(\boldsymbol{\delta}_0^T\boldsymbol{x})-h^{-1}\boldsymbol{s}_{nh}^*(\boldsymbol{\delta}^T\boldsymbol{x};\boldsymbol{\delta})\varepsilon_n\right|=O_P\big((nh^3)^{-1/2}+h\big)
$$

定理 5.3.1 的证明 令 $\boldsymbol{\theta}=(\boldsymbol{\alpha}^T，\boldsymbol{\beta}^T，\lambda)^T$，$\boldsymbol{\theta}_0=(\boldsymbol{\alpha}_0^T，\boldsymbol{\beta}_0^T，\lambda_0)^T$，$\mathcal{B}_n=\{\boldsymbol{\theta}:\|\boldsymbol{\theta}-\boldsymbol{\theta}_0\|=Bn^{-1/2}，B>0\}$。

尽管我们所研究的模型与孙（2017）所研究的模型不同，但是仍然可以借用她的方法来证明该定理。为此，需要在模型 (5.2) 下，证明下面三个结论仍然成立。

$$
\text{存在 } B_1>0 \text{ 使得 } \|\boldsymbol{\delta}-\boldsymbol{\delta}_0\|\leqslant B_1n^{-1/2}
\tag{5.10}
$$

$$
\text{存在 } \hat{\boldsymbol{\theta}}\in\mathcal{B}_n \text{ 使得 } \frac{\partial\tilde{Q}_n(\boldsymbol{\theta})}{\partial\boldsymbol{\theta}}\Big|_{\boldsymbol{\theta}=\hat{\boldsymbol{\theta}}}=0
\tag{5.11}
$$

$$
\sqrt{n}(\hat{\boldsymbol{\theta}}-\boldsymbol{\theta}_0)\xrightarrow{D}\boldsymbol{N}\big(\boldsymbol{0}，\sigma^2(\boldsymbol{\Gamma}^T\boldsymbol{A}\boldsymbol{\Gamma})^{-1}\boldsymbol{\Gamma}^T\boldsymbol{A}\boldsymbol{\Sigma}\boldsymbol{A}^T\boldsymbol{\Gamma}(\boldsymbol{\Gamma}^T\boldsymbol{A}\boldsymbol{\Gamma})^{-1}\big)
\tag{5.12}
$$

首先，证明式 (5.10)。显然，有 $\|\boldsymbol{\alpha}-\boldsymbol{\alpha}_0\|\leqslant\|\boldsymbol{\theta}-\boldsymbol{\theta}_0\|=Bn^{-1/2}$，经过简单计算得

$$
\frac{2\sqrt{1-\|\boldsymbol{\alpha}_0\|^2}}{\sqrt{1-\|\boldsymbol{\alpha}\|^2}+\sqrt{1-\|\boldsymbol{\alpha}_0\|^2}}-1=\frac{\sqrt{1-\|\boldsymbol{\alpha}_0\|^2}-\sqrt{1-\|\boldsymbol{\alpha}\|^2}}{\sqrt{1-\|\boldsymbol{\alpha}\|^2}+\sqrt{1-\|\boldsymbol{\alpha}_0\|^2}}=O_P(n^{-1/2})
$$

从而，有

$$\begin{aligned}\sqrt{1-\|\boldsymbol{\alpha}\|^2}-\sqrt{1-\|\boldsymbol{\alpha}_0\|^2}&=-\frac{2\boldsymbol{\alpha}_0^T(\boldsymbol{\alpha}-\boldsymbol{\alpha}_0)+\|\boldsymbol{\alpha}-\boldsymbol{\alpha}_0\|^2}{\sqrt{1-\|\boldsymbol{\alpha}\|^2}+\sqrt{1-\|\boldsymbol{\alpha}_0\|^2}}\\&=-\frac{\boldsymbol{\alpha}_0^T(\boldsymbol{\alpha}-\boldsymbol{\alpha}_0)}{\sqrt{1-\|\boldsymbol{\alpha}_0\|^2}}+O_P(n^{-1})\\&=O_P(n^{-1/2})\end{aligned}$$

因此，

$$\begin{aligned}\|\boldsymbol{\delta}-\boldsymbol{\delta}_0\|^2=&\left(\sqrt{1-\|\boldsymbol{\alpha}\|^2}-\sqrt{1-\|\boldsymbol{\alpha}_0\|^2},\ (\boldsymbol{\alpha}-\boldsymbol{\alpha}_0)^T\right)\\&\times\begin{pmatrix}\sqrt{1-\|\boldsymbol{\alpha}\|^2}-\sqrt{1-\|\boldsymbol{\alpha}_0\|^2}\\\boldsymbol{\alpha}-\boldsymbol{\alpha}_0\end{pmatrix}\\=&\left(\sqrt{1-\|\boldsymbol{\alpha}\|^2}-\sqrt{1-\|\boldsymbol{\alpha}_0\|^2}\right)^2+\|\boldsymbol{\alpha}-\boldsymbol{\alpha}_0\|^2\\=&O_P(n^{-1})+O_P(n^{-1})\\=&O_P(n^{-1})\end{aligned}$$

也就是说，存在某个常数 B_1，使得 $\|\boldsymbol{\delta}-\boldsymbol{\delta}_0\|\leqslant B_1n^{-1/2}$ 成立。

其次，证明式 (5.11)。利用奥特加和莱茵博尔特（Ortega & Rheinboldt，1973）的研究结论 6.3.4[①]，要证式 (5.11) 成立，只需证明对任意的$\boldsymbol{\theta}\in\mathcal{B}_n$，$(\boldsymbol{\theta}-\boldsymbol{\theta}_0)^T\dfrac{\partial\tilde{Q}_n(\boldsymbol{\theta})}{\partial\boldsymbol{\theta}}>0$ 都依概率成立。

将 $\tilde{\boldsymbol{m}}_n(\boldsymbol{\theta})$ 在真值 $\boldsymbol{\theta}_0=(\boldsymbol{\alpha}_0^T,\ \boldsymbol{\beta}_0^T,\ \lambda_0)^T$ 处进行 Taylor 展开，易得

$$\frac{\partial\tilde{Q}_n(\boldsymbol{\theta})}{\partial\boldsymbol{\theta}}=2\left(\frac{\partial\tilde{\boldsymbol{m}}_n(\boldsymbol{\theta})}{\partial\boldsymbol{\theta}^T}\right)^T\boldsymbol{A}_n\left(\tilde{\boldsymbol{m}}_n(\boldsymbol{\theta}_0)+\frac{\partial\tilde{\boldsymbol{m}}_n(\bar{\boldsymbol{\theta}})}{\partial\boldsymbol{\theta}^T}(\boldsymbol{\theta}-\boldsymbol{\theta}_0)\right)\tag{5.13}$$

其中，$\bar{\boldsymbol{\theta}}$ 位于 $\boldsymbol{\theta}$ 与 $\boldsymbol{\theta}_0$ 之间，从而满足 $\|\bar{\boldsymbol{\theta}}-\boldsymbol{\theta}_0\|\leqslant Bn^{-1/2}$。经过再参数化，有

$$\frac{\partial\tilde{\boldsymbol{m}}_n(\boldsymbol{\theta})}{\partial\boldsymbol{\theta}^T}=\left(\frac{\partial\boldsymbol{m}_n(\boldsymbol{\xi})}{\partial\boldsymbol{\delta}^T}\boldsymbol{J}_{\boldsymbol{\alpha}},\ \frac{\partial\boldsymbol{m}_n(\boldsymbol{\xi})}{\partial\boldsymbol{\beta}^T},\ \frac{\partial\boldsymbol{m}_n(\boldsymbol{\xi})}{\partial\lambda}\right)\tag{5.14}$$

根据引理 5.6.3、引理 5.6.4、引理 5.6.6 和 Chebyshev 不等式可得

$$-\frac{1}{n}\frac{\partial\boldsymbol{m}_n(\boldsymbol{\xi})}{\partial\boldsymbol{\delta}^T}=\frac{1}{n}\boldsymbol{H}_n^T\tilde{\boldsymbol{G}}'_{n,\triangle}\boldsymbol{X}_n=\frac{1}{n}\sum_{i=1}^n\tilde{g}'(\boldsymbol{\delta}^T\boldsymbol{x}_{n,i};\boldsymbol{\delta},\ \boldsymbol{\beta},\ \lambda)\boldsymbol{h}_{n,i}\boldsymbol{x}_{n,i}^T$$

---

① Ortega J M，Rheinboldt W C. In Several Variables[M]. New York: Academic Press，1973.

$$
\begin{aligned}
&=\frac{1}{n}\sum_{i=1}^{n}\big(\tilde{g}'(\boldsymbol{\delta}^T\boldsymbol{x}_{n,i};\boldsymbol{\delta},\ \boldsymbol{\beta},\ \lambda)-\tilde{g}'(\boldsymbol{\delta}^T\boldsymbol{x}_{n,i};\boldsymbol{\delta},\ \boldsymbol{\beta}_0,\ \lambda_0)\big)\boldsymbol{h}_{n,i}\boldsymbol{x}_{n,i}^T\\
&\quad+\frac{1}{n}\sum_{i=1}^{n}\big(\tilde{g}'(\boldsymbol{\delta}^T\boldsymbol{x}_{n,i};\boldsymbol{\delta},\ \boldsymbol{\beta}_0,\ \lambda_0)-g'(\boldsymbol{\delta}_0^T\boldsymbol{x}_{n,i})\big)\boldsymbol{h}_{n,i}\boldsymbol{x}_{n,i}^T\\
&\quad+\frac{1}{n}\sum_{i=1}^{n}g'(\boldsymbol{\delta}_0^T\boldsymbol{x}_{n,i})\boldsymbol{h}_{n,i}\boldsymbol{x}_{n,i}^T\\
&=\frac{1}{n}\sum_{i=1}^{n}g'(\boldsymbol{\delta}_0^T\boldsymbol{x}_{n,i})\boldsymbol{h}_{n,i}\boldsymbol{x}_{n,i}^T+o_P(1)-\frac{1}{n}\frac{\partial\boldsymbol{m}_n(\boldsymbol{\xi})}{\partial\boldsymbol{\beta}^T}\\
&=\frac{1}{n}\boldsymbol{H}_n^T\big(\boldsymbol{I}_n-\boldsymbol{S}_{nh}(\boldsymbol{\delta})\big)\boldsymbol{Z}_n
\end{aligned}
\tag{5.15}
$$

$$
-\frac{1}{n}\frac{\partial\boldsymbol{m}_n(\boldsymbol{\xi})}{\partial\lambda}=\frac{1}{n}\boldsymbol{H}_n^T\big(\boldsymbol{I}_n-\boldsymbol{S}_{nh}(\boldsymbol{\delta})\big)\boldsymbol{M}_n\boldsymbol{G}_n(\boldsymbol{\delta}_0)+o_P(1)\tag{5.16}
$$

$$
\begin{aligned}
\frac{1}{\sqrt{n}}\tilde{\boldsymbol{m}}_n(\boldsymbol{\theta}_0)&=\frac{1}{\sqrt{n}}\boldsymbol{H}_n^T\big(\boldsymbol{I}_n-\boldsymbol{S}_{nh}(\boldsymbol{\delta}_0)\big)\big(\boldsymbol{Y}_n-\lambda_0\boldsymbol{W}_n\boldsymbol{Y}_n-\boldsymbol{Z}_n\boldsymbol{\beta}_0\big)\\
&=\frac{1}{\sqrt{n}}\boldsymbol{H}_n^T\big(\boldsymbol{I}_n-\boldsymbol{S}_{nh}(\boldsymbol{\delta}_0)\big)\big(\boldsymbol{G}_n(\boldsymbol{\delta}_0)+\boldsymbol{\varepsilon}_n\big)\\
&=\frac{1}{\sqrt{n}}\boldsymbol{H}_n^T\big(\boldsymbol{I}_n-\boldsymbol{S}_{nh}(\boldsymbol{\delta}_0)\big)\boldsymbol{\varepsilon}_n+O_P(n^{1/2}h^2)
\end{aligned}
$$

其中，$\tilde{\boldsymbol{G}}'_{n,\ \triangle}=\mathrm{diag}\big\{\tilde{g}'(\boldsymbol{\delta}^T\boldsymbol{x}_{n,1};\boldsymbol{\delta},\ \boldsymbol{\beta},\ \lambda),\ \cdots,\tilde{g}'(\boldsymbol{\delta}^T\boldsymbol{x}_{n,n};\boldsymbol{\delta},\ \boldsymbol{\beta},\ \lambda)\big\}$。

结合式 (5.13) 至式 (5.17)，$\boldsymbol{J}_{\boldsymbol{\alpha}}-\boldsymbol{J}_{\boldsymbol{\alpha}_0}=O(n^{-1/2})$，假设 5.3、假设 5.4 和引理 5.6.5 可以得到

$$
\left(-\frac{1}{n}\frac{\partial\tilde{\boldsymbol{m}}_n(\boldsymbol{\theta})}{\partial\boldsymbol{\theta}^T}\right)^T\boldsymbol{A}_n\frac{1}{\sqrt{n}}\tilde{\boldsymbol{m}}_n(\boldsymbol{\theta}_0)=O_P(\mathbf{1})\tag{5.17}
$$

和

$$
\left(-\frac{1}{n}\frac{\partial\tilde{\boldsymbol{m}}_n(\boldsymbol{\theta})}{\partial\boldsymbol{\theta}^T}\right)^T\boldsymbol{A}_n\left(-\frac{1}{n}\frac{\partial\tilde{\boldsymbol{m}}_n(\bar{\boldsymbol{\theta}})}{\partial\boldsymbol{\theta}^T}\right)=\boldsymbol{\Gamma}^T\boldsymbol{A}\boldsymbol{\Gamma}+o_P(\mathbf{1})\tag{5.18}
$$

因此，对任意小的 $\eta>0$ 和充分大的 n，存在某个常数 $B_2>0$，使得对任意的 $\boldsymbol{\theta}\in\mathcal{B}_n$ 有

$$
P(R_{n1}\leqslant\sqrt{n}B_2\|\boldsymbol{\theta}-\boldsymbol{\theta}_0\|)\geqslant 1-\eta/2\tag{5.19}
$$

其中，$R_{n1}=(\boldsymbol{\theta}-\boldsymbol{\theta}_0)^T\left(-\frac{1}{n}\frac{\partial\tilde{\boldsymbol{m}}_n(\boldsymbol{\theta})}{\partial\boldsymbol{\theta}^T}\right)^T\boldsymbol{A}_n\tilde{\boldsymbol{m}}_n(\boldsymbol{\theta}_0)$。

由于 $\boldsymbol{\Gamma}^T\boldsymbol{A}\boldsymbol{\Gamma}$ 是正定矩阵，其最小特征根大于 0。因此，对给定任意小的 $\eta>0$ 和充分大的 n，存在常数 $B_3>0$，使得对任意的 $\boldsymbol{\theta}\in\mathcal{B}_n$ 有

$$
P(R_{n2}\geqslant nB_3\|\boldsymbol{\theta}-\boldsymbol{\theta}_0\|^2\ \text{ for all }\boldsymbol{\theta}\in\mathcal{B}_n)\geqslant 1-\eta/2\tag{5.20}
$$

其中，$R_{n2} = (\boldsymbol{\theta} - \boldsymbol{\theta}_0)^T \left(-\frac{1}{n}\frac{\partial \tilde{\boldsymbol{m}}_n(\boldsymbol{\theta})}{\partial \boldsymbol{\theta}^T}\right)^T \boldsymbol{A}_n \left(-\frac{\partial \tilde{\boldsymbol{m}}_n(\bar{\boldsymbol{\theta}})}{\partial \boldsymbol{\theta}^T}\right)(\boldsymbol{\theta} - \boldsymbol{\theta}_0)$。令 $B = 2B_2/B_3$，根据式 (5.13)、式 (5.19) 和式 (5.20) 可得

$$
\begin{aligned}
&P\Big((\boldsymbol{\theta} - \boldsymbol{\theta}_0)^T \frac{\partial \tilde{Q}_n(\boldsymbol{\theta})}{\partial \boldsymbol{\theta}} > 0 \text{ 对所有的 } \boldsymbol{\theta} \in \mathcal{B}_n\Big) \\
\geqslant &P(R_{n1} - R_{n2} \leqslant -BB_2 \text{ 对所有的 } \boldsymbol{\theta} \in \mathcal{B}_n) \geqslant 1 - \eta
\end{aligned}
$$

最后，证明式 (5.12)。因为 $\hat{\boldsymbol{\theta}} - \boldsymbol{\theta}_0 = O_P(n^{-1/2})$，根据 $\frac{\partial \tilde{\boldsymbol{Q}}_n(\hat{\boldsymbol{\theta}})}{\partial \boldsymbol{\theta}^T} = 0$ 和式 (5.13)，得到

$$
\begin{aligned}
&\sqrt{n}(\hat{\boldsymbol{\theta}} - \boldsymbol{\theta}_0) \\
= &\left(\left(-\frac{1}{n}\frac{\partial \tilde{\boldsymbol{m}}_n(\hat{\boldsymbol{\theta}})}{\partial \boldsymbol{\theta}^T}\right)^T \boldsymbol{A}_n \left(-\frac{1}{n}\frac{\partial \tilde{\boldsymbol{m}}_n(\tilde{\boldsymbol{\theta}})}{\partial \boldsymbol{\theta}^T}\right)\right)^{-1} \left(-\frac{1}{n}\frac{\partial \tilde{\boldsymbol{m}}_n(\hat{\boldsymbol{\theta}})}{\partial \boldsymbol{\theta}^T}\right)^T \boldsymbol{A}_n \frac{1}{\sqrt{n}} \tilde{\boldsymbol{m}}_n(\boldsymbol{\theta}_0)
\end{aligned}
$$

其中，$\tilde{\boldsymbol{\theta}}$ 位于 $\hat{\boldsymbol{\theta}}$ 和 $\boldsymbol{\theta}_0$ 之间。因此， $\tilde{\boldsymbol{\theta}} - \boldsymbol{\theta}_0 = O_P(n^{-1/2})$。

因此，结合引理 5.6.5（3）、假设 5.4、式 (5.17)、式 (5.18) 和 $\boldsymbol{J}_{\hat{\boldsymbol{\alpha}}} - \boldsymbol{J}_{\boldsymbol{\alpha}_0} = o_P(1)$，易知

$$
\sqrt{n}(\hat{\boldsymbol{\theta}} - \boldsymbol{\theta}_0) \xrightarrow{D} \boldsymbol{N}\Big(\boldsymbol{0},\ \sigma^2 \big(\boldsymbol{\Gamma}^T \boldsymbol{A} \boldsymbol{\Gamma}\big)^{-1} \boldsymbol{\Gamma}^T \boldsymbol{A} \boldsymbol{\Sigma} \boldsymbol{A}^T \boldsymbol{\Gamma} \big(\boldsymbol{\Gamma}^T \boldsymbol{A} \boldsymbol{\Gamma}\big)^{-1}\Big)
$$

根据式 (5.4) 和式 (5.13)，有

$$
\begin{aligned}
\hat{\boldsymbol{\delta}} - \boldsymbol{\delta}_0 &= \begin{pmatrix} c\sqrt{1 - \|\hat{\boldsymbol{\alpha}}\|^2} \\ \hat{\delta}_2 \\ \vdots \\ \hat{\delta}_p \end{pmatrix} - \begin{pmatrix} c\sqrt{1 - \|\boldsymbol{\alpha}_0\|^2} \\ \delta_{02} \\ \vdots \\ \delta_{0p} \end{pmatrix} \\
&= \begin{pmatrix} -\frac{c\boldsymbol{\alpha}_0^T (\hat{\boldsymbol{\alpha}} - \boldsymbol{\alpha}_0)}{\sqrt{1 - \|\boldsymbol{\alpha}_0\|^2}} \\ \hat{\delta}_2 - \delta_{02} \\ \vdots \\ \hat{\delta}_p - \delta_{0p} \end{pmatrix} + O_P(n^{-1}) \\
&= \boldsymbol{J}_{\boldsymbol{\alpha}_0}(\hat{\boldsymbol{\alpha}} - \boldsymbol{\alpha}_0) + O_P(n^{-1})
\end{aligned}
$$

因此，

$$
\sqrt{n}(\hat{\boldsymbol{\xi}} - \boldsymbol{\xi}_0) = \boldsymbol{J}_1 \sqrt{n}(\hat{\boldsymbol{\theta}} - \boldsymbol{\theta}_0) + o_P(1)
$$

根据正态分布的线性性，可以得到 $\sqrt{n}(\hat{\boldsymbol{\xi}}-\boldsymbol{\xi}_0)$ 服从正态分布 $N(\mathbf{0},\ \boldsymbol{\Omega})$。

定理 5.3.2 的证明 令 $v=\boldsymbol{\delta}_0^T\boldsymbol{x}$ 和 $\hat{v}=\hat{\boldsymbol{\delta}}^T\boldsymbol{x}$。则 $\hat{g}(\hat{v};\hat{\boldsymbol{\delta}},\ \hat{\boldsymbol{\beta}},\ \hat{\lambda})$ 在 v 点处 Taylor 展开为

$$\hat{g}(\hat{v};\hat{\boldsymbol{\delta}},\ \hat{\boldsymbol{\beta}},\ \hat{\lambda})-g(v)=\hat{g}(v;\boldsymbol{\delta}_0,\ \hat{\boldsymbol{\beta}},\ \hat{\lambda})+\hat{g}'(v;\boldsymbol{\delta}_0,\ \hat{\boldsymbol{\beta}},\ \hat{\lambda})(\hat{v}-v)-g(v)+o_P(1) \tag{5.21}$$

利用假设 5.3（3），并用 h_1 替换引理 5.6.3 中的 h，得到

$$\begin{aligned}&\sqrt{nh_1}\big(\hat{g}(v;\boldsymbol{\delta}_0,\ \hat{\boldsymbol{\beta}},\ \hat{\lambda})-g(v)\big)\\=&\sqrt{nh_1}\Big((1,\ 0)\boldsymbol{\psi}^{-1}(v,\ \boldsymbol{\delta}_0)\boldsymbol{B}_{nh}^T(v,\ \boldsymbol{\delta}_0)\boldsymbol{K}_{nh}(v,\ \boldsymbol{\delta}_0)(\boldsymbol{Y}_n-\hat{\lambda}\boldsymbol{W}_n\boldsymbol{Y}_n-\boldsymbol{Z}_n\hat{\boldsymbol{\beta}})-g(v)\Big)\\=&(1,\ 0)\big(n^{-1}\boldsymbol{\psi}(v,\ \boldsymbol{\delta}_0)\big)^{-1}\sqrt{n^{-1}h_1}\boldsymbol{B}_{nh}^T(v,\ \boldsymbol{\delta}_0)\boldsymbol{K}_{nh}(v,\ \boldsymbol{\delta}_0)(\boldsymbol{G}_n(\hat{\delta})+\boldsymbol{\varepsilon}_n)-\sqrt{nh_1}g(v)\\=&(1,\ 0)\big(n^{-1}\boldsymbol{\psi}(v,\ \boldsymbol{\delta}_0)\big)^{-1}\sqrt{n^{-1}h_1}\boldsymbol{B}_{nh}^T(v,\ \boldsymbol{\delta}_0)\boldsymbol{K}_{nh}(v,\ \boldsymbol{\delta}_0)\boldsymbol{\varepsilon}_n+\frac{\sqrt{nh_1}}{2}\mu_2h_1^2g''(v)\\&+o_P\big((nh_1^5)^{1/2}\big)\end{aligned}$$

和

$$\begin{aligned}\sqrt{nh_1}\hat{g}'(v;\boldsymbol{\delta}_0,\ \hat{\boldsymbol{\beta}},\ \hat{\lambda})(\hat{v}-v)=&\sqrt{nh_1^{-1}}\boldsymbol{s}_{nh}^*(v,\ \boldsymbol{\delta}_0)(\boldsymbol{Y}_n-\hat{\lambda}\boldsymbol{W}_n\boldsymbol{Y}_n-\boldsymbol{Z}_n\hat{\boldsymbol{\beta}})(\hat{v}-v)\\=&\sqrt{nh_1^{-1}}\boldsymbol{s}_{nh}^*(v,\ \boldsymbol{\delta}_0)(\boldsymbol{G}_n(\hat{\delta})+\boldsymbol{\varepsilon}_n)(\hat{v}-v)\\=&h_1^{-1/2}\boldsymbol{s}_{nh}^*(v,\ \boldsymbol{\delta}_0)\boldsymbol{\varepsilon}_n+o_P(1)\end{aligned}$$

经过计算可以得到

$$\begin{aligned}&\mathrm{E}\big(\sqrt{n^{-1}h_1}\boldsymbol{B}_{nh}^T(v,\ \boldsymbol{\delta}_0)\boldsymbol{K}_{nh}(v,\ \boldsymbol{\delta}_0)\boldsymbol{\varepsilon}_n\big)\\=&\sqrt{n^{-1}h_1}\mathrm{E}\big(\boldsymbol{B}_{nh}^T(v,\ \boldsymbol{\delta}_0)\boldsymbol{K}_{nh}(v,\ \boldsymbol{\delta}_0)\boldsymbol{\varepsilon}_n\big)\\=&\mathbf{0}\end{aligned}$$

和

$$\begin{aligned}\mathrm{Cov}\big(\sqrt{n^{-1}h_1}\boldsymbol{B}_{nh}^T(v,\ \boldsymbol{\delta}_0)\boldsymbol{K}_{nh}(v,\ \boldsymbol{\delta}_0)\boldsymbol{\varepsilon}_n\big)=&n^{-1}h_1\mathrm{Cov}\big(\boldsymbol{B}_{nh}^T(v,\ \boldsymbol{\delta}_0)\boldsymbol{K}_{nh}(v,\ \boldsymbol{\delta}_0)\boldsymbol{\varepsilon}_n\big)\\=&\sigma^2f(v)\begin{pmatrix}cc\nu_0 & 0\\0 & \nu_2\end{pmatrix}+o(1)\end{aligned}$$

因此，根据中心极限定理，有

$$\sqrt{n^{-1}h_1}\boldsymbol{B}_{nh}^T(v,\ \boldsymbol{\delta}_0)\boldsymbol{K}_{nh}(v,\ \boldsymbol{\delta}_0)\boldsymbol{\varepsilon}_n\xrightarrow{D}\boldsymbol{N}(\mathbf{0},\ \sigma^2f(v)\mathrm{diag}(\nu_0,\ \nu_2)) \tag{5.22}$$

从而，根据式 (5.21)、式 (5.22) 和引理 5.6.3 直接得到定理 5.3.2 的结论。

第 6 章　部分线性单指标空间误差回归模型的 GMM 估计

6.1　引　　言

研究经济问题初期通常采用线性模型，为了描述简洁并得到估计量的一致稳定性，通常假设误差项在时间上是独立的。科克伦和奥大特（Cochrane & Orcutt，1949）率先将模型中的误差项通过马尔可夫过程生成，推广了误差项的假设条件。随后关于空间异质性的研究得到迅速发展。卡普尔等（Kapoor et al.，2007）探讨了误差项具有空间自相关性的面板数据模型，并给出了未知参数的广义最小二乘估计。罗宾逊（Robinson，2011）针对非参数空间误差自回归移动平均模型，提出了核估计方法，并证明了估计量的渐近理论。苏（2012）对同时包含空间滞后和误差滞后的非参数空间计量模型，采用 GMM 估计方法得到模型中参数的估计，并用 Monte Carlo 模拟考查了估计量的小样本表现。胡等（Hu et al.，2014）构造了固定效应部分线性误差回归面板模型。利用差分方法消除固定效应，多项式样条估计方法得到非参数部分的估计，半参数最小二乘方法得到剩余参数的估计。苏与杨（Su & Yang，2015）针对具有空间误差项的动态面板数据模型（包括随机效应和固定效应），在横截面维数很大，时间序列个数固定时，提出了该模型的拟极大似然估计方法，并在某些假设条件下，给出了估计量的极限分布。

在此基础上，我们介绍另一种具有交互效应的空间计量模型——部分线性单指标空间误差回归模型。该模型的交互效应主要体现在误差项之间，所研究的模型既考虑了变量间的线性性和非线性性，同时又具有空间效应。此外，我们仍然通过单指标函数来处理变量间的非线性性及非参数模型的“维数灾难”问题。

6.2　模型介绍和估计

本章主要讨论部分线性单指标误差回归模型，令 $(y_{n,i}, \boldsymbol{x}_{n,i}, \boldsymbol{z}_{n,i})$ 是第 i 个目标的观测值，其中 $y_{n,i}$ 是响应变量，$\boldsymbol{x}_{n,i} \in R^p$ 是 p 维协变量，$\boldsymbol{z}_{n,i} \in R^q$ 是 q 维协变量。我们考虑如下模型:

$$\begin{cases} y_{n,i} = \boldsymbol{\beta}_0^T \boldsymbol{z}_{n,i} + g(\boldsymbol{\delta}_0^T \boldsymbol{x}_{n,i}) + \eta_{n,i} \\ \eta_{n,i} = \lambda_0 \sum_{j=1}^{n} w_{n,ij}\eta_{n,j} + \varepsilon_{n,i} \end{cases} \quad i=1，2，\cdots，n \tag{6.1}$$

其中，$g(\cdot)$ 是未知连接函数，$\boldsymbol{\delta}_0 = (\delta_{01}，\delta_{02}，\cdots，\delta_{0p})^T \in R^p$ 是真实的单指标参数，$\boldsymbol{\beta}_0 = (\beta_{01}，\beta_{02}，\cdots，\beta_{0q})^T \in R^q$ 是真实的部分线性系数，$|\lambda_0| < 1$ 是真实的空间误差相关系数，$w_{n,ij}$ 是预先设定的空间权重，$\eta_{n,i}$ 和 $\varepsilon_{n,i}$ 是随机误差项，且 $\varepsilon_{n,i}(i=1，2，\cdots，n)$ 是均值为零、方差为 σ_0^2 的独立同分布随机变量。为了模型的可识别性，假定 $\|\boldsymbol{\delta}_0\|=1$，且 $\boldsymbol{\delta}_0$ 的第一个非零元素是正的，其中 $\|\cdot\|$ 是常用的欧氏范数。

令 $\boldsymbol{Y}_n = (y_{n,1}，\cdots，y_{n,n})^T$，$\boldsymbol{X}_n = (\boldsymbol{x}_{n,1}，\cdots，\boldsymbol{x}_{n,n})^T$，$\boldsymbol{Z}_n = (\boldsymbol{z}_{n,1}，\cdots，\boldsymbol{z}_{n,n})^T$，$\boldsymbol{W}_n = (w_{n,ij})_{n\times n}$，$\boldsymbol{G}_n(\boldsymbol{\delta}_0) = \left(g(\boldsymbol{\delta}_0^T\boldsymbol{x}_{n,1})，\cdots，g(\boldsymbol{\delta}_0^T\boldsymbol{x}_{n,n})\right)^T$，$\boldsymbol{\eta}_n = (\eta_{n,1}，\cdots，\eta_{n,n})^T$，$\boldsymbol{\varepsilon}_n = (\varepsilon_{n,1}，\cdots，\varepsilon_{n,n})^T$，$\boldsymbol{I}_n$ 是 $n\times n$ 阶单位矩阵。则模型 (6.1) 的矩阵表示形式如下:

$$\begin{cases} \boldsymbol{Y}_n = \boldsymbol{Z}_n\boldsymbol{\beta}_0 + \boldsymbol{G}_n(\boldsymbol{\delta}_0) + \boldsymbol{\eta}_n \\ \boldsymbol{\eta}_n = \lambda_0 \boldsymbol{W}_n \boldsymbol{\eta}_n + \boldsymbol{\varepsilon}_n \end{cases}$$

易知，当 $|\lambda_0|<1$ 时，矩阵 $\boldsymbol{I}_n - \lambda_0\boldsymbol{W}_n$ 可逆，其中 $\boldsymbol{I}_n$ 是 n 阶单位矩阵，此时，模型 (6.1) 可改写为

$$\boldsymbol{Y}_n = \boldsymbol{Z}_n\boldsymbol{\beta}_0 + \boldsymbol{G}_n(\boldsymbol{\delta}_0) + (\boldsymbol{I}_n - \lambda_0\boldsymbol{W}_n)^{-1}\boldsymbol{\varepsilon}_n \tag{6.2}$$

对于模型 (6.2)，主要需要找到合适的估计方法估计未知参数向量 $\boldsymbol{\xi} = (\boldsymbol{\delta}^T，\boldsymbol{\beta}^T，\lambda)^T$ 和未知连接函数 $g(\cdot)$。本章采用苏（2012）和孙（2017）的思想来得到 $\boldsymbol{\xi}$ 和 $g(\cdot)$ 的估计量。

下面，我们给出具体的估计步骤。

步骤 1 假定 λ、$\boldsymbol{\beta}$ 和 $\boldsymbol{\delta}$ 已知，将 $g(\boldsymbol{\delta}^T\boldsymbol{x}_{n,i})$ 在 $\boldsymbol{x}$ 处一阶 Taylor 展开:

$$g(\boldsymbol{\delta}^T\boldsymbol{x}_{n,i}) \approx g(\boldsymbol{\delta}^T\boldsymbol{x}) + g'(\boldsymbol{\delta}^T\boldsymbol{x})(\boldsymbol{x}_{n,i} - \boldsymbol{x})$$

通过最小化下式可以得到未知连接函数 $g(\cdot)$ 的可行初始估计。

$$\left(\boldsymbol{Y}_n^* - \boldsymbol{B}_{nh}(\boldsymbol{\delta}^T\boldsymbol{x};\boldsymbol{\delta})\boldsymbol{g}\right)^T \boldsymbol{K}_{nh}(\boldsymbol{\delta}^T\boldsymbol{x};\boldsymbol{\delta}，\lambda)\left(\boldsymbol{Y}_n^* - \boldsymbol{B}_{nh}(\boldsymbol{\delta}^T\boldsymbol{x};\boldsymbol{\delta})\boldsymbol{g}\right) \tag{6.3}$$

其中，$\boldsymbol{Y}_n^* = \boldsymbol{Y}_n - \boldsymbol{Z}_n\boldsymbol{\beta}$，$\boldsymbol{B}_{nh}(\boldsymbol{\delta}^T\boldsymbol{x};\boldsymbol{\delta}) = \begin{pmatrix} 1 & \cdots & 1 \\ \dfrac{\boldsymbol{\delta}^T\boldsymbol{x}_{n,1} - \boldsymbol{\delta}^T\boldsymbol{x}}{h} & \cdots & \dfrac{\boldsymbol{\delta}^T\boldsymbol{x}_{n,n} - \boldsymbol{\delta}^T\boldsymbol{x}}{h} \end{pmatrix}^T$，$\boldsymbol{g} = \left(g(\boldsymbol{\delta}^T\boldsymbol{x}), hg'(\boldsymbol{\delta}^T\boldsymbol{x})\right)^T$，$\boldsymbol{K}_{nh}(\boldsymbol{\delta}^T\boldsymbol{x};\boldsymbol{\delta},\lambda) = \boldsymbol{\Sigma}^{-1/2}\boldsymbol{K}_{nh}(\boldsymbol{\delta}^T\boldsymbol{x};\boldsymbol{\delta})\boldsymbol{\Sigma}^{-1/2}$，$\boldsymbol{K}_{nh}(\boldsymbol{\delta}^T$

$\boldsymbol{x};\boldsymbol{\delta}) = \mathrm{diag}\{k_h(\boldsymbol{\delta}^T\boldsymbol{x}_{n,1}-\boldsymbol{\delta}^T\boldsymbol{x}), \cdots, k_h(\boldsymbol{\delta}^T\boldsymbol{x}_{n,n}-\boldsymbol{\delta}^T\boldsymbol{x})\}, \boldsymbol{\Sigma} = \big((\boldsymbol{I}_n-\lambda\boldsymbol{W}_n)^T(\boldsymbol{I}_n-\lambda\boldsymbol{W}_n)\big)^{-1}$，$g'(\cdot)$ 是 $g(\cdot)$ 的一阶导数，$k_h(u) = \dfrac{1}{h}k\left(\dfrac{u}{h}\right)$，$k(\cdot)$ 是核函数，h 是对应的带宽。令 $\tilde{g}(\boldsymbol{\delta}^T\boldsymbol{x};\boldsymbol{\delta}, \boldsymbol{\beta}, \lambda)$ 和 $\tilde{g}'(\boldsymbol{\delta}^T\boldsymbol{x};\boldsymbol{\delta}, \boldsymbol{\beta}, \lambda)$ 是使式 (6.3) 最小化的解。经过计算得到

$$\begin{pmatrix} \tilde{g}(\boldsymbol{\delta}^T\boldsymbol{x};\boldsymbol{\delta}, \boldsymbol{\beta}, \lambda) \\ h\tilde{g}'(\boldsymbol{\delta}^T\boldsymbol{x};\boldsymbol{\delta}, \boldsymbol{\beta}, \lambda) \end{pmatrix}$$
$$= \boldsymbol{\psi}_{nh}^{-1}(\boldsymbol{\delta}^T\boldsymbol{x};\boldsymbol{\delta}, \lambda)\boldsymbol{B}_{nh}^T(\boldsymbol{\delta}^T\boldsymbol{x};\boldsymbol{\delta})\boldsymbol{K}_{nh}(\boldsymbol{\delta}^T\boldsymbol{x};\boldsymbol{\delta}, \lambda)(\boldsymbol{Y}_n - \boldsymbol{Z}_n\boldsymbol{\beta})$$

其中，$\boldsymbol{\psi}_{nh}(\boldsymbol{\delta}^T\boldsymbol{x};\boldsymbol{\delta}, \lambda) = \boldsymbol{B}_{nh}^T(\boldsymbol{\delta}^T\boldsymbol{x};\boldsymbol{\delta})\boldsymbol{K}_{nh}(\boldsymbol{\delta}^T\boldsymbol{x};\boldsymbol{\delta}, \lambda)\boldsymbol{B}_{nh}(\boldsymbol{\delta}^T\boldsymbol{x};\boldsymbol{\delta})$。

林和卡罗尔（Lin & Carroll，2000）证明了 “Working Independence” 方法的可行性，即在估计非参数部分时，可以忽略数据之间的相关性性质，蔡等（2007）、范等（2007）、陈建宝和乔宁宁（2017）在其文章中，对非参数估计同样采用了忽略相关性性质的方法。因此，本章也采用 “Working Independence” 方法，则式 (6.3) 可以转化为

$$\big(\boldsymbol{Y}_n^* - \boldsymbol{B}_{nh}(\boldsymbol{\delta}^T\boldsymbol{x};\boldsymbol{\delta})\boldsymbol{g}\big)^T\boldsymbol{K}_{nh}(\boldsymbol{\delta}^T\boldsymbol{x};\boldsymbol{\delta})\big(\boldsymbol{Y}_n^* - \boldsymbol{B}_{nh}(\boldsymbol{\delta}^T\boldsymbol{x};\boldsymbol{\delta})\boldsymbol{g}\big) \tag{6.4}$$

从而

$$\begin{pmatrix} \tilde{g}(\boldsymbol{\delta}^T\boldsymbol{x};\boldsymbol{\delta}, \boldsymbol{\beta}) \\ h\tilde{g}'(\boldsymbol{\delta}^T\boldsymbol{x};\boldsymbol{\delta}, \boldsymbol{\beta}) \end{pmatrix} = \boldsymbol{\psi}_{nh}^{-1}(\boldsymbol{\delta}^T\boldsymbol{x};\boldsymbol{\delta})\boldsymbol{B}_{nh}^T(\boldsymbol{\delta}^T\boldsymbol{x};\boldsymbol{\delta})\boldsymbol{K}_{nh}(\boldsymbol{\delta}^T\boldsymbol{x};\boldsymbol{\delta})(\boldsymbol{Y}_n - \boldsymbol{Z}_n\boldsymbol{\beta})$$

其中，$\boldsymbol{\psi}_{nh}(\boldsymbol{\delta}^T\boldsymbol{x};\boldsymbol{\delta}) = \boldsymbol{B}_{nh}^T(\boldsymbol{\delta}^T\boldsymbol{x};\boldsymbol{\delta})\boldsymbol{K}_{nh}(\boldsymbol{\delta}^T\boldsymbol{x};\boldsymbol{\delta})\boldsymbol{B}_{nh}(\boldsymbol{\delta}^T\boldsymbol{x};\boldsymbol{\delta})$。
定义平滑算子：

$$\boldsymbol{s}_{nh}(\boldsymbol{\delta}^T\boldsymbol{x};\boldsymbol{\delta}) = (1, 0)\boldsymbol{\psi}_{nh}^{-1}(\boldsymbol{\delta}^T\boldsymbol{x};\boldsymbol{\delta})\boldsymbol{B}_{nh}^T(\boldsymbol{\delta}^T\boldsymbol{x};\boldsymbol{\delta})\boldsymbol{K}_{nh}(\boldsymbol{\delta}^T\boldsymbol{x};\boldsymbol{\delta})$$
$$\boldsymbol{s}_{nh}^*(\boldsymbol{\delta}^T\boldsymbol{x};\boldsymbol{\delta}) = (0, 1)\boldsymbol{\psi}_{nh}^{-1}(\boldsymbol{\delta}^T\boldsymbol{x};\boldsymbol{\delta})\boldsymbol{B}_{nh}^T(\boldsymbol{\delta}^T\boldsymbol{x};\boldsymbol{\delta})\boldsymbol{K}_{nh}(\boldsymbol{\delta}^T\boldsymbol{x};\boldsymbol{\delta})$$

$$\boldsymbol{S}_{nh}(\boldsymbol{\delta}) = \big(\boldsymbol{s}_{nh}^T(\boldsymbol{\delta}^T\boldsymbol{x}_{n,1};\boldsymbol{\delta}), \boldsymbol{s}_{nh}^T(\boldsymbol{\delta}^T\boldsymbol{x}_{n,2};\boldsymbol{\delta}), \cdots, \boldsymbol{s}_{nh}^T(\boldsymbol{\delta}^T\boldsymbol{x}_{n,n};\boldsymbol{\delta})\big)^T$$
$$\boldsymbol{S}_{nh}^*(\boldsymbol{\delta}) = \big(\boldsymbol{s}_{nh}^{*T}(\boldsymbol{\delta}^T\boldsymbol{x}_{n,1};\boldsymbol{\delta}), \boldsymbol{s}_{nh}^{*T}(\boldsymbol{\delta}^T\boldsymbol{x}_{n,2};\boldsymbol{\delta}), \cdots, \boldsymbol{s}_{nh}^{*T}(\boldsymbol{\delta}^T\boldsymbol{x}_{n,n};\boldsymbol{\delta})\big)^T$$

则有

$$\tilde{\boldsymbol{G}}_n(\boldsymbol{\delta}) = \boldsymbol{S}_{nh}(\boldsymbol{\delta})(\boldsymbol{Y}_n - \boldsymbol{Z}_n\boldsymbol{\beta}) \quad h\tilde{\boldsymbol{G}}_n'(\boldsymbol{\delta}) = \boldsymbol{S}_{nh}^*(\boldsymbol{\delta})(\boldsymbol{Y}_n - \boldsymbol{Z}_n\boldsymbol{\beta})$$

其中，

$$\tilde{\boldsymbol{G}}_n(\boldsymbol{\delta}) = \big(\tilde{g}(\boldsymbol{\delta}^T\boldsymbol{x}_{n,1};\boldsymbol{\delta}, \boldsymbol{\beta}), \cdots, \tilde{g}(\boldsymbol{\delta}^T\boldsymbol{x}_{n,n};\boldsymbol{\delta}, \boldsymbol{\beta})\big)^T$$

$$\tilde{\boldsymbol{G}}_n'(\boldsymbol{\delta}) = \big(\tilde{g}'(\boldsymbol{\delta}^T\boldsymbol{x}_{n,1};\boldsymbol{\delta},\ \boldsymbol{\beta}),\ \cdots,\ \tilde{g}'(\boldsymbol{\delta}^T\boldsymbol{x}_{n,n};\boldsymbol{\delta},\ \boldsymbol{\beta})\big)^T$$

步骤 2 利用全局工具变量（IV）方法来估计参数 $\boldsymbol{\xi} = (\boldsymbol{\delta}^T,\ \boldsymbol{\beta}^T,\ \lambda)^T$。令 $\boldsymbol{H}_n = (\boldsymbol{h}_{n,1},\ \boldsymbol{h}_{n,2},\ \cdots,\ \boldsymbol{h}_{n,n})^T$ 是 $n \times r(r \geqslant p+q+1)$ 阶工具变量矩阵，其中，$\boldsymbol{h}_{n,i} = (\boldsymbol{h}_{n,i1},\ \boldsymbol{h}_{n,i2},\ \cdots,\ \boldsymbol{h}_{n,ir})^T$。从而，有如下矩函数:

$$\mathrm{E}(\boldsymbol{H}_n^T\boldsymbol{\varepsilon}_n) = \mathbf{0}$$

将 $\tilde{g}(\cdot;\boldsymbol{\delta},\ \boldsymbol{\beta},\ \lambda)$ 替换模型 (6.2) 中的 $g(\cdot)$，对应的矩函数变为

$$\boldsymbol{m}_n(\boldsymbol{\delta},\ \boldsymbol{\beta},\ \lambda) = \boldsymbol{H}_n^T(\boldsymbol{I}_n - \lambda\boldsymbol{W}_n)\big(\boldsymbol{Y}_n - \boldsymbol{Z}_n\boldsymbol{\beta} - \tilde{\boldsymbol{G}}_n(\boldsymbol{\delta})\big)$$

当 $r > p+q+1$ 时，存在过拟合现象。从而，令 $\boldsymbol{A}_n$ 是 $r \times r$ 阶正定矩阵，则存在某个 $(\boldsymbol{\delta}^T,\ \boldsymbol{\beta}^T,\ \lambda)^T$，使得在 $\|\boldsymbol{\delta}\| = 1$ 且其第一个非零元素为正数的限制条件下，

$$Q_n(\boldsymbol{\delta},\ \boldsymbol{\beta},\ \lambda) = \boldsymbol{m}_n^T(\boldsymbol{\delta},\ \boldsymbol{\beta},\ \lambda)\boldsymbol{A}_n\boldsymbol{m}_n(\boldsymbol{\delta},\ \boldsymbol{\beta},\ \lambda)$$

可以达到最小值。

下面，我们通过再参数化处理限制条件（Yu & Ruppert，2002 ; Wang et al., 2010; Sun，2017）。令 $\boldsymbol{\alpha} = (\delta_2,\ \cdots,\ \delta_p)^T$ 是 $\boldsymbol{\delta}$ 去掉第一个元素 δ_1 后的 $p-1$ 维参数向量，则

$$\boldsymbol{\delta} = \boldsymbol{\delta}(\boldsymbol{\alpha}) = (\sqrt{1-\|\boldsymbol{\alpha}\|^2},\ \boldsymbol{\alpha}^T)^T \tag{6.5}$$

易知，真参数 $\boldsymbol{\alpha}_0$ 满足 $\|\boldsymbol{\alpha}_0\| < 1$，且 $\boldsymbol{\delta}$ 在 $\boldsymbol{\alpha}_0$ 的邻域内无限可微，上述这种方法被称为“去一分量法”。为了得到参数的估计量，需要计算 $\boldsymbol{\delta}$ 关于 $\boldsymbol{\alpha}$ 的 Jacobi 矩阵:

$$\boldsymbol{J}_{\boldsymbol{\alpha}} = \frac{\partial\boldsymbol{\delta}}{\partial\boldsymbol{\alpha}^T} = (\gamma_1,\ \gamma_2,\ \cdots,\ \gamma_p)^T \tag{6.6}$$

其中，$\gamma_1 = -(1-\|\boldsymbol{\alpha}\|^2)^{-1/2}\boldsymbol{\alpha}$，且 $\gamma_i(2 \leqslant i \leqslant p)$ 是第 i 个元素为 1，其余元素为 0 的 $p-1$ 维单位向量，从而，对应的矩函数为

$$\boldsymbol{m}_n(\boldsymbol{\delta},\ \boldsymbol{\beta},\ \lambda) = \boldsymbol{m}_n(\boldsymbol{\delta}(\boldsymbol{\alpha}),\ \boldsymbol{\beta},\ \lambda) = \tilde{\boldsymbol{m}}_n(\boldsymbol{\alpha},\ \boldsymbol{\beta},\ \lambda)$$

故，GMM 方法的目标函数为

$$Q_n(\boldsymbol{\delta},\ \boldsymbol{\beta},\ \lambda) = Q_n(\boldsymbol{\delta}(\boldsymbol{\alpha}),\ \boldsymbol{\beta},\ \lambda) = \tilde{Q}_n(\boldsymbol{\alpha},\ \boldsymbol{\beta},\ \lambda)$$

因此，有限维参数 $(\boldsymbol{\alpha}^T,\ \boldsymbol{\beta}^T,\ \lambda)^T$ 的 GMM 估计量为

$$
\begin{aligned}
(\hat{\boldsymbol{\alpha}}^T, \hat{\boldsymbol{\beta}}^T, \hat{\lambda})^T &= \arg\min_{\boldsymbol{\alpha}, \boldsymbol{\beta}, \lambda} \tilde{Q}_n(\boldsymbol{\alpha}, \boldsymbol{\beta}, \lambda) \\
&= \arg\min_{\boldsymbol{\alpha}, \boldsymbol{\beta}, \lambda} \tilde{\boldsymbol{m}}_n^T(\boldsymbol{\alpha}, \boldsymbol{\beta}, \lambda)\boldsymbol{A}_n\tilde{\boldsymbol{m}}_n(\boldsymbol{\alpha}, \boldsymbol{\beta}, \lambda)
\end{aligned} \tag{6.7}
$$

从而，$\boldsymbol{\delta}$ 的估计量是 $\hat{\boldsymbol{\delta}} = \boldsymbol{\delta}(\hat{\boldsymbol{\alpha}})$。

将 $\tilde{g}(\cdot;\boldsymbol{\delta}, \boldsymbol{\beta})$ 中的 $\boldsymbol{\delta}$ 和 $\boldsymbol{\beta}$ 分别用 $\hat{\boldsymbol{\delta}}$ 与 $\hat{\boldsymbol{\beta}}$ 替换，得到 $g(\cdot)$ 的最终估计量，记为 $\hat{g}(\cdot)$，其中，带宽 h_1 比 h 稍微大一点。

6.3　估计量的大样本性质

6.3.1　假设条件

为了证明估计量的渐近性质，我们有必要做如下假设:

假设 6.1

（1）空间权重矩阵 $\boldsymbol{W}_n$ 的主对角线元素 $w_{n,ii} = 0(i = 1, 2, \cdots, n)$;

（2）当 $|\lambda| < 1$ 时，矩阵 $\boldsymbol{I} - \lambda\boldsymbol{W}_n$ 是非奇异矩阵;

（3）当 $|\lambda| < 1$ 时，矩阵 $\boldsymbol{W}_n$ 和 $\left(\boldsymbol{I} - \lambda\boldsymbol{W}_n\right)^{-1}$ 的行元素绝对值的和与列元素绝对值的和是一致有界的。

假设 6.2

（1）核函数 $k(\cdot)$ 在它的紧支撑集上是连续对称的;

（2）$\mu_k = \int x^k k(x)dx$，$\nu_k = \int x^k k^2(x)dx$，$k = 0, 1, 2, \cdots$，显然 $\mu_0 = 1$，$\mu_1 = 0$;

（3）$n \to \infty$，$h \to 0$，$nh^3 \to \infty$，$nh^4 \to 0$，$h_1 \to 0$，$nh_1^5 = O(1)$。

假设 6.3

（1）序列 $\{\boldsymbol{z}_{n,i}\}_{i=1}^n$ 是一致有界的常数序列;

（2）序列 $\{\boldsymbol{x}_{n,i}\}_{i=1}^n$ 与 $\{\varepsilon_{n,i}\}_{i=1}^n$ 是相互独立的随机序列，且存在某个常数 C 使得 $\mathrm{E}(\|\boldsymbol{x}_{n,i}\|) \leqslant C$;

（3）工具变量 $\boldsymbol{H}_n$ 的列向量序列 $\{\boldsymbol{h}_{n,i}\}_{i=1}^n$ 是一致有界的;

（4）函数 $g(\cdot)$ 是二阶连续可微的，且 $g(\cdot)$、$g'(\cdot)$ 和 $g''(\cdot)$ 是有界的。

假设 6.4

（1）随机变量 $\boldsymbol{\delta}^T\boldsymbol{x}$ 的密度函数 $f(\cdot) > 0$;

（2）密度函数 $f(\cdot)$ 是二阶连续可微的，$f(\cdot)$ 在其支撑集上一致有界远离 0，且 $f'(\cdot)$ 和 $f''(\cdot)$ 有界。

假设 6.5

(1) 真实参数 $(\boldsymbol{\delta}_0^T,\ \boldsymbol{\beta}_0^T,\ \lambda_0)^T$ 是其紧支撑集的内点;

(2) $p\lim\limits_{n\to\infty}\dfrac{1}{n}\sum\limits_{i=1}^{n}g'(\boldsymbol{\delta}_0^T\boldsymbol{x}_{n,i})\boldsymbol{t}_{n,i}\boldsymbol{x}_{n,i}^T=\Gamma_1$;

(3) $\lim\limits_{n\to\infty}\dfrac{1}{n}\boldsymbol{H}_n^T(\boldsymbol{I}_n-\lambda_0\boldsymbol{W}_n)\big(\boldsymbol{I}_n-\boldsymbol{S}_{nh}(\boldsymbol{\delta}_0)\big)\boldsymbol{Z}_n=\Gamma_2$;

(4) $\lim\limits_{n\to\infty}\dfrac{1}{n}\boldsymbol{H}_n^T\boldsymbol{W}_n\big(\boldsymbol{I}_n-\boldsymbol{S}_{nh}(\boldsymbol{\delta}_0)\big)\boldsymbol{G}_n(\boldsymbol{\delta}_0)=\Gamma_3$;

(5) $\lim\limits_{n\to\infty}\boldsymbol{A}_n=\boldsymbol{A}$,其中 $\boldsymbol{A}$ 是正定矩阵。

假设 6.1 是关于空间权重矩阵基本特征的假设,与苏和金(2010)研究中的假设 3①、苏(2012)研究中的假设 1②、孙(2017)研究中的假设 5③和本书第 5 章中假设 5.2 一样;假设 6.2 是常见的关于核函数与带宽的设定;假设 6.3 是关于自变量、误差项、工具变量及未知连接函数的常用条件;假设 6.4 是关于随机变量密度函数的常用假设;假设 6.5 是证明估计量渐近性质所需要的必要条件。

6.3.2 主要结果

定理 6.3.1 在假设 6.1 至假设 6.5 的条件下,$\hat{\boldsymbol{\xi}}$ 具有如下渐近分布:

$$\sqrt{n}(\hat{\boldsymbol{\xi}}-\boldsymbol{\xi}_0)\xrightarrow{D}\boldsymbol{N}\Big(\boldsymbol{0},\ \boldsymbol{J}_1(\boldsymbol{\Gamma}^T\boldsymbol{A}\boldsymbol{\Gamma})^{-1}\boldsymbol{\Gamma}^T\boldsymbol{A}\boldsymbol{\Omega}\boldsymbol{A}\boldsymbol{\Gamma}(\boldsymbol{\Gamma}^T\boldsymbol{A}\boldsymbol{\Gamma})^{-1}\boldsymbol{J}_1^T\Big)$$

其中,$\boldsymbol{\Gamma}=(\Gamma_1\boldsymbol{J}_{\alpha_0},\Gamma_2,\ \Gamma_3)$,$\boldsymbol{J}_1=\mathrm{diag}\{\boldsymbol{J}_{\alpha_0},\boldsymbol{I}_{q+1}\}$,$\boldsymbol{\Omega}=\dfrac{\sigma_0^2}{n}\boldsymbol{H}_n^T(\boldsymbol{I}_n-\lambda_0\boldsymbol{W}_n)\big(\boldsymbol{I}_n-\boldsymbol{S}_{nh}(\boldsymbol{\delta})\big)\boldsymbol{\Sigma}\big(\boldsymbol{I}_n-\boldsymbol{S}_{nh}(\boldsymbol{\delta})\big)^T(\boldsymbol{I}_n-\lambda_0\boldsymbol{W}_n)^T\boldsymbol{H}_n$,$\boldsymbol{J}_{\alpha_0}=\left.\dfrac{\partial\boldsymbol{\delta}}{\partial\boldsymbol{\alpha}^T}\right|_{\boldsymbol{\alpha}=\boldsymbol{\alpha}_0}$。特别地,当正定矩阵 $\boldsymbol{A}=\boldsymbol{\Omega}^{-1}$ 时,$\sqrt{n}(\hat{\boldsymbol{\xi}}-\boldsymbol{\xi}_0)\xrightarrow{D}\boldsymbol{N}\Big(\boldsymbol{0},\ \boldsymbol{J}_1(\boldsymbol{\Gamma}^T\boldsymbol{\Omega}^{-1}\boldsymbol{\Gamma})^{-1}\boldsymbol{J}_1^T\Big)$。

定理 6.3.2 在假设 6.1 至假设 6.4 的条件下,可以证明:

$$\sqrt{nh_1}\Big(\hat{g}(\hat{\boldsymbol{\delta}}^T\boldsymbol{x};\hat{\boldsymbol{\delta}},\ \hat{\boldsymbol{\beta}})-g(\boldsymbol{\delta}_0^T\boldsymbol{x})-\frac{1}{2}\mu_2h_1^2g''(\boldsymbol{\delta}_0^T\boldsymbol{x})\Big)\xrightarrow{D}N\big(0,\ \sigma_0^2\nu_0/f(\boldsymbol{\delta}_0^T\boldsymbol{x})\big)$$

更进一步地,如果 $nh_1^5\to 0$,则 $\sqrt{nh_1}\Big(\hat{g}(\hat{\boldsymbol{\delta}}^T\boldsymbol{x};\hat{\boldsymbol{\delta}},\ \hat{\boldsymbol{\beta}})-g(\boldsymbol{\delta}_0^T\boldsymbol{x})\Big)\xrightarrow{D}N\big(0,\ \sigma_0^2\nu_0/f(\boldsymbol{\delta}_0^T\boldsymbol{x})\big)$。

① Su L, Jin S. Profile quasi-maximum likelihood estimation of partially linear spatial autoregressive models[J]. Journal of Econometrics, 2010, 157:18-33.

② Su L. Semiparametric GMM estimation of spatial autoregressive models[J]. Journal of Econometrics. 2012, 167: 543-560.

③ Sun Y. Estimation of single-index model with spatial interaction[J]. Regional Science and Urban Economics, 2017, 62: 36-45.

6.4 数值模拟

本节我们将通过 Monte Carlo 数值模拟来考查第二节构造估计量的小样本表现。与第 5 章中模拟类似，对于参数的估计，采用样本均值（MEAN）、样本标准差 (SD) 和均方误差（mean square error，MSE）作为评价标准。

$$\mathrm{MSE}=\frac{1}{mcn}\sum_{i=1}^{mcn}(\hat{\xi}_i-\xi_0)^2$$

其中，mcn 是模拟次数，$\hat{\xi}_i(i=1,\ 2,\ \cdots,\ mcn)$ 是每次模拟的参数估计值，ξ_0 是对应的真实值。对于非参数部分 $g(\cdot)$ 的估计 $\hat{g}(\cdot)$ 采用平均绝对误差（mean absolute deviation error，MADE）作为评价标准。

$$\mathrm{MADE}_j=Q^{-1}\sum_{q=1}^{Q}|\hat{g}_j(u_q)-g_j(u_q)|,\qquad j=1,\ 2,\ \cdots,\ mcn$$

其中，$g_j(\cdot)$ 表示每次 $g(\cdot)$ 的拟合值，$\{u_q\}_{q=1}^{Q}$ 是在 u 的支撑集处的 Q 个固定网格点的值，本章取 Q 为 40。由于很难选择最优带宽，根据麦克和西尔弗曼（1982）研究中介绍的方法，我们选用交叉验证法（cross validation）来确定最优带宽。对于非参数 $g(\cdot)$ 模拟时采用标准的 Epanechikov 核函数 $k(u)=\frac{3}{4}\sqrt{5}\left(1-\frac{1}{5}u^2\right)I(u^2\leqslant 5)$，工具变量矩阵选用 $\boldsymbol{H}_n=(\boldsymbol{Z}_n,\ \boldsymbol{W}_n\boldsymbol{Z}_n)$。

6.4.1 数据生成过程

我们考虑如下数据生成过程:

$$\begin{cases} y_{n,i}=\sum\limits_{k=1}^{2}z_{n,ik}\beta_{0k}+2\sin(\boldsymbol{\delta}_0^T\boldsymbol{x}_{n,i})+\eta_{n,i} \\ \eta_{n,i}=\lambda_0\sum\limits_{j=1}^{n}w_{n,ij}\eta_{n,j}+\varepsilon_{n,i} \end{cases}\qquad i=1,\ 2,\ \cdots,\ n$$

其中，协变量 $z_{n,ik}$，$k=1,\ 2$，是由独立的多元正态分布 $N(\mathbf{0},\ \sum_0)$ 生成，其中，$\mathbf{0}=(0,\ 0)^T$，$\sum_0=\begin{pmatrix}1 & 1/3\\ 1/3 & 1\end{pmatrix}$；$\boldsymbol{x}_{n,i}=(x_{n,1i},\ x_{n,2i})^T$ 中每个分量都来自均匀分布 $U(-3,\ 3)$；误差项 $\varepsilon_{n,i}$ 来自独立的正态分布 $N(0,\ 0.1^2)$；$\boldsymbol{\delta}_0=(1/\sqrt{2},\ 1/\sqrt{2})^T$，$\boldsymbol{\beta}_0=(1,\ 1.5)^T$。为了考查空间相关性的影响，模拟过程中分别选取 $\lambda_0=0.25$、$\lambda_0=0.5$ 和 $\lambda_0=0.75$。与苏和金（2010）研究中模拟部分一样，

我们选取 Case 权重矩阵①，模拟过程中，R 取值 20 和 50，M 取值 3 和 5。为了考查空间权重矩阵对模拟结果的影响，我们类似于苏（2012）的做法，又选取了 Rook 空间权重矩阵（Anselin，1998）。此时样本量分别取值 $n=64$、$n=100$、$n=144$ 和 $n=196$。

6.4.2 模拟结果

对每种情况，利用 Matlab 软件分别进行了 500 次模拟，模拟结果如表 6-1 至表 6-4 所示。其中，Case 空间权重矩阵下关于参数模拟的 MEAN、SD 和 MSE 列在表 6-1 中，Rook 空间权重矩阵下关于参数模型的 MEAN、SD 和 MSE 列在表 6-3 中。非参数部分 500 个 MADE 值的中位数和 SD 分别列在表 6-2 和表 6-4 中。

表 6-1　Case 空间权重矩阵下参数模拟结果

R	参数	真值	$M=3$			$M=5$		
			MEAN	SD	MSE	MEAN	SD	MSE
20	λ	0.2500	0.2954	0.1779	0.0299	0.2793	0.1107	0.0121
	δ_1	0.7071	0.7009	0.0533	0.0029	0.7077	0.0155	0.0002
	δ_2	0.7071	0.7102	0.0396	0.0016	0.7062	0.0158	0.0002
	β_1	1.0000	0.9749	0.0326	0.0017	0.9817	0.0247	0.0009
	β_2	1.5000	1.5158	0.0534	0.0031	1.5030	0.0376	0.0014
	λ	0.5000	0.5623	0.1725	0.0388	0.5564	0.1536	0.0656
	δ_1	0.7071	0.7095	0.0250	0.0006	0.7065	0.0145	0.0002
	δ_2	0.7071	0.7039	0.0233	0.0005	0.7075	0.0138	0.0002
	β_1	1.0000	0.9797	0.0338	0.0015	0.9860	0.0225	0.0007
	β_2	1.5000	1.5156	0.0537	0.0031	1.5034	0.0426	0.0018
	λ	0.7500	0.7356	0.2609	0.1401	0.7413	0.2500	0.0658
	δ_1	0.7071	0.7001	0.0252	0.0007	0.7054	0.0271	0.0007
	δ_2	0.7071	0.7133	0.0228	0.0006	0.7079	0.0221	0.0005
	β_1	1.0000	0.9762	0.0418	0.0023	0.9876	0.0177	0.0005
	β_2	1.5000	1.5096	0.0576	0.0034	1.5055	0.0289	0.0009
50	λ	0.2500	0.2316	0.0793	0.0096	0.2433	0.0614	0.0057
	δ_1	0.7071	0.7060	0.0381	0.0014	0.7069	0.0053	0.0003^a
	δ_2	0.7071	0.7067	0.0256	0.0006	0.7073	0.0053	0.0003^b
	β_1	1.0000	0.9888	0.0182	0.0005	0.9944	0.0078	0.0009^c
	β_2	1.5000	1.5015	0.0258	0.0007	1.5036	0.0166	0.0003
	λ	0.5000	0.5523	0.0917	0.0088	0.5146	0.0536	0.0085
	δ_1	0.7071	0.7000	0.0527	0.0028	0.7070	0.0070	0.0005^d
	δ_2	0.7071	0.7113	0.0350	0.0012	0.7071	0.0068	0.0005^e
	β_1	1.0000	0.9890	0.0161	0.0004	0.9939	0.0085	0.0001
	β_2	1.5000	1.5021	0.0299	0.0009	1.5014	0.0168	0.0003

① 凯斯（Case，1991）即假设存在 R 个地区，每个区域中有 M 个成员，同一地区中的成员互为邻居，并且具有同样的权重。

续表

R	参数	真值	$M=3$			$M=5$		
			MEAN	SD	MSE	MEAN	SD	MSE
	λ	0.7500	0.7655	0.0609	0.0041	0.7562	0.0527	0.0056
	δ_1	0.7071	0.7060	0.0216	0.0005	0.7070	0.0070	0.0005^f
	δ_2	0.7071	0.7075	0.0209	0.0004	0.7071	0.0068	0.0004^g
	β_1	1.0000	0.9904	0.0132	0.0003	0.9939	0.0085	0.0001
	β_2	1.5000	1.5019	0.0280	0.0008	1.5014	0.0168	0.0003

注：a. 0.0000281; b. 0.0000281; c. 0.0000922; d. 0.0000491; e. 0.0000449; f. 0.0000490; g. 0.0000449。

通过观察表 6-1，我们发现如下事实。

第一，在每种情况下，λ 的 MEAN 随着样本量的增大越来越接近真值; λ 的 SD 和 MSE 随着 M 或 R 的增大而减小; β_1、β_2、δ_1 和 δ_2 每次估计的 MEAN 值非常接近真值; SD 和 MSE 很小，并随着样本量的增加而减小。说明模型中参数的估计值会随着样本量的增加而收敛到真实值。

第二，当区域中成员数量 M（3 或 5）固定时，每个估计的 SD 和 MSE 随着 R 的增大而减小，尤其是 λ 的 SD 和 MSE 下降速度非常快，说明随着地区数量的增加，λ 的收敛速度比其他参数的收敛速度快。该结果表明，在相同的空间复杂度情况下，随着样本量的增加，估计偏差越来越小。这个结果与 6.3 节的大样本性质是一致的。

第三，当所研究的区域数 R（20 或 50）固定时，δ_1、δ_2、β_1 和 β_2 的 SD 和 MSE 随着 M 的增大而减小，但是 λ 的 SD 和 MSE 变化很小，说明区域中成员数量的变化对空间相关系数 λ 的影响不大。

表 6-2 列出了未知连接函数 $g(\cdot)$ 在 40 个固定网格点处估计量为 500 个 MADE 值的 SD 和 MEDIAN。经过对每种情况模拟结果的对比发现，随着空间复杂度的变化，即 M 的取值从 3 增加到 5 时，SD 和 MEDIAN 减小的速度较慢，说明空间复杂度对未知连接函数的估计结果影响不大。随着研究区域数量的增加，即 R 的取值从 20 增加到 50 时，SD 和 MEDIAN 迅速减小，说明未知连接函数的估计主要受区域数量的影响。总之，随着样本量的增加，未知连接函数的估计是收敛的。

表 6-2　Case 空间权重矩阵下 500 个 MADE 值的中位数和标准差

R	统计量	$M=3$			$M=5$		
		$\lambda=0.25$	$\lambda=0.50$	$\lambda=0.75$	$\lambda=0.25$	$\lambda=0.50$	$\lambda=0.75$
20	MEDIAN	0.0415	0.0385	0.0363	0.0283	0.0265	0.0272
	SD	0.0345	0.0274	0.0305	0.0209	0.0208	0.0144
50	MEDIAN	0.0197	0.0224	0.0278	0.0138	0.0144	0.0188
	SD	0.0160	0.0235	0.0146	0.0073	0.0076	0.0125

图 6-1 左侧展示的是样本量 $R=50$ 和 $M=3$ 时各个空间相关系数下，未知连接函数 $g(\cdot)$ 的拟合及 95% 同时置信带的效果图。右侧展示的是不同空间相关系数下，样本量为 $R=50$ 和 $M=5$ 时，未知连接函数 $g(\cdot)$ 的拟合与 95% 同时置信带的效果图。观察发现，随着样本量的增加，拟合效果越来越好，置信带也越来越准确。

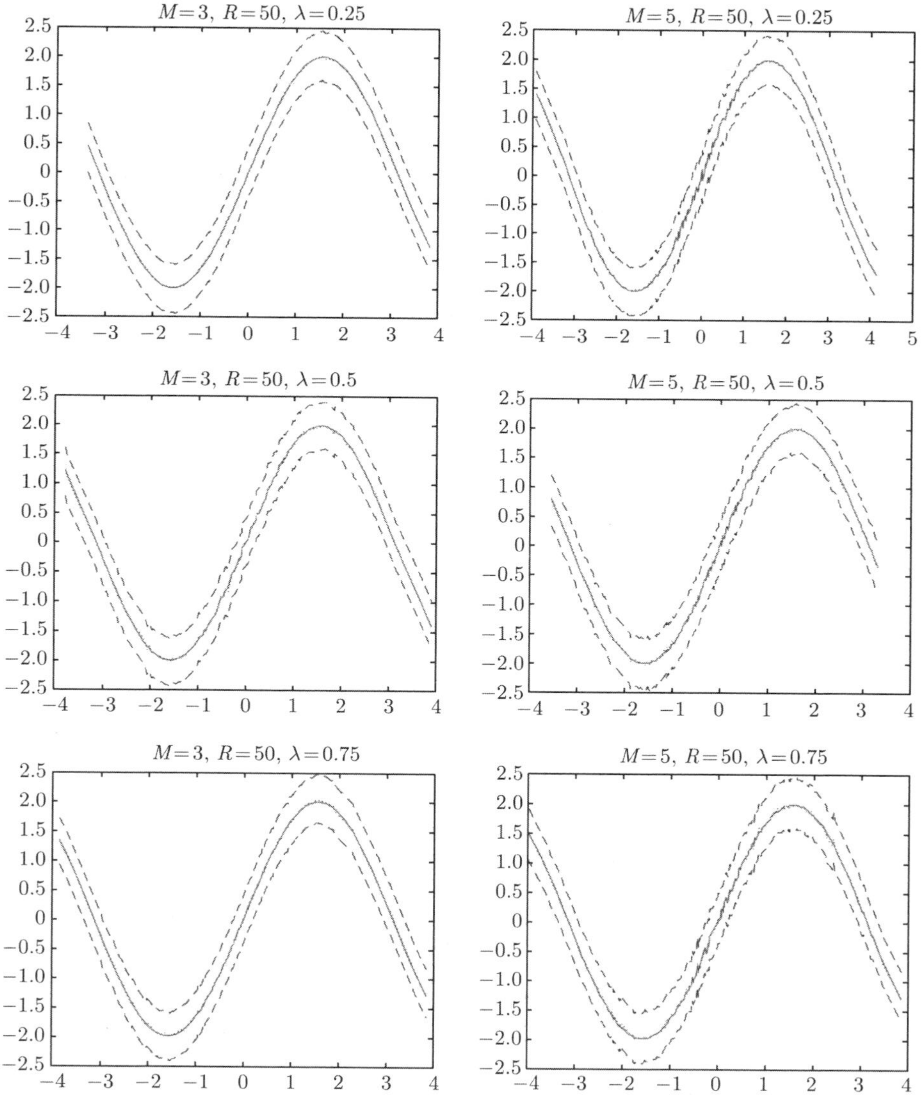

图 6-1 Case 空间权重矩阵下 $2\sin(\delta_1 x_{n,1}+\delta_2 x_{n,2})$ 的拟合结果

通过仔细观察表 6-3，发现 Rook 空间权重矩阵下的模拟结果与 Case 空间权重矩阵下的模拟结果类似。第一，随着样本量的增加，λ 的均值越来越接近真实值，但是 SD 和 MSE 变化不大。第二，δ_1、δ_2、β_1 和 β_2 每次估计的 MEAN 都非常接近真实值，SD 和 MSE 也很小。第三，随着样本量的增加，所有参数的 MEAN 越来越接近真实值，SD 越来越小，说明模型中参数部分的估计量会随着样本量的增加而收敛; 随着样本量的增加，MSE 也越来越小，说明对于模型中参数部分估计的偏差越来越小。

表 6-3 Rook 空间权重矩阵下的模拟结果

参数	真值	$n=64$			$n=100$			$n=144$			$n=196$		
		MEAN	SD	MSE	MEAN	SD	MSE	MEAN	SD	MSE	MEAN	SD	MSE
λ	0.2500	0.2216	0.1873	0.0954	0.2710	0.1468	0.0778	0.2394	0.0843	0.0517	0.2598	0.0468	0.0355
δ_1	0.7071	0.7050	0.0407	0.0017	0.6993	0.0520	0.0027	0.6967	0.0610	0.0038	0.7003	0.0446	0.0020
δ_2	0.7071	0.7073	0.0328	0.0011	0.7116	0.0437	0.0019	0.7136	0.0411	0.0017	0.7118	0.0308	0.0009
β_1	1.0000	0.9740	0.0357	0.0019	0.9842	0.0208	0.0007	0.9888	0.0156	0.0004	0.9934	0.0095	0.0001
β_2	1.5000	1.5113	0.0573	0.0034	1.5002	0.0359	0.0013	1.5062	0.0267	0.0008	1.5018	0.0209	0.0004
λ	0.5000	0.5879	0.1815	0.0927	0.5747	0.1487	0.0638	0.5134	0.0851	0.0461	0.5052	0.0353	0.0217
δ_1	0.7071	0.7005	0.0541	0.0029	0.6950	0.0618	0.0039	0.6912	0.0684	0.0049	0.7036	0.0390	0.0015
δ_2	0.7071	0.7101	0.0462	0.0021	0.7150	0.0437	0.0019	0.7179	0.0469	0.0023	0.7090	0.0290	0.0008
β_1	1.0000	0.9742	0.0357	0.0019	0.9834	0.0210	0.0007	0.9895	0.0163	0.0004	0.9916	0.0108	0.0002
β_2	1.5000	1.5117	0.0554	0.0032	1.5080	0.0384	0.0015	1.5010	0.0261	0.0007	1.5022	0.0214	0.0005
λ	0.7500	0.7276	0.1857	0.0875	0.7367	0.1589	0.0667	0.7545	0.0936	0.0379	0.7491	0.0583	0.0165
δ_1	0.7071	0.6949	0.0674	0.0047	0.7021	0.0382	0.0015	0.6978	0.0631	0.0041	0.7030	0.0428	0.0018
δ_2	0.7071	0.7144	0.0474	0.0023	0.7106	0.0268	0.0007	0.7121	0.0437	0.0019	0.7092	0.0301	0.0009
β_1	1.0000	0.9780	0.0318	0.0015	0.9881	0.0185	0.0005	0.9883	0.0141	0.0003	0.9914	0.0125	0.0002
β_2	1.5000	1.5062	0.0597	0.0036	1.5084	0.0367	0.0014	1.5061	0.0278	0.0008	1.5031	0.0205	0.0004

表 6-4 列出了未知连接函数 $g(\cdot)$ 在 40 个固定网格点处估计值的 500 个 MADE 值的中位数和标准差，结合各种情况，发现随着样本量的增加，MEDIAN 和 SD 均呈现下降趋势，说明关于未知函数的估计也是收敛的。

表 6-4 Rook 空间权重矩阵下 500 个 MADE 值的中位数和标准差

参数	n	MEDIAN	SD	n	MEDIAN	SD
$\lambda=0.25$		0.0413	0.0304		0.0280	0.0260
$\lambda=0.50$	64	0.0398	0.0376	100	0.0312	0.0291
$\lambda=0.75$		0.0438	0.0288		0.0261	0.0221
$\lambda=0.25$		0.0217	0.0221		0.0165	0.0209
$\lambda=0.50$	144	0.0229	0.0264	196	0.0178	0.0257
$\lambda=0.75$		0.0263	0.0201		0.0197	0.0165

图 6-2 左侧展示的是样本量为 144 时，不同空间相关系数下，未知函数 $g(\cdot)$ 的估计及 95% 同时置信带的拟合图。右侧展示的是样本量为 196 时，不同空间相关系数下，未知函数 $g(\cdot)$ 的估计及 95% 同时置信带的拟合图。仔细观察发现，随着样本量的增大，拟合效果越来越准确。

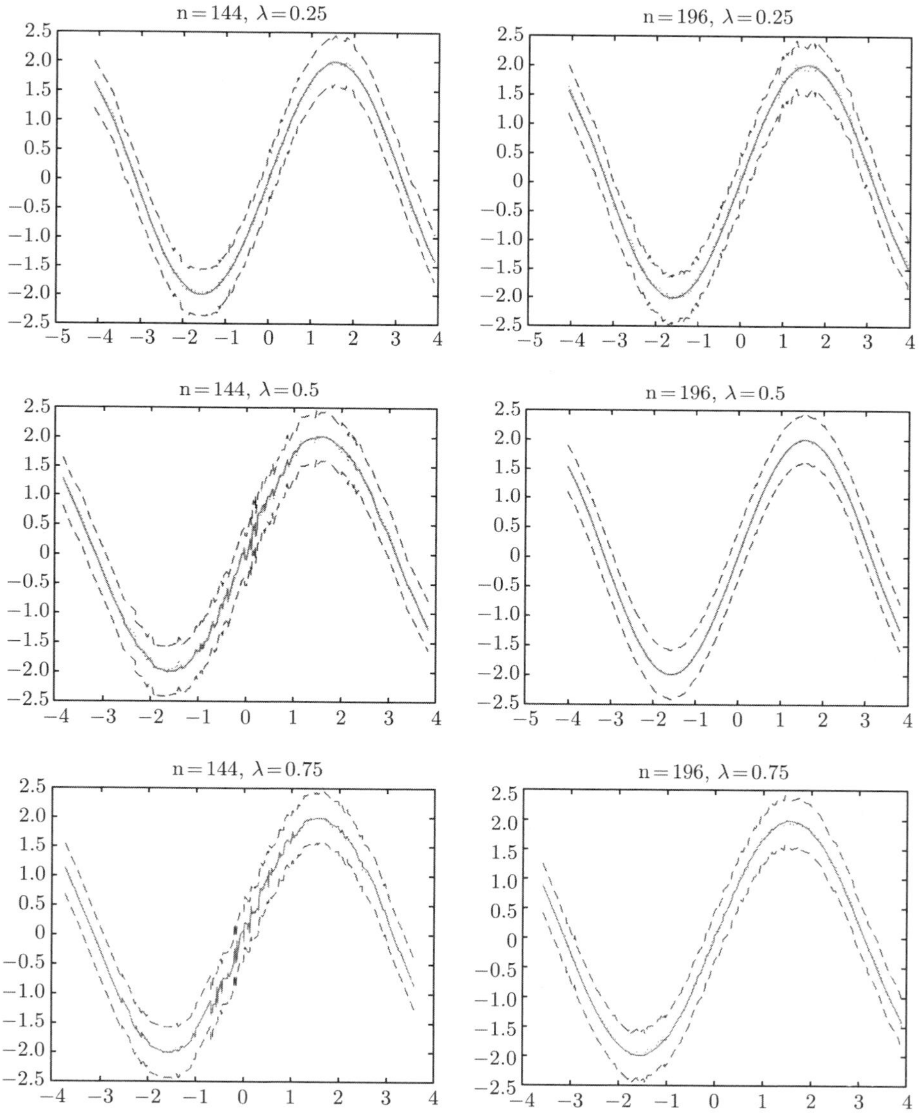

图 6-2 Rook 空间权重矩阵下 $2\sin(\delta_1 x_{n,1}+\delta_2 x_{n,2})$ 的拟合结果

6.5 实例分析

本节采用我国 2017 年 264 个地级市①与房价相关的数据，利用本章构造的估计技术来探讨影响我国房价的影响因素。基于孙和吴（2018）的结论，我们同样将每个城市商品房的平均售价（ASP，元/平方米）作为因变量。考虑的协变量如下:（1）对房价走势的预期值（EHP）；（2）人口密度（POD，人）；（3）城市居民人均可支配收入（ADI，元）；（4）贷款占地区生产总值的比例（LTG，%），用来衡量贷款与经济产出的比例;（5）二氧化硫排放量（SDE，万吨）；（6）绿地面积（AOG，公顷）。接下来我们通过如下模型对这份数据进行拟合。

$$\begin{cases} y_{n,i} = \beta^T x_{n,i} + g(\boldsymbol{\delta}^T \boldsymbol{z}_{n,i}) + \eta_{n,i} \\ \eta_{n,i} = \lambda \sum_{j=1}^{264} w_{n,ij}\eta_{n,j} + \varepsilon_{n,i} \end{cases} \tag{6.8}$$

其中，$y_{n,i}$ 是 ln（ASP）的第 i 个观测值，$x_{n,i}$ 是 EHP 的第 i 个观测值，$z_{n,ik}$ 分别是 POD、ln（ADI）、LTG、NGR、ln（SDE）和 ln（AOG）的第 i 个观测值。为了将 POD 的非对称分布转化为（0，1）上的均匀分布，我们令

$$POD = \left(POD^{1/3} - \min(POD^{1/3})\right)/\left(\max(POD^{1/3}) - \min(POD^{1/3})\right)$$

为了消除多重共线性及减少变量间差距过大，我们对部分变量做了对数变换。类似于孙和吴（2018）的方法，我们用城市的经纬度衡量该城市所在位置，即

$$s_{n,i} = (lognitude_{n,i},\ latitude_{n,i})$$

因此，空间权重矩阵可以按照如下公式进行计算:

$$w_{n,ij} = exp(-\|s_{n,i} - s_{n,j}\|)/\sum_{k=1}^{264} \exp(-\|s_{n,i} - s_{n,k}\|)$$

基于 6.2 节给出的估计方法，利用 Matlab 软件模拟 2000 次得到参数和非参数的估计，表 6.5 是未知参数线性效应的估计结果，图 6-3 绘制了非参数函数的拟合曲线和 95% 的置信带。

观察表 6-5，得到如下结论。（1）空间自相关系数的估计为 0.6320，标准差为 0.0335。这说明在不同区域间房价存在正的相关性，这与孙和吴（2018）的结

① 数据来自《中国城市统计年鉴 (2017)》，由于部分数据缺失和统计口径不同，不包括香港、澳门和台湾。

论一致。（2）$\beta = 0.1012$，并且其标准差为 0.0504，意味着 EHP 对房价存在正的影响。（3）对于非参数部分，除了 SDE 外，POD、ADI、LTG、NGR 和 AOG 的回归系数的估计都是正数。

表 6-5　模型 (6.8) 中未知参数的估计结果

	λ	β	δ_1	δ_2	δ_3	δ_4	δ_5	δ_6
Mean	0.6320	0.1012	0.2733	0.7472	0.1088	0.2086	-0.2090	0.5184
SD	0.0335	0.0504	0.0236	0.0416	0.0824	0.0059	0.0154	0.0617
Low	0.5850	0.0859	0.2567	0.7261	0.0852	0.1552	-0.2303	0.4919
Up	0.6890	0.1213	0.2943	0.8258	0.1843	0.2468	-0.1667	0.5722

注：Mean 和 SD 分别是均值和标准差，Low 和 Up 分别是 95% 的置信下限和置信上限。

非线性部分的总体影响如图 6-3 所示。其中，实线是单指标函数的拟合结果，虚线是 95% 的置信带。非参数函数的变化趋势与孙和吴（2018）的研究结论相似。

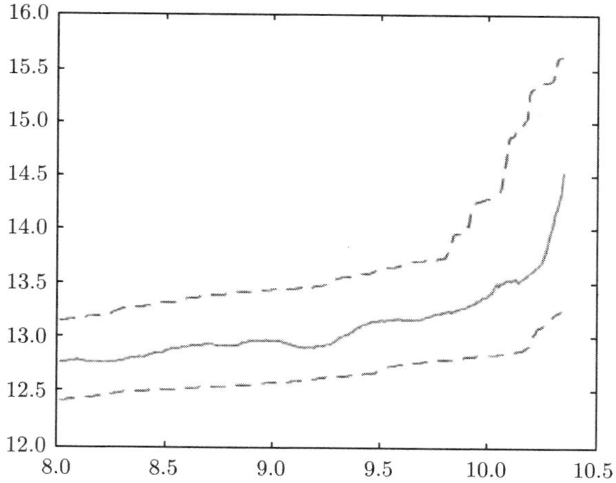

图 6-3　模型 (6.8) 中未知函数 $g(\boldsymbol{\delta}^T \boldsymbol{x}_{n,i})$ 的拟合结果和 95% 置信带

6.6 引理及定理的证明

在定理及引理的证明过程中，需要反复用到如下引理。

引理 6.6.1　如果 $n \times n$ 阶方阵 $\boldsymbol{B}_{1n}$ 和 $\boldsymbol{B}_{2n}$ 的行元素绝对值的和与列元素绝对值的和一致有界，则它们的乘积矩阵 $\boldsymbol{B}_{1n}\boldsymbol{B}_{2n}$ 的绝对行和与绝对列和也一致有界。

引理 6.6.2　如果矩阵 $\boldsymbol{B}_{1n}$ 的绝对行和（绝对列和）一致有界，$\boldsymbol{B}_{2n}$ 是与 $\boldsymbol{B}_{1n}$ 可乘的矩阵，且 $\boldsymbol{B}_{2n}$ 的所有元素一致收敛到 $O(o_n)$，则 $\boldsymbol{B}_{1n}\boldsymbol{B}_{2n}$（或 $\boldsymbol{B}_{2n}\boldsymbol{B}_{1n}$）中元素也一致收敛到 $O(o_n)$。

引理 6.6.1 和引理 6.6.2 的证明详见科勒建和普鲁查（1999）的相关研究。

引理 6.6.3 当假设 6.1 至假设 6.4 成立时，有

（1）$\frac{1}{n}\boldsymbol{B}_{nh}^T(\boldsymbol{\delta}^T\boldsymbol{x};\boldsymbol{\delta})\boldsymbol{K}_{nh}(\boldsymbol{\delta}^T\boldsymbol{x};\boldsymbol{\delta})\boldsymbol{B}_{nh}(\boldsymbol{\delta}^T\boldsymbol{x};\boldsymbol{\delta}) = f(\boldsymbol{\delta}^T\boldsymbol{x})\begin{pmatrix} 1 & 0 \\ 0 & \mu_2 \end{pmatrix} + o_P(1)$;

（2）$\boldsymbol{\psi}_{nh}^{-1}(\boldsymbol{\delta}^T\boldsymbol{x};\boldsymbol{\delta})\boldsymbol{B}_{nh}^T(\boldsymbol{\delta}^T\boldsymbol{x};\boldsymbol{\delta})\boldsymbol{K}_{nh}(\boldsymbol{\delta}^T\boldsymbol{x};\boldsymbol{\delta})\boldsymbol{G}_n(\boldsymbol{\delta}) - \big(g(\boldsymbol{\delta}^T\boldsymbol{x}),\ hg'(\boldsymbol{\delta}^T\boldsymbol{x})\big)^T = \begin{pmatrix} \frac{1}{2}\mu_2 h^2 g''(\boldsymbol{\delta}^T\boldsymbol{x}) \\ 0 \end{pmatrix} + o_P(h^2)$;

（3）$\boldsymbol{S}_{nh}(\boldsymbol{\delta}) = O_P\big((n^2h)^{-1/2}\big)$ 和 $\boldsymbol{S}_{nh}^*(\boldsymbol{\delta}) = O_P\big((n^2h)^{-1/2}\big)$;

（4）$\boldsymbol{s}_{nh}^*(\boldsymbol{\delta}^T\boldsymbol{x};\boldsymbol{\delta})\boldsymbol{G}_n(\boldsymbol{\delta}) = O_P\big((nh)^{-1/2}\big)$。

（1）和（2）见引理 5.6.3，（3）和（4）见引理 5.6.6。

引理 6.6.4 当假设 6.1 至假设 6.4 成立时，$\sup\limits_{\boldsymbol{\delta},\ \boldsymbol{x}}\Big|\tilde{g}'(\boldsymbol{\delta}^T\boldsymbol{x};\boldsymbol{\delta},\ \boldsymbol{\beta}_0) - g'(\boldsymbol{\delta}_0^T\boldsymbol{x}) - \frac{1}{h}\boldsymbol{s}_{nh}^*(\boldsymbol{\delta}^T\boldsymbol{x};\boldsymbol{\delta})(\boldsymbol{I}_n - \lambda_0\boldsymbol{W}_n)^{-1}\boldsymbol{\varepsilon}_n\Big| = O_P\big((nh^3)^{-1/2} + h\big)$。

证明 经过简单计算，并根据引理 6.6.3（2）可得

$$
\begin{aligned}
&\tilde{g}'(\boldsymbol{\delta}_0^T\boldsymbol{x};\boldsymbol{\delta}_0,\ \boldsymbol{\beta}_0) - g'(\boldsymbol{\delta}_0^T\boldsymbol{x}) - \frac{1}{h}\boldsymbol{s}_{nh}^*(\boldsymbol{\delta}_0^T\boldsymbol{x};\boldsymbol{\delta}_0)(\boldsymbol{I}_n - \lambda_0\boldsymbol{W}_n)^{-1}\boldsymbol{\varepsilon}_n \\
= &\frac{1}{h}\boldsymbol{s}_{nh}^*(\boldsymbol{\delta}_0^T\boldsymbol{x};\boldsymbol{\delta}_0)(\boldsymbol{Y}_n - \boldsymbol{Z}_n\boldsymbol{\beta}_0) - g'(\boldsymbol{\delta}_0^T\boldsymbol{x}) - \frac{1}{h}\boldsymbol{s}_{nh}^*(\boldsymbol{\delta}_0^T\boldsymbol{x};\boldsymbol{\delta}_0)(\boldsymbol{I}_n - \lambda_0\boldsymbol{W}_n)^{-1}\boldsymbol{\varepsilon}_n \\
= &\frac{1}{h}\boldsymbol{s}_{nh}^*(\boldsymbol{\delta}_0^T\boldsymbol{x};\boldsymbol{\delta}_0)\boldsymbol{G}_n(\boldsymbol{\delta}_0) - g'(\boldsymbol{\delta}_0^T\boldsymbol{x}) \\
= &o_P(h)
\end{aligned}
$$

又由于

$$
\begin{aligned}
&\Big|\tilde{g}'(\boldsymbol{\delta}^T\boldsymbol{x};\boldsymbol{\delta},\ \boldsymbol{\beta}_0) - \tilde{g}'(\boldsymbol{\delta}_0^T\boldsymbol{x}) - \frac{1}{h}\boldsymbol{s}_{nh}^*(\boldsymbol{\delta}^T\boldsymbol{x};\boldsymbol{\delta})(\boldsymbol{I}_n - \lambda_0\boldsymbol{W}_n)^{-1}\boldsymbol{\varepsilon}_n\Big| \\
\leqslant &\Big|\tilde{g}'(\boldsymbol{\delta}_0^T\boldsymbol{x};\boldsymbol{\delta}_0,\ \boldsymbol{\beta}_0) - g'(\boldsymbol{\delta}_0^T\boldsymbol{x}) - \frac{1}{h}\boldsymbol{s}_{nh}^*(\boldsymbol{\delta}_0^T\boldsymbol{x};\boldsymbol{\delta}_0)(\boldsymbol{I}_n - \lambda_0\boldsymbol{W}_n)^{-1}\boldsymbol{\varepsilon}_n\Big| \\
&+ \Big|\tilde{g}'(\boldsymbol{\delta}^T\boldsymbol{x};\boldsymbol{\delta},\ \boldsymbol{\beta}_0) - \frac{1}{h}\boldsymbol{s}_{nh}^*(\boldsymbol{\delta}^T\boldsymbol{x};\boldsymbol{\delta})(\boldsymbol{I}_n - \lambda_0\boldsymbol{W}_n)^{-1}\boldsymbol{\varepsilon}_n\Big| \\
&+ \Big|\tilde{g}'(\boldsymbol{\delta}_0^T\boldsymbol{x};\boldsymbol{\delta}_0,\ \boldsymbol{\beta}_0) - \frac{1}{h}\boldsymbol{s}_{nh}^*(\boldsymbol{\delta}_0^T\boldsymbol{x};\boldsymbol{\delta}_0)(\boldsymbol{I}_n - \lambda_0\boldsymbol{W}_n)^{-1}\boldsymbol{\varepsilon}_n\Big|
\end{aligned}
$$

结合上式及引理 6.6.3（4），有

$$\sup_{\boldsymbol{\delta},\ \boldsymbol{x}}\left|\tilde{g}'(\boldsymbol{\delta}^T\boldsymbol{x};\boldsymbol{\delta},\ \boldsymbol{\beta}_0)-\tilde{g}'(\boldsymbol{\delta}_0^T\boldsymbol{x})-\frac{1}{h}\boldsymbol{s}_{nh}^*(\boldsymbol{\delta}^T\boldsymbol{x};\boldsymbol{\delta})(\boldsymbol{I}_n-\lambda_0\boldsymbol{W}_n)^{-1}\boldsymbol{\varepsilon}_n\right|$$
$$=O_P\big((nh^3)^{-1/2}+h\big)$$

引理 6.6.5 当假设 6.1 至假设 6.4 成立时，

（1）$\boldsymbol{s}_{nh}(\boldsymbol{\delta}^T\boldsymbol{x};\boldsymbol{\delta})(\boldsymbol{I}_n-\lambda_0\boldsymbol{W}_n)^{-1}\boldsymbol{\varepsilon}_n=O_P\big(n^{-1/2}\big)$；

（2）$\boldsymbol{s}_{nh}^*(\boldsymbol{\delta}^T\boldsymbol{x};\boldsymbol{\delta})(\boldsymbol{I}_n-\lambda_0\boldsymbol{W}_n)^{-1}\boldsymbol{\varepsilon}_n=O_P\big(n^{-1/2}\big)$。

证明 记 $\boldsymbol{D}_n=(\boldsymbol{I}_n-\lambda_0\boldsymbol{W}_n)^{-1}=(d_{n,\ ij})_{n\times n}$，由假设 6.1 知，$\boldsymbol{D}_n$ 行元素绝对值的和与列元素绝对值的和是一致有界的，从而存在某个正数 C_d 使得 $d_{n,ij}\leqslant\sum\limits_{i=1}^{n}|d_{n,ij}|\leqslant C_d$。又由于

$$\frac{1}{n}\boldsymbol{B}_{nh}^T(\boldsymbol{\delta}^T\boldsymbol{x};\boldsymbol{\delta})\boldsymbol{K}_{nh}(\boldsymbol{\delta}^T\boldsymbol{x};\boldsymbol{\delta})(\boldsymbol{I}_n-\lambda_0\boldsymbol{W}_n)^{-1}\boldsymbol{\varepsilon}_n=\begin{pmatrix}\Lambda_{1.11}\\ \Lambda_{1.21}\end{pmatrix}=\boldsymbol{\Lambda}_1$$

其中

$$\Lambda_{1.11}=\frac{1}{n}\sum_{i=1}^{n}\sum_{j=1}^{n}k_h(\boldsymbol{\delta}^T\boldsymbol{x}_{n,i}-\boldsymbol{\delta}^T\boldsymbol{x})d_{n,ij}\varepsilon_{n,j}$$

$$\Lambda_{1.21}=\frac{1}{n}\sum_{i=1}^{n}\sum_{j=1}^{n}\frac{\boldsymbol{\delta}^T\boldsymbol{x}_{n,i}-\boldsymbol{\delta}^T\boldsymbol{x}}{h}k_h(\boldsymbol{\delta}^T\boldsymbol{x}_{n,i}-\boldsymbol{\delta}^T\boldsymbol{x})d_{n,ij}\varepsilon_{n,j}$$

显然，$\mathrm{E}(\Lambda_{1.11})=0$ 和 $\mathrm{E}(\Lambda_{1.21})=0$。根据假设 6.1 和假设 6.3，得到

$$\begin{aligned}
&\mathrm{E}(\Lambda_{1.11}^2)\\
&=\frac{1}{n^2}\mathrm{E}\Big(\sum_{i=1}^{n}\sum_{j=1}^{n}\sum_{s=1}^{n}\sum_{t=1}^{n}k_h(\boldsymbol{\delta}^T\boldsymbol{x}_{n,i}-\boldsymbol{\delta}^T\boldsymbol{x})k_h(\boldsymbol{\delta}^T\boldsymbol{x}_{n,s}-\boldsymbol{\delta}^T\boldsymbol{x})d_{n,ij}d_{n,st}\varepsilon_{n,j}\varepsilon_{n,t}\Big)\\
&=\frac{1}{n^2}\sum_{i=1}^{n}\sum_{j=1}^{n}\sum_{s=1}^{n}\mathrm{E}\Big(k_h(\boldsymbol{\delta}^T\boldsymbol{x}_{n,i}-\boldsymbol{\delta}^T\boldsymbol{x})k_h(\boldsymbol{\delta}^T\boldsymbol{x}_{n,s}-\boldsymbol{\delta}^T\boldsymbol{x})d_{n,ij}d_{n,sj}\varepsilon_{n,j}^2\Big)\\
&\leqslant\frac{C_d^2\sigma_0^2}{nh^2}\iint k\left(\frac{\boldsymbol{\delta}^T\boldsymbol{x}_{n,i}-\boldsymbol{\delta}^T\boldsymbol{x}}{h}\right)k\left(\frac{\boldsymbol{\delta}^T\boldsymbol{x}_{n,s}-\boldsymbol{\delta}^T\boldsymbol{x}}{h}\right)f(\boldsymbol{\delta}^T\boldsymbol{x}_{n,i})f(\boldsymbol{\delta}^T\boldsymbol{x}_{n,s})\\
&\quad d\boldsymbol{\delta}^T\boldsymbol{x}_{n,i}d\boldsymbol{\delta}^T\boldsymbol{x}_{n,s}\\
&=\frac{C_d^2\sigma_0^2}{nh^2}\left(\int k\left(\frac{\boldsymbol{\delta}^T\boldsymbol{x}_{n,i}-\boldsymbol{\delta}^T\boldsymbol{x}}{h}\right)f(\boldsymbol{\delta}^T\boldsymbol{x}_{n,i})d\boldsymbol{\delta}^T\boldsymbol{x}_{n,i}\right)^2\\
&=\frac{C_d^2\sigma_0^2}{n}\big(f(\boldsymbol{\delta}^T\boldsymbol{x})+o_P(h^2)\big)^2
\end{aligned}$$

因此，有 $\mathrm{E}(\Lambda_{1.11}^2) = O\big(n^{-1}\big)$。

类似地，可以证明 $\mathrm{E}(\Lambda_{1.21}^2) = O\big(n^{-1}\big)$。根据 Chebyshev 不等式，可知 $\Lambda_{1.11} = O_P\big(n^{-1/2}\big)$ 和 $\Lambda_{1.21} = O_P\big(n^{-1/2}\big)$。因此，

$$\begin{aligned}&\boldsymbol{s}_{nh}(\boldsymbol{\delta}^T\boldsymbol{x};\boldsymbol{\delta})(\boldsymbol{I}_n-\lambda_0\boldsymbol{W}_n)^{-1}\boldsymbol{\varepsilon}_n\\ &=(1,\ 0)\left(\frac{1}{n}\boldsymbol{B}_{nh}^T(\boldsymbol{\delta}^T\boldsymbol{x};\boldsymbol{\delta})\boldsymbol{K}_{nh}(\boldsymbol{\delta}^T\boldsymbol{x};\boldsymbol{\delta})\boldsymbol{B}_{nh}(\boldsymbol{\delta}^T\boldsymbol{x};\boldsymbol{\delta})\right)^{-1}\boldsymbol{\Lambda}_1\\ &=O_P\big(n^{-1/2}\big)\end{aligned}$$

$$\begin{aligned}&\boldsymbol{s}_{nh}^*(\boldsymbol{\delta}^T\boldsymbol{x};\boldsymbol{\delta})(\boldsymbol{I}_n-\lambda_0\boldsymbol{W}_n)^{-1}\boldsymbol{\varepsilon}_n\\ &=(0,\ 1)\left(\frac{1}{n}\boldsymbol{B}_{nh}^T(\boldsymbol{\delta}^T\boldsymbol{x};\boldsymbol{\delta})\boldsymbol{K}_{nh}(\boldsymbol{\delta}^T\boldsymbol{x};\boldsymbol{\delta})\boldsymbol{B}_{nh}(\boldsymbol{\delta}^T\boldsymbol{x};\boldsymbol{\delta})\right)^{-1}\boldsymbol{\Lambda}_1\\ &=O_P\big(n^{-1/2}\big)\end{aligned}$$

引理 6.6.6 当假设 6.1 至假设 6.4 成立时，有

（1）$\dfrac{1}{n}\boldsymbol{H}_n^T\boldsymbol{W}_n(\boldsymbol{I}_n-\boldsymbol{S}_{nh}(\boldsymbol{\delta}_0))(\boldsymbol{I}_n-\lambda_0\boldsymbol{W}_n)^{-1}\boldsymbol{\varepsilon}_n=o_P(1)$;

（2）$\dfrac{1}{\sqrt{n}}\boldsymbol{H}_n^T(\boldsymbol{I}_n-\lambda\boldsymbol{W}_n)(\boldsymbol{I}_n-\boldsymbol{S}_{nh}(\boldsymbol{\delta}))\boldsymbol{G}_n(\boldsymbol{\beta})=o_P(1)$。

证明 （1）由引理 6.6.5 的证明可知

$$(\boldsymbol{I}_n-\boldsymbol{S}_{nh}(\boldsymbol{\delta}_0))(\boldsymbol{I}_n-\lambda_0\boldsymbol{W}_n)^{-1}\boldsymbol{\varepsilon}_n=(\boldsymbol{I}_n-\lambda_0\boldsymbol{W}_n)^{-1}\boldsymbol{\varepsilon}_n\Big(1+O_P(n^{-1/2})\Big)$$

再结合假设 6.1、假设 6.3 和引理 6.6.1，有

$$\frac{1}{n}\boldsymbol{H}_n^T\boldsymbol{W}_n(\boldsymbol{I}_n-\boldsymbol{S}_{nh}(\boldsymbol{\delta}_0))(\boldsymbol{I}_n-\lambda_0\boldsymbol{W}_n)^{-1}\boldsymbol{\varepsilon}_n=o_P(1)$$

（2）令

$$\frac{1}{n}\boldsymbol{B}_{nh}^T(\boldsymbol{\delta}^T\boldsymbol{x};\boldsymbol{\delta})\boldsymbol{K}_{nh}(\boldsymbol{\delta}^T\boldsymbol{x};\boldsymbol{\delta})\boldsymbol{G}_n(\boldsymbol{\delta})=\begin{pmatrix}\Lambda_{2.11}\\ \Lambda_{2.21}\end{pmatrix}=\boldsymbol{\Lambda}_2$$

其中，$\Lambda_{2.11}=\dfrac{1}{n}\sum\limits_{i=1}^n k_h(\boldsymbol{\delta}^T\boldsymbol{x}_{n,i}-\boldsymbol{\delta}^T\boldsymbol{x})g(\boldsymbol{\delta}^T\boldsymbol{x}_{n,i})$，$\Lambda_{2.21}=\dfrac{1}{n}\sum\limits_{i=1}^n\dfrac{\boldsymbol{\delta}^T\boldsymbol{x}_{n,i}-\boldsymbol{\delta}^T\boldsymbol{x}}{h}$ $k_h(\boldsymbol{\delta}^T\boldsymbol{x}_{n,\ i}-\boldsymbol{\delta}^T\boldsymbol{x})g(\boldsymbol{\delta}^T\boldsymbol{x}_{n,\ i})$，则

$$\mathrm{E}\big(k_h(\boldsymbol{\delta}^T\boldsymbol{x}_{n,1}-\boldsymbol{\delta}^T\boldsymbol{x})g(\boldsymbol{\delta}^T\boldsymbol{x}_{n,1})\big)$$

$$
\begin{aligned}
&= \int k_h(\boldsymbol{\delta}^T\boldsymbol{x}_{n,1} - \boldsymbol{\delta}^T\boldsymbol{x})g(\boldsymbol{\delta}^T\boldsymbol{x}_{n,1})f(\boldsymbol{\delta}^T\boldsymbol{x}_{n,1})d\boldsymbol{\delta}^T\boldsymbol{x}_{n,1} \\
&= \int k(v)g(hv + \boldsymbol{\delta}^T\boldsymbol{x})f(hv + \boldsymbol{\delta}^T\boldsymbol{x})dv \\
&= f(\boldsymbol{\delta}^T\boldsymbol{x})g(\boldsymbol{\delta}^T\boldsymbol{x}) + o(h^2)
\end{aligned}
$$

类似地，经过简单计算可得

$$
\begin{aligned}
&\mathrm{E}\big(k_h^2(\boldsymbol{\delta}^T\boldsymbol{x}_{n,1} - \boldsymbol{\delta}^T\boldsymbol{x})g^2(\boldsymbol{\delta}^T\boldsymbol{x}_{n,1})\big) \\
=&\frac{1}{h}\int k^2(v)g^2(hv + \boldsymbol{\delta}^T\boldsymbol{x})f(hv + \boldsymbol{\delta}^T\boldsymbol{x})dv = O(h^{-1})
\end{aligned}
$$

根据上述结果易知

$$
\begin{aligned}
\mathrm{Var}(\Lambda_{2.11}) &= \frac{1}{n}\mathrm{Var}\big(k_h(\boldsymbol{\delta}^T\boldsymbol{x}_{n,1} - \boldsymbol{\delta}^T\boldsymbol{x})g(\boldsymbol{\delta}^T\boldsymbol{x}_{n,1})\big) \\
&= \frac{1}{n}\Big(O(h^{-1}) - \big(f(\boldsymbol{\delta}^T\boldsymbol{x})g(\boldsymbol{\delta}^T\boldsymbol{x}) + o(h^2)\big)^2\Big) \\
&= O\big((nh)^{-1}\big) + O(n^{-1}) = O(n^{-1})
\end{aligned}
$$

根据 Chebyshev 不等式，有

$$
\Lambda_{2.11} = f(\boldsymbol{\delta}^T\boldsymbol{x})g(\boldsymbol{\delta}^T\boldsymbol{x}) + O_P\big(h^2 + n^{-1/2}\big)
$$

类似可得

$$
\begin{aligned}
&\mathrm{E}\left(\frac{\boldsymbol{\delta}^T\boldsymbol{x}_{n,i} - \boldsymbol{\delta}^T\boldsymbol{x}}{h}k_h(\boldsymbol{\delta}^T\boldsymbol{x}_{n,1} - \boldsymbol{\delta}^T\boldsymbol{x})g(\boldsymbol{\delta}^T\boldsymbol{x}_{n,1})\right) \\
=& \int vk(v)g(hv + \boldsymbol{\delta}^T\boldsymbol{x})f(hv + \boldsymbol{\delta}^T\boldsymbol{x})dv = O(h) \\
&\mathrm{E}\left(\left(\frac{\boldsymbol{\delta}^T\boldsymbol{x}_{n,i} - \boldsymbol{\delta}^T\boldsymbol{x}}{h}\right)^2 k_h^2(\boldsymbol{\delta}^T\boldsymbol{x}_{n,1} - \boldsymbol{\delta}^T\boldsymbol{x})g^2(\boldsymbol{\delta}^T\boldsymbol{x}_{n,1})\right) \\
=& \frac{1}{h}\int v^2k^2(v)g^2(hv + \boldsymbol{\delta}^T\boldsymbol{x})f(hv + \boldsymbol{\delta}^T\boldsymbol{x})dv = O(h^{-1})
\end{aligned}
$$

$$
\begin{aligned}
\mathrm{Var}(\Lambda_{2.21}) &= \frac{1}{n}\mathrm{Var}\left(\frac{\boldsymbol{\delta}^T\boldsymbol{x}_{n,i} - \boldsymbol{\delta}^T\boldsymbol{x}}{h}k_h(\boldsymbol{\delta}^T\boldsymbol{x}_{n,1} - \boldsymbol{\delta}^T\boldsymbol{x})g(\boldsymbol{\delta}^T\boldsymbol{x}_{n,1})\right) \\
&= \frac{1}{n}\big(O(h^{-1}) - (O(h))^2\big) = O((nh)^{-1})
\end{aligned}
$$

$$\Lambda_{2.21} = O(h) + O_P\big((nh)^{-1/2}\big) = O_P\big((nh)^{-1/2}\big)$$

根据假设 6.2，有

$$\boldsymbol{\Lambda}_2 = \begin{pmatrix} f(\boldsymbol{\delta}^T\boldsymbol{x})g(\boldsymbol{\delta}^T\boldsymbol{x}) + O_P\big(h^2 + (nh)^{-1/2}\big) \\ O_P\big((nh)^{-1/2}\big) \end{pmatrix} \xrightarrow{P} \begin{pmatrix} f(\boldsymbol{\delta}^T\boldsymbol{x})g(\boldsymbol{\delta}^T\boldsymbol{x}) \\ 0 \end{pmatrix}$$

因此

$$\begin{aligned}
&\boldsymbol{s}_{nh}(\boldsymbol{\delta}^T\boldsymbol{x};\boldsymbol{\delta})\boldsymbol{G}_n(\boldsymbol{\beta}) \\
&= (1,\ 0)\left(\frac{1}{n}\boldsymbol{B}_{nh}^T(\boldsymbol{\delta}^T\boldsymbol{x};\boldsymbol{\delta})\boldsymbol{K}_{nh}(\boldsymbol{\delta}^T\boldsymbol{x};\boldsymbol{\delta})\boldsymbol{B}_{nh}(\boldsymbol{\delta}^T\boldsymbol{x};\boldsymbol{\delta})\right)^{-1}\boldsymbol{\Lambda}_2 \\
&= g(\boldsymbol{\delta}^T\boldsymbol{x}) + o_P(1)
\end{aligned}$$

$$\boldsymbol{S}_{nh}(\boldsymbol{\delta})\boldsymbol{G}_n(\boldsymbol{\beta}) = \boldsymbol{G}_n(\boldsymbol{\beta}) + o_P(1)$$

$$(\boldsymbol{I}_n - \boldsymbol{S}_{nh}(\boldsymbol{\delta}))\boldsymbol{G}_n(\boldsymbol{\beta}) = o_P(1)$$

再结合假设 6.1、假设 6.3 和引理 6.6.1，可以导出

$$\frac{1}{\sqrt{n}}\boldsymbol{H}_n^T(\boldsymbol{I}_n - \lambda\boldsymbol{W}_n)(\boldsymbol{I}_n - \boldsymbol{S}_{nh}(\boldsymbol{\delta}))\boldsymbol{G}_n(\boldsymbol{\beta}) = o_P(1)$$

引理 6.6.7　当假设 6.1 至假设 6.4 成立时，有

（1）$\dfrac{1}{\sqrt{n}}\boldsymbol{H}_n^T(\boldsymbol{I}_n - \lambda_0\boldsymbol{W}_n)\big(\boldsymbol{I}_n - \boldsymbol{S}_{nh}(\boldsymbol{\delta})\big)(\boldsymbol{I}_n - \lambda_0\boldsymbol{W}_n)^{-1}\boldsymbol{\varepsilon}_n = O_P(1)$；

（2）$\dfrac{1}{\sqrt{n}}\boldsymbol{H}_n^T(\boldsymbol{I}_n - \lambda_0\boldsymbol{W}_n)\big(\boldsymbol{I}_n - \boldsymbol{S}_{nh}(\boldsymbol{\delta})\big)(\boldsymbol{I}_n - \lambda_0\boldsymbol{W}_n)^{-1}\boldsymbol{\varepsilon}_n \xrightarrow{D} N(\boldsymbol{0},\ \boldsymbol{\Omega})$。

证明　结合引理 6.6.5 和引理 6.6.6，经过简单的计算并利用中心极限定理可直接得到。

定理 6.3.1 的证明　令 $\boldsymbol{\theta} = (\boldsymbol{\alpha}^T,\ \boldsymbol{\beta}^T,\ \lambda)^T$，$\boldsymbol{\theta}_0 = (\boldsymbol{\alpha}_0^T,\ \boldsymbol{\beta}_0^T,\ \lambda_0)^T$，$\mathcal{B}_n = \{\boldsymbol{\theta} : \|\boldsymbol{\theta} - \boldsymbol{\theta}_0\| = Bn^{-1/2},\ B > 0\}$。尽管我们所研究的模型与孙（2017）所研究的模型不同，但是仍然可以借用她的方法来证明该定理。为此，需要在模型 (6.2) 下证明下面三个结论仍然成立:

$$\text{存在} B_1 > 0 \text{使得} \|\boldsymbol{\delta} - \boldsymbol{\delta}_0\| \leqslant B_1 n^{-1/2} \tag{6.9}$$

$$\text{存在} \hat{\boldsymbol{\theta}} \in \mathcal{B}_n \text{使得} \left.\frac{\partial \tilde{Q}_n(\boldsymbol{\theta})}{\partial \boldsymbol{\theta}}\right|_{\boldsymbol{\theta}=\hat{\boldsymbol{\theta}}} = 0 \tag{6.10}$$

$$\sqrt{n}(\hat{\boldsymbol{\theta}} - \boldsymbol{\theta}_0) \xrightarrow{D} \boldsymbol{N}\Big(\boldsymbol{0},\ \sigma_0^2(\boldsymbol{\Gamma}^T\boldsymbol{A}\boldsymbol{\Gamma})^{-1}\boldsymbol{\Gamma}^T\boldsymbol{A}\sum\boldsymbol{A}\boldsymbol{\Gamma}(\boldsymbol{\Gamma}^T\boldsymbol{A}\boldsymbol{\Gamma})^{-1}\Big) \tag{6.11}$$

首先，证明式 (6.9)。显然，$\|\boldsymbol{\alpha}-\boldsymbol{\alpha}_0\| \leqslant \|\boldsymbol{\theta}-\boldsymbol{\theta}_0\| = Bn^{-1/2}$。经过简单计算得到

$$\frac{2\sqrt{1-\|\boldsymbol{\alpha}_0\|^2}}{\sqrt{1-\|\boldsymbol{\alpha}\|^2}+\sqrt{1-\|\boldsymbol{\alpha}_0\|^2}}-1=\frac{\sqrt{1-\|\boldsymbol{\alpha}_0\|^2}-\sqrt{1-\|\boldsymbol{\alpha}\|^2}}{\sqrt{1-\|\boldsymbol{\alpha}\|^2}+\sqrt{1-\|\boldsymbol{\alpha}_0\|^2}}=O_P(n^{-1/2})$$

则

$$\begin{aligned}\sqrt{1-\|\boldsymbol{\alpha}\|^2}-\sqrt{1-\|\boldsymbol{\alpha}_0\|^2}&=-\frac{2\boldsymbol{\alpha}_0^T(\boldsymbol{\alpha}-\boldsymbol{\alpha}_0)+\|\boldsymbol{\alpha}-\boldsymbol{\alpha}_0\|^2}{\sqrt{1-\|\boldsymbol{\alpha}\|^2}+\sqrt{1-\|\boldsymbol{\alpha}_0\|^2}}\\&=-\frac{\boldsymbol{\alpha}_0^T(\boldsymbol{\alpha}-\boldsymbol{\alpha}_0)}{\sqrt{1-\|\boldsymbol{\alpha}_0\|^2}}+O_P(n^{-1})\\&=O_P(n^{-1/2})\end{aligned}$$

因此，

$$\begin{aligned}\|\boldsymbol{\delta}-\boldsymbol{\delta}_0\|^2&=\left(\sqrt{1-\|\boldsymbol{\alpha}\|^2}-\sqrt{1-\|\boldsymbol{\alpha}_0\|^2},\ (\boldsymbol{\alpha}-\boldsymbol{\alpha}_0)^T\right)\\&\quad\begin{pmatrix}\sqrt{1-\|\boldsymbol{\alpha}\|^2}-\sqrt{1-\|\boldsymbol{\alpha}_0\|^2}\\ \boldsymbol{\alpha}-\boldsymbol{\alpha}_0\end{pmatrix}\\&=\left(\sqrt{1-\|\boldsymbol{\alpha}\|^2}-\sqrt{1-\|\boldsymbol{\alpha}_0\|^2}\right)^2+\|\boldsymbol{\alpha}-\boldsymbol{\alpha}_0\|^2\\&=O_P(n^{-1})+O_P(n^{-1})\\&=O_P(n^{-1})\end{aligned}$$

即存在一个常数 B_1 使得 $|\boldsymbol{\delta}-\boldsymbol{\delta}_0| \leqslant B_1 n^{-1/2}$。

其次，证明式 (6.10)。利用奥特加和莱茵博尔特（1973）研究中的结论 6.3.4[①]，只需证明对于所有的 $\boldsymbol{\theta}\in\mathcal{B}_n$，$(\boldsymbol{\theta}-\boldsymbol{\theta}_0)^T\dfrac{\partial\tilde{Q}_n(\boldsymbol{\theta})}{\partial\boldsymbol{\theta}}>0$ 依概率成立。

将 $\tilde{\boldsymbol{m}}_n(\boldsymbol{\theta})$ 在真值 $\boldsymbol{\theta}_0=(\boldsymbol{\alpha}_0^T,\ \boldsymbol{\beta}_0^T,\ \lambda_0)^T$ 处做一阶 Taylor 展开得到

$$\frac{\partial\tilde{Q}_n(\boldsymbol{\theta})}{\partial\boldsymbol{\theta}}=2\left(\frac{\partial\tilde{\boldsymbol{m}}_n(\boldsymbol{\theta})}{\partial\boldsymbol{\theta}^T}\right)^T\boldsymbol{A}_n\left(\tilde{\boldsymbol{m}}_n(\boldsymbol{\theta}_0)+\frac{\partial\tilde{\boldsymbol{m}}_n(\bar{\boldsymbol{\theta}})}{\partial\boldsymbol{\theta}^T}(\boldsymbol{\theta}-\boldsymbol{\theta}_0)\right)\tag{6.12}$$

其中，$\bar{\boldsymbol{\theta}}$ 位于 $\boldsymbol{\theta}$ 和 $\boldsymbol{\theta}_0$ 之间，且满足 $\|\bar{\boldsymbol{\theta}}-\boldsymbol{\theta}_0\|\leqslant Bn^{-1/2}$。通过再参数化，有

$$\frac{\partial\tilde{\boldsymbol{m}}_n(\boldsymbol{\theta})}{\partial\boldsymbol{\theta}^T}=\left(\frac{\partial\boldsymbol{m}_n(\boldsymbol{\xi})}{\partial\boldsymbol{\delta}^T}\boldsymbol{J}_{\boldsymbol{\alpha}},\ \frac{\partial\boldsymbol{m}_n(\boldsymbol{\xi})}{\partial\boldsymbol{\beta}^T},\ \frac{\partial\boldsymbol{m}_n(\boldsymbol{\xi})}{\partial\lambda}\right)\tag{6.13}$$

---

① Ortega J M，Rheinboldt W.C. In Several Variables[M]. New York: Academic Press，1973: 163.

其中，

$$-\frac{1}{n}\frac{\partial \boldsymbol{m}_n(\boldsymbol{\xi})}{\partial \boldsymbol{\delta}^T}=\frac{1}{n}\boldsymbol{H}_n^T(\boldsymbol{I}_n-\lambda\boldsymbol{W}_n)\tilde{\boldsymbol{G}}'_{n,\ \triangle}\boldsymbol{X}_n \tag{6.14}$$

$$-\frac{1}{n}\frac{\partial \boldsymbol{m}_n(\boldsymbol{\xi})}{\partial \boldsymbol{\beta}^T}=\frac{1}{n}\boldsymbol{H}_n^T(\boldsymbol{I}_n-\lambda\boldsymbol{W}_n)\big(\boldsymbol{I}_n-\boldsymbol{S}_{nh}(\boldsymbol{\delta})\big)\boldsymbol{Z}_n \tag{6.15}$$

$$-\frac{1}{n}\frac{\partial \boldsymbol{m}_n(\boldsymbol{\xi})}{\partial \lambda}=\frac{1}{n}\boldsymbol{H}_n^T\boldsymbol{W}_n\big(\boldsymbol{I}_n-\boldsymbol{S}_{nh}(\boldsymbol{\delta})\big)(\boldsymbol{Y}_n-\boldsymbol{Z}_n\boldsymbol{\beta}) \tag{6.16}$$

和

$$\begin{aligned}\frac{1}{\sqrt{n}}\tilde{\boldsymbol{m}}_n(\boldsymbol{\theta}_0)=&\frac{1}{\sqrt{n}}\boldsymbol{H}_n^T(\boldsymbol{I}_n-\lambda_0\boldsymbol{W}_n)\big(\boldsymbol{I}_n-\boldsymbol{S}_{nh}(\boldsymbol{\delta}_0)\big)\big(\boldsymbol{Y}_n-\boldsymbol{Z}_n\boldsymbol{\beta}_0\big)\\=&\frac{1}{\sqrt{n}}\boldsymbol{H}_n^T\big(\boldsymbol{I}_n-\boldsymbol{S}_{nh}(\boldsymbol{\delta}_0)\big)\big(\boldsymbol{G}_n(\boldsymbol{\delta}_0)+\boldsymbol{\varepsilon}_n\big)\\=&\frac{1}{\sqrt{n}}\boldsymbol{H}_n^T\big(\boldsymbol{I}_n-\boldsymbol{S}_{nh}(\boldsymbol{\delta}_0)\big)\boldsymbol{\varepsilon}_n+O_P(n^{1/2}h^2)\end{aligned} \tag{6.17}$$

其中，$\tilde{\boldsymbol{G}}'_{n,\triangle}=\operatorname{diag}\big\{\tilde{g}'(\boldsymbol{\delta}^T\boldsymbol{x}_{n,1};\boldsymbol{\delta},\ \boldsymbol{\beta}),\ \cdots,\ \tilde{g}'(\boldsymbol{\delta}^T\boldsymbol{x}_{n,n};\boldsymbol{\delta},\ \boldsymbol{\beta})\big\}$。记 $\boldsymbol{T}_n=\boldsymbol{H}_n^T(\boldsymbol{I}_n-\lambda\boldsymbol{W}_n)$ 和 $\boldsymbol{T}_{n0}=\boldsymbol{H}_n^T(\boldsymbol{I}_n-\lambda_0\boldsymbol{W}_n)$，则

$$-\frac{1}{n}\frac{\partial \boldsymbol{m}_n(\boldsymbol{\xi})}{\partial \boldsymbol{\delta}^T}=\frac{1}{n}\boldsymbol{T}_n\tilde{\boldsymbol{G}}'_{n,\triangle}\boldsymbol{X}_n=\frac{1}{n}\sum_{i=1}^{n}\tilde{g}'(\boldsymbol{\delta}^T\boldsymbol{x}_{n,i};\boldsymbol{\delta},\ \boldsymbol{\beta})\boldsymbol{t}_{n,i}\boldsymbol{x}_{n,i}^T=\Gamma_{11}+\Gamma_{12}+\Gamma_{13} \tag{6.18}$$

其中，$\Gamma_{11}=\frac{1}{n}\sum\limits_{i=1}^{n}\big(\tilde{g}'(\boldsymbol{\delta}^T\boldsymbol{x}_{n,i};\boldsymbol{\delta},\ \boldsymbol{\beta})-\tilde{g}'(\boldsymbol{\delta}^T\boldsymbol{x}_{n,i};\boldsymbol{\delta},\ \boldsymbol{\beta}_0)\big)\boldsymbol{t}_{n,i}\boldsymbol{x}_{n,i}^T$，$\Gamma_{12}=\frac{1}{n}\sum\limits_{i=1}^{n}\big(\tilde{g}'(\boldsymbol{\delta}^T\boldsymbol{x}_{n,i};\boldsymbol{\delta},\ \boldsymbol{\beta}_0)-g'(\boldsymbol{\delta}_0^T\boldsymbol{x}_{n,i})\big)\boldsymbol{t}_{n,i}\boldsymbol{x}_{n,i}^T$，$\Gamma_{13}=\frac{1}{n}\sum\limits_{i=1}^{n}g'(\boldsymbol{\delta}_0^T\boldsymbol{x}_{n,i})\boldsymbol{t}_{n,i}\boldsymbol{x}_{n,i}^T$。

由于

$$\begin{aligned}&\tilde{g}'(\boldsymbol{\delta}^T\boldsymbol{x}_{n,i};\boldsymbol{\delta},\ \boldsymbol{\beta})-\tilde{g}'(\boldsymbol{\delta}^T\boldsymbol{x}_{n,i};\boldsymbol{\delta},\ \boldsymbol{\beta}_0)\\=&\frac{1}{h}\boldsymbol{s}^*_{nh}(\boldsymbol{\delta}^T\boldsymbol{x};\boldsymbol{\delta})(\boldsymbol{Y}_n-\boldsymbol{Z}_n\boldsymbol{\beta})-\frac{1}{h}\boldsymbol{s}^*_{nh}(\boldsymbol{\delta}^T\boldsymbol{x};\boldsymbol{\delta})(\boldsymbol{Y}_n-\boldsymbol{Z}_n\boldsymbol{\beta}_0)\\=&\frac{1}{h}\boldsymbol{s}^*_{nh}(\boldsymbol{\delta}^T\boldsymbol{x};\boldsymbol{\delta})\boldsymbol{Z}_n(\boldsymbol{\beta}_0-\boldsymbol{\beta})\end{aligned}$$

由引理 6.6.3 可知，$\boldsymbol{s}^*_{nh}(\boldsymbol{\delta}^T\boldsymbol{x};\boldsymbol{\delta})$ 中的每个元素具有相同的上界 $O_P\big((n^2h)^{-1/2}\big)$，并结合 $\|\boldsymbol{\beta}_0-\boldsymbol{\beta}\|\leqslant n^{-1/2}$，假设 6.2 和假设 6.3（1）可知

$$\tilde{g}'(\boldsymbol{\delta}^T\boldsymbol{x}_{n,i};\boldsymbol{\delta},\ \boldsymbol{\beta})-\tilde{g}'(\boldsymbol{\delta}^T\boldsymbol{x}_{n,i};\boldsymbol{\delta},\ \boldsymbol{\beta}_0)=O\big((nh)^3\big)^{-1/2}=o_P(1)$$

进一步，在假设 6.3（2）的条件下，可得

$$\Gamma_{11}=\frac{1}{n}\sum_{i=1}^{n}\big(\tilde{g}'(\boldsymbol{\delta}^T\boldsymbol{x}_{n,i};\boldsymbol{\delta},\ \boldsymbol{\beta})-\tilde{g}'(\boldsymbol{\delta}^T\boldsymbol{x}_{n,i};\boldsymbol{\delta},\ \boldsymbol{\beta}_0)\big)\boldsymbol{t}_{n,i}\boldsymbol{x}_{n,i}^T=o_P(1) \tag{6.19}$$

根据引理 6.6.4 和引理 6.6.5（2），有

$$\begin{aligned}&|\tilde{g}'(\boldsymbol{\delta}^T\boldsymbol{x}_{n,i};\boldsymbol{\delta},\ \boldsymbol{\beta}_0)-g'(\boldsymbol{\delta}_0^T\boldsymbol{x}_{n,i})|\\ \leqslant&\left|\tilde{g}'(\boldsymbol{\delta}^T\boldsymbol{x}_{n,i};\boldsymbol{\delta},\ \boldsymbol{\beta}_0)-g'(\boldsymbol{\delta}_0^T\boldsymbol{x}_{n,i})-\frac{1}{h}\boldsymbol{s}_{nh}^*(\boldsymbol{\delta}^T\boldsymbol{x};\boldsymbol{\delta})(\boldsymbol{I}_n-\lambda_0\boldsymbol{W}_n)^{-1}\boldsymbol{\varepsilon}_n\right|\\ &+\left|\frac{1}{h}\boldsymbol{s}_{nh}^*(\boldsymbol{\delta}^T\boldsymbol{x};\boldsymbol{\delta})(\boldsymbol{I}_n-\lambda_0\boldsymbol{W}_n)^{-1}\boldsymbol{\varepsilon}_n\right|\\ \leqslant&O_P\big((nh^3)^{-1/2}+h\big)\end{aligned}$$

利用假设 6.2 和假设 6.3 易知

$$\Gamma_{12}=\frac{1}{n}\sum_{i=1}^{n}\big(\tilde{g}'(\boldsymbol{\delta}^T\boldsymbol{x}_{n,\ i};\boldsymbol{\delta},\ \boldsymbol{\beta}_0)-g'(\boldsymbol{\delta}_0^T\boldsymbol{x}_{n,\ i})\big)\boldsymbol{t}_{n,\ i}\boldsymbol{x}_{n,\ i}^T=o_P(1) \tag{6.20}$$

进一步，利用式 (6.18) 至式 (6.20) 和假设 6.5（2）可得

$$-\frac{1}{n}\frac{\partial\boldsymbol{m}_n(\boldsymbol{\xi})}{\partial\boldsymbol{\delta}^T}=\Gamma_1+o_P(1) \tag{6.21}$$

由式 (6.9) 可知

$$\frac{1}{n}\boldsymbol{H}_n^T(\boldsymbol{I}_n-\lambda\boldsymbol{W}_n)\big(\boldsymbol{I}_n-\boldsymbol{S}_{nh}(\boldsymbol{\delta})\big)\boldsymbol{Z}_n=\frac{1}{n}\boldsymbol{H}_n^T(\boldsymbol{I}_n-\lambda_0\boldsymbol{W}_n)\big(\boldsymbol{I}_n-\boldsymbol{S}_{nh}(\boldsymbol{\delta}_0)\big)\boldsymbol{Z}_n+o_P(1)$$

进一步，由式 (6.15) 和假设 6.5（3）可知

$$-\frac{1}{n}\frac{\partial\boldsymbol{m}_n(\boldsymbol{\xi})}{\partial\boldsymbol{\beta}^T}=\Gamma_2+o_P(1) \tag{6.22}$$

由于

$$\begin{aligned}&\frac{1}{n}\boldsymbol{H}_n^T\boldsymbol{W}_n\big(\boldsymbol{I}_n-\boldsymbol{S}_{nh}(\boldsymbol{\delta})\big)(\boldsymbol{Y}_n-\boldsymbol{Z}_n\boldsymbol{\beta})\\ =&\frac{1}{n}\boldsymbol{H}_n^T\boldsymbol{W}_n\big(\boldsymbol{I}_n-\boldsymbol{S}_{nh}(\boldsymbol{\delta})\big)\Big(\boldsymbol{Z}_n(\boldsymbol{\beta}_0-\boldsymbol{\beta})+\boldsymbol{G}_n(\boldsymbol{\delta}_0)+(\boldsymbol{I}_n-\lambda_0\boldsymbol{W}_n)^{-1}\boldsymbol{\varepsilon}_n\Big)\end{aligned}$$

根据假设 6.3，引理 6.6.1 和式 (6.9) 可知

$$\frac{1}{n}\boldsymbol{H}_n^T\boldsymbol{W}_n\big(\boldsymbol{I}_n-\boldsymbol{S}_{nh}(\boldsymbol{\delta})\big)\boldsymbol{Z}_n(\boldsymbol{\beta}_0-\boldsymbol{\beta})=o_P(1)$$

$$\frac{1}{n}\boldsymbol{H}_n^T\boldsymbol{W}_n\big(\boldsymbol{I}_n-\boldsymbol{S}_{nh}(\boldsymbol{\delta})\big)\boldsymbol{G}_n(\boldsymbol{\delta}_0)=\frac{1}{n}\boldsymbol{H}_n^T\boldsymbol{W}_n\big(\boldsymbol{I}_n-\boldsymbol{S}_{nh}(\boldsymbol{\delta}_0)\big)\boldsymbol{G}_n(\boldsymbol{\delta}_0)+o_P(1)$$

进一步，根据式 (6.16)、假设 6.5 和引理 6.6.6 可得

$$-\frac{1}{n}\frac{\partial\boldsymbol{m}_n(\boldsymbol{\xi})}{\partial\lambda}=\Gamma_3+o_P(1) \tag{6.23}$$

类似地，可以证明

$$\begin{aligned}
&\frac{1}{\sqrt{n}}\boldsymbol{H}_n^T(\boldsymbol{I}_n-\lambda_0\boldsymbol{W}_n)\big(\boldsymbol{I}_n-\boldsymbol{S}_{nh}(\boldsymbol{\delta}_0)\big)\big(\boldsymbol{Y}_n-\boldsymbol{Z}_n\boldsymbol{\beta}_0\big)\\
=&\frac{1}{\sqrt{n}}\boldsymbol{H}_n^T(\boldsymbol{I}_n-\lambda_0\boldsymbol{W}_n)\big(\boldsymbol{I}_n-\boldsymbol{S}_{nh}(\boldsymbol{\delta}_0)\big)\\
&\big(\boldsymbol{Z}_n(\boldsymbol{\beta}_0-\boldsymbol{\beta})+\boldsymbol{G}_n(\boldsymbol{\delta}_0)+(\boldsymbol{I}_n-\lambda_0\boldsymbol{W}_n)^{-1}\boldsymbol{\varepsilon}_n\big)\\
=&\frac{1}{\sqrt{n}}\boldsymbol{H}_n^T(\boldsymbol{I}_n-\lambda_0\boldsymbol{W}_n)\big(\boldsymbol{I}_n-\boldsymbol{S}_{nh}(\boldsymbol{\delta}_0)\big)(\boldsymbol{I}_n-\lambda_0\boldsymbol{W}_n)^{-1}\boldsymbol{\varepsilon}_n+o_P(1)\\
=&o_P(1)
\end{aligned} \tag{6.24}$$

结合式 (6.13) 至式 (6.17)，式 (6.21) 至式 (6.24)，$\boldsymbol{J}_\alpha-\boldsymbol{J}_{\alpha_0}=O(n^{-1/2})$，假设 6.2和引理 6.6.5，经过整理可得

$$\left(-\frac{1}{n}\frac{\partial\tilde{\boldsymbol{m}}_n(\boldsymbol{\theta})}{\partial\boldsymbol{\theta}^T}\right)^T\boldsymbol{A}_n\frac{1}{\sqrt{n}}\tilde{\boldsymbol{m}}_n(\boldsymbol{\theta}_0)=O_P(\mathbf{1}) \tag{6.25}$$

和

$$\left(-\frac{1}{n}\frac{\partial\tilde{\boldsymbol{m}}_n(\boldsymbol{\theta})}{\partial\boldsymbol{\theta}^T}\right)^T\boldsymbol{A}_n\left(-\frac{1}{n}\frac{\partial\tilde{\boldsymbol{m}}_n(\bar{\boldsymbol{\theta}})}{\partial\boldsymbol{\theta}^T}\right)=\boldsymbol{\Gamma}^T\boldsymbol{A}\boldsymbol{\Gamma}+o_P(\mathbf{1}) \tag{6.26}$$

因此，对于给定任意小的 $\eta>0$ 和充分大的 n，存在常数 $B_2>0$，使得对任意的 $\boldsymbol{\theta}\in\mathcal{B}_n$ 有

$$P(R_{n1}\leqslant\sqrt{n}B_2\|\boldsymbol{\theta}-\boldsymbol{\theta}_0\|)\geqslant 1-\eta/2 \tag{6.27}$$

其中，$R_{n1}=(\boldsymbol{\theta}-\boldsymbol{\theta}_0)^T\left(-\frac{1}{n}\frac{\partial\tilde{\boldsymbol{m}}_n(\boldsymbol{\theta})}{\partial\boldsymbol{\theta}^T}\right)^T\boldsymbol{A}_n\tilde{\boldsymbol{m}}_n(\boldsymbol{\theta}_0)$。

由于 $\boldsymbol{\Gamma}^T\boldsymbol{A}\boldsymbol{\Gamma}$ 是正定矩阵，其最小特征根大于 0。因此，对给定任意小的 $\eta>0$ 和充分大的 n，存在常数 $B_3>0$，使得对任意的 $\boldsymbol{\theta}\in\mathcal{B}_n$ 有

$$P(R_{n2}\geqslant nB_3\|\boldsymbol{\theta}-\boldsymbol{\theta}_0\|^2)\geqslant 1-\eta/2 \tag{6.28}$$

其中，$R_{n2}=(\boldsymbol{\theta}-\boldsymbol{\theta}_0)^T\left(-\dfrac{1}{n}\dfrac{\partial\tilde{\boldsymbol{m}}_n(\boldsymbol{\theta})}{\partial\boldsymbol{\theta}^T}\right)^T\boldsymbol{A}_n\left(-\dfrac{\partial\tilde{\boldsymbol{m}}_n(\bar{\boldsymbol{\theta}})}{\partial\boldsymbol{\theta}^T}\right)(\boldsymbol{\theta}-\boldsymbol{\theta}_0)$。

令 $B=2B_2/B_3$，根据式 (6.12)、式 (6.27) 和式 (6.28)，对任意的 $\boldsymbol{\theta}\in\mathcal{B}_n$ 有

$$P\left((\boldsymbol{\theta}-\boldsymbol{\theta}_0)^T\frac{\partial\tilde{Q}_n(\boldsymbol{\theta})}{\partial\boldsymbol{\theta}}>0\right)\geqslant P(R_{n1}-R_{n2}\leqslant -BB_2)\geqslant 1-\eta$$

即式 (6.10) 成立。

令 $\dfrac{\partial\tilde{Q}_n(\hat{\boldsymbol{\theta}})}{\partial\boldsymbol{\theta}}=0$，并根据式 (6.12)，有

$$\sqrt{n}(\hat{\boldsymbol{\theta}}-\boldsymbol{\theta}_0)=\left(\left(-\frac{1}{n}\frac{\partial\tilde{\boldsymbol{m}}_n(\hat{\boldsymbol{\theta}})}{\partial\boldsymbol{\theta}^T}\right)^T\boldsymbol{A}_n\left(-\frac{1}{n}\frac{\partial\tilde{\boldsymbol{m}}_n(\tilde{\boldsymbol{\theta}})}{\partial\boldsymbol{\theta}^T}\right)\right)^{-1}$$
$$\left(-\frac{1}{n}\frac{\partial\tilde{\boldsymbol{m}}_n(\hat{\boldsymbol{\theta}})}{\partial\boldsymbol{\theta}^T}\right)^T\boldsymbol{A}_n\left(\frac{1}{\sqrt{n}}\tilde{\boldsymbol{m}}_n(\boldsymbol{\theta}_0)\right)$$

其中，$\tilde{\boldsymbol{\theta}}$ 位于 $\hat{\boldsymbol{\theta}}$ 与 $\boldsymbol{\theta}_0$ 之间，故 $\tilde{\boldsymbol{\theta}}-\boldsymbol{\theta}_0=O_P(n^{-1/2})$。

结合假设 6.5、引理 6.6.7 与式 (6.26)，可直接得到

$$\sqrt{n}(\hat{\boldsymbol{\theta}}-\boldsymbol{\theta}_0)\xrightarrow{D}N\big(\mathbf{0},\ (\boldsymbol{\Gamma}^T\boldsymbol{A}\boldsymbol{\Gamma})^{-1}\boldsymbol{\Gamma}^T\boldsymbol{A}\boldsymbol{\Omega}\boldsymbol{A}\boldsymbol{\Gamma}(\boldsymbol{\Gamma}^T\boldsymbol{A}\boldsymbol{\Gamma})^{-1}\big)$$

根据式 (6.5) 和式 (6.12)，有

$$\begin{aligned}\hat{\boldsymbol{\delta}}-\boldsymbol{\delta}_0&=\begin{pmatrix}c\sqrt{1-\|\hat{\boldsymbol{\alpha}}\|^2}\\ \hat{\delta}_2\\ \vdots\\ \hat{\delta}_p\end{pmatrix}-\begin{pmatrix}c\sqrt{1-\|\boldsymbol{\alpha}_0\|^2}\\ \delta_{02}\\ \vdots\\ \delta_{0p}\end{pmatrix}\\
&=\begin{pmatrix}-\dfrac{c\boldsymbol{\alpha}_0^T(\hat{\boldsymbol{\alpha}}-\boldsymbol{\alpha}_0)}{\sqrt{1-\|\boldsymbol{\alpha}_0\|^2}}\\ \hat{\delta}_2-\delta_{02}\\ \vdots\\ \hat{\delta}_p-\delta_{0p}\end{pmatrix}+O_P(n^{-1})\\
&=\boldsymbol{J}_{\alpha_0}(\hat{\boldsymbol{\alpha}}-\boldsymbol{\alpha}_0)+O_P(n^{-1})\end{aligned}$$

因此，

$$\begin{aligned}\sqrt{n}(\hat{\boldsymbol{\xi}}-\boldsymbol{\xi}_0)=&\sqrt{n}\boldsymbol{J}_1(\hat{\boldsymbol{\theta}}-\boldsymbol{\theta}_0)+o_P(1)\\ &\xrightarrow{D}N\Big(\mathbf{0},\ \boldsymbol{J}_1(\boldsymbol{\Gamma}^T\boldsymbol{A}\boldsymbol{\Gamma})^{-1}\boldsymbol{\Gamma}^T\boldsymbol{A}\boldsymbol{\Omega}\boldsymbol{A}\boldsymbol{\Gamma}(\boldsymbol{\Gamma}^T\boldsymbol{A}\boldsymbol{\Gamma})^{-1}\boldsymbol{J}_1^T\Big)\end{aligned}$$

定理 6.3.2 的证明 将 $\hat{g}(\hat{\boldsymbol{\delta}}^T\boldsymbol{x};\hat{\boldsymbol{\delta}},\hat{\boldsymbol{\beta}})$ 在 $\boldsymbol{\delta}_0^T\boldsymbol{x}$ 处做一阶 Taylor 展开，得到

$$\begin{aligned}&\hat{g}(\hat{\boldsymbol{\delta}}^T\boldsymbol{x};\hat{\boldsymbol{\delta}},\hat{\boldsymbol{\beta}})-g(\boldsymbol{\delta}_0^T\boldsymbol{x})\\=&\hat{g}(\boldsymbol{\delta}_0^T\boldsymbol{x};\boldsymbol{\delta}_0,\hat{\boldsymbol{\beta}})+\hat{g}'(\boldsymbol{\delta}_0^T\boldsymbol{x};\boldsymbol{\delta}_0,\hat{\boldsymbol{\beta}})(\hat{\boldsymbol{\delta}}^T\boldsymbol{x}-\boldsymbol{\delta}_0^T\boldsymbol{x})-g(\boldsymbol{\delta}_0^T\boldsymbol{x})+o_P(1)\end{aligned}\tag{6.29}$$

根据定理 6.3.1 和引理 6.6.3，并用 h_1 替换 h 可得

$$\begin{aligned}&\sqrt{nh_1}\big(\hat{g}(\boldsymbol{\delta}_0^T\boldsymbol{x};\boldsymbol{\delta}_0,\hat{\boldsymbol{\beta}})-g(\boldsymbol{\delta}_0^T\boldsymbol{x})\big)\\=&\sqrt{nh_1}\big((1,0)\boldsymbol{\psi}_{nh}^{-1}(\boldsymbol{\delta}_0^T\boldsymbol{x};\boldsymbol{\delta}_0)\boldsymbol{B}_{nh}^T(\boldsymbol{\delta}_0^T\boldsymbol{x};\boldsymbol{\delta}_0)\boldsymbol{K}_{nh}(\boldsymbol{\delta}_0^T\boldsymbol{x};\boldsymbol{\delta}_0)(\boldsymbol{Y}_n-\boldsymbol{Z}_n\hat{\boldsymbol{\beta}})-g(\boldsymbol{\delta}_0^T\boldsymbol{x})\big)\\=&\sqrt{nh_1}\big((1,0)\boldsymbol{\psi}_{nh}^{-1}(\boldsymbol{\delta}_0^T\boldsymbol{x};\boldsymbol{\delta}_0)\boldsymbol{B}_{nh}^T(\boldsymbol{\delta}_0^T\boldsymbol{x};\boldsymbol{\delta}_0)\boldsymbol{K}_{nh}(\boldsymbol{\delta}_0^T\boldsymbol{x};\boldsymbol{\delta}_0)\boldsymbol{G}_n(\boldsymbol{\delta}_0)-g(\boldsymbol{\delta}_0^T\boldsymbol{x})\big)\\&+\sqrt{nh_1}\big((1,0)\boldsymbol{\psi}_{nh}^{-1}(\boldsymbol{\delta}_0^T\boldsymbol{x};\boldsymbol{\delta}_0)\boldsymbol{B}_{nh}^T(\boldsymbol{\delta}_0^T\boldsymbol{x};\boldsymbol{\delta}_0)\boldsymbol{K}_{nh}(\boldsymbol{\delta}_0^T\boldsymbol{x};\boldsymbol{\delta}_0)(\boldsymbol{I}_n-\lambda_0\boldsymbol{W}_n)^{-1}\boldsymbol{\varepsilon}_n\big)\\&+\sqrt{nh_1}\big((1,0)\boldsymbol{\psi}_{nh}^{-1}(\boldsymbol{\delta}_0^T\boldsymbol{x};\boldsymbol{\delta}_0)\boldsymbol{B}_{nh}^T(\boldsymbol{\delta}_0^T\boldsymbol{x};\boldsymbol{\delta}_0)\boldsymbol{K}_{nh}(\boldsymbol{\delta}_0^T\boldsymbol{x};\boldsymbol{\delta}_0)\boldsymbol{Z}_n(\boldsymbol{\beta}_0-\hat{\boldsymbol{\beta}})\big)\\=&\sqrt{nh_1}\big(\frac{1}{2}\mu_2h_1^2g''(\boldsymbol{\delta}_0^T\boldsymbol{x})\big)+\sqrt{nh_1}\boldsymbol{s}_{nh}(\boldsymbol{\delta}_0^T\boldsymbol{x};\boldsymbol{\delta}_0)(\boldsymbol{I}_n-\lambda_0\boldsymbol{W}_n)^{-1}\boldsymbol{\varepsilon}_n+o_P(1)\end{aligned}\tag{6.30}$$

再根据假设 6.3、引理 6.6.3、引理 6.6.5及定理 6.3.1，类似式 (6.30) 有

$$\begin{aligned}&\sqrt{nh_1}\hat{g}'(\boldsymbol{\delta}_0^T\boldsymbol{x};\boldsymbol{\delta}_0,\hat{\boldsymbol{\beta}})(\hat{\boldsymbol{\delta}}^T\boldsymbol{x}-\boldsymbol{\delta}_0^T\boldsymbol{x})\\=&\sqrt{nh_1^{-1}}\boldsymbol{s}_{nh}^*(\boldsymbol{\delta}_0^T\boldsymbol{x};\hat{\boldsymbol{\delta}}_0)(\boldsymbol{Y}_n-\boldsymbol{Z}_n\hat{\boldsymbol{\beta}})(\hat{\boldsymbol{\delta}}^T\boldsymbol{x}-\boldsymbol{\delta}_0^T\boldsymbol{x})\\=&h_1^{-1/2}\boldsymbol{s}_{nh}^*(\boldsymbol{\delta}_0^T\boldsymbol{x};\hat{\boldsymbol{\delta}}_0)(\boldsymbol{I}_n-\lambda_0\boldsymbol{W}_n)^{-1}\boldsymbol{\varepsilon}_n+o_P(1)=o_P(1)\end{aligned}$$

结合式 (6.29) 至式 (6.31)，易知

$$\begin{aligned}&\sqrt{nh_1}\left(\hat{g}(\hat{\boldsymbol{\delta}}^T\boldsymbol{x};\hat{\boldsymbol{\delta}},\hat{\boldsymbol{\beta}})-g(\boldsymbol{\delta}_0^T\boldsymbol{x})-\frac{1}{2}\mu_2h_1^2g''(\boldsymbol{\delta}_0^T\boldsymbol{x})\right)\\=&\sqrt{nh_1}\boldsymbol{s}_{nh}(\boldsymbol{\delta}_0^T\boldsymbol{x};\boldsymbol{\delta}_0)(\boldsymbol{I}_n-\lambda_0\boldsymbol{W}_n)^{-1}\boldsymbol{\varepsilon}_n+o_P(1)\\=&(1,0)\left(\frac{1}{n}\boldsymbol{\psi}_{nh}(\boldsymbol{\delta}_0^T\boldsymbol{x};\boldsymbol{\delta}_0)\right)^{-1}\sqrt{h_1/n}\boldsymbol{B}_{nh}^T(\boldsymbol{\delta}_0^T\boldsymbol{x};\boldsymbol{\delta}_0)\boldsymbol{K}_{nh}(\boldsymbol{\delta}_0^T\boldsymbol{x};\boldsymbol{\delta}_0)\\&(\boldsymbol{I}_n-\lambda_0\boldsymbol{W}_n)^{-1}\boldsymbol{\varepsilon}_n+o_P(1)\end{aligned}$$

结合引理 6.6.5，并经过简单计算有

$$\sqrt{h_1/n}\mathrm{E}\left(\boldsymbol{B}_{nh}^T(\boldsymbol{\delta}_0^T\boldsymbol{x};\boldsymbol{\delta}_0)\boldsymbol{K}_{nh}(\boldsymbol{\delta}_0^T\boldsymbol{x};\boldsymbol{\delta}_0)(\boldsymbol{I}_n-\lambda_0\boldsymbol{W}_n)^{-1}\boldsymbol{\varepsilon}_n\right)=0$$

$$\begin{aligned}&\frac{h_1}{n}\mathrm{Cov}\Big(\boldsymbol{B}_{nh}^T(\boldsymbol{\delta}_0^T\boldsymbol{x};\boldsymbol{\delta}_0)\boldsymbol{K}_{nh}(\boldsymbol{\delta}_0^T\boldsymbol{x};\boldsymbol{\delta}_0)(\boldsymbol{I}_n-\lambda_0\boldsymbol{W}_n)^{-1}\boldsymbol{\varepsilon}_n\Big)\\=&\sigma_0^2 f(\boldsymbol{\delta}_0^T\boldsymbol{x})\begin{pmatrix}\nu_0 & 0\\ 0 & \nu_2\end{pmatrix}+o_P(1)\end{aligned}$$

故根据中心极限定理，有

$$\begin{aligned}&\sqrt{h_1/n}\boldsymbol{B}_{nh}^T(\boldsymbol{\delta}_0^T\boldsymbol{x};\boldsymbol{\delta}_0)\boldsymbol{K}_{nh}(\boldsymbol{\delta}_0^T\boldsymbol{x};\boldsymbol{\delta}_0)(\boldsymbol{I}_n-\lambda_0\boldsymbol{W}_n)^{-1}\boldsymbol{\varepsilon}_n\\&\xrightarrow{D}\boldsymbol{N}\Big(0,\ \sigma_0^2 f(\boldsymbol{\delta}_0^T\boldsymbol{x})\mathrm{diag}\{\nu_0,\ \nu_2\}\Big)\end{aligned}\tag{6.31}$$

从而，结合引理 6.6.3、式 (6.30) 及式 (6.31) 可得

$$\sqrt{nh_1}\Big(\hat{g}(\boldsymbol{\delta}_0^T\boldsymbol{x};\hat{\boldsymbol{\delta}}_0,\ \hat{\boldsymbol{\beta}})-g(\boldsymbol{\delta}_0^T\boldsymbol{x})-\frac{1}{2}\mu_2 h_1^2 g''(\boldsymbol{\delta}_0^T\boldsymbol{x})\Big)\xrightarrow{D}N\big(0,\ \sigma_0^2\nu_0/f(\boldsymbol{\delta}_0^T\boldsymbol{x})\big)$$

第 7 章 部分线性可加空间自回归模型的 GMM 估计

7.1 引 言

本章主要讨论另一类具有降维功能的部分线性可加空间自回归模型。该模型既考虑了变量间的空间依赖性，又同时考虑了自变量对因变量的线性影响和非线性影响，是对现有模型的有效推广。

参数回归模型具有结构简单、理论优美、解释灵活的优点。然而，参数回归模型往往需要提前设定模型形式，模型设定错误将会造成不合理的统计推断，甚至是错误的结论。多元非参数回归模型可以通过数据直接拟合响应变量与协变量之间的关系。然而，随着协变量的维数增加，多元非参数回归模型的估计精度会急速下降。这种现象被称为“维数灾难”。因此，统计学家提出了许多具有降维效果的模型来克服“维数灾难”面临的问题，如单指标回归模型、变系数回归模型和可加回归模型等。最近几十年，这些模型的估计方法得到迅速发展，并将其结果应用到多个学科领域。

可加回归模型(additive regression model)最早由弗里德曼和施蒂茨勒(Friedman & Stuetzle，1981）提出。随后，哈斯蒂和蒂布西拉尼（Hastie & Tibshirani，1990）在他们的专著中总结了可加模型的相关理论。斯托内（Stone，1985）构造了可加回归模型的多项式样条估计，并证明了可加模型中每个分量的参数估计量能够达到一维非参数模型估计的最优收敛速率，并且该收敛速度与变量的个数不相关。布亚等（1989）利用 Gauss-Seidel 迭代方法构造了可加模型的后移算法。约瑟姆与奥斯塔德（Tjøtheim & Auestad，1994）与林顿和尼尔森（Linton & Nielsen，1995）提出了可加模型的边际整合估计方法。奥普索默和鲁珀特（Opsomer & Ruppert，1997）针对只有两个函数的可加模型，构造了局部多项式估计，并在某些假设条件下讨论了估计量的大样本性质。随后，奥普索默（2000）将协变量的个数推广到大于 2 的情况。范和蒋（Fan & Jiang，2005）利用向后拟合估计量构造了可加回归模型的广义似然比检验，证明了广义似然比统计量在零假设下渐近服从 χ^2 分布，并且 χ^2 分布的自由度与参数个数无关。

部分线性可加回归模型首先由奥普索默和鲁珀特（1999）提出；该模型是可加模型的自然推广，主要研究响应变量与协变量之间同时存在线性性和非线性性的情形。关于部分线性可加模型的估计技术被广泛地应用到现实经济问题中，如徐等（2016）和曼吉等（2019）。奥普索默和鲁珀特（1999）构造了模型中未知参数的 $\sqrt{n}$ 相合后移估计量，并基于经验偏差方法构造了最优带宽的选择标准。曼桑和杰洛米（Manzan & Zerom，2005）对部分线性可加模型的有限维参数构造了核估计，并在某些正则条件下，证明了估计量的相合性和渐近正态性。余和李（Yu & Lee，2010）提出了广义截面似然估计方法，并证明了估计量的渐近性质，讨论了模型的 $\sqrt{n}$ 有效性。刘等（2011）得到了部分线性可加回归模型的多项式样条估计，并证明了参数估计量的渐近正态性。马和杨（Ma & Yang，2011）构造了部分线性可加回归模型的样条向后拟合核平滑估计量，并在某些稳定及正则条件下，证明了估计量的渐近正态性。星野（2014）得到了部分线性可加回归模型的二阶段估计方法。娄等（2016）引入了稀疏部分线性可加回归模型，并讨论了模型的变量选择问题。刘等（2017）关于广义部分线性可加回归模型，在某些 α 条件下，引入了混合样条向后拟合核估计方法。梁等（2009）构造了部分线性可加模型的经验似然估计，并证明了经验对数似然比统计量渐近服从 χ^2 分布。

近年来，很多学者将可加模型推广到空间计量模型中，如杜等（2018）利用样条估计方法构造了部分线性可加空间自回归模型的估计，并得到了估计量的大样本性质。谢琍等（2018）构造了部分线性可加空间自回归模型的拟极大似然估计量。在此基础上，本章考虑部分线性可加空间自回归模型，提出一种新的估计方法，并证明所得估计量的大样本性质。

7.2 模型介绍和估计

部分线性可加空间自回归模型令 $(\boldsymbol{x}_{n,i}, y_{n,i}, \boldsymbol{z}_{n,i})$ 是变量 $(\boldsymbol{X}_n, \boldsymbol{Y}_n, \boldsymbol{Z}_n)$ 的第 i 个观测值 $(i=1, 2, \cdots, n)$，$y_{n,i}$ 是响应变量，$\boldsymbol{x}_{n,i}$ 和 $\boldsymbol{z}_{n,i}$ 分别是 p 维、d 维协变量，考虑如下部分线性可加空间自回归模型:

$$y_{n,i}=\lambda_0\sum_{j=1}^{n}w_{n,ij}y_{n,j}+\boldsymbol{\beta}_0^T\boldsymbol{x}_{n,i}+m_1(z_{n,i1})+m_2(z_{n,i2})+\cdots+m_d(z_{n,id})+\varepsilon_{n,i} \quad (7.1)$$

其中，$w_{n,ij}$ 是预先设定的空间权重，$m_j(\cdot)(j=1, 2, \cdots, d)$ 是未知函数，$z_{n,ij}$ 是 $\boldsymbol{z}_{n,i}$ 的第 j 个分量，误差项 $\varepsilon_{n,i}$ 是均值为 0、方差为 σ_0^2 的 $i.i.d.$ 随机变量。

$\boldsymbol{\beta}_0^T$ 是 p 维真实的线性部分系数，λ_0 是真实的空间相关系数，反映的是空间自相关关系。为了保证每个未知函数 m_j 的可识别性，假设 $\mathrm{E}\big(m_j(z_{n,ij})\big)=0$，$(j=1，2，\cdots，d)$。记 $\boldsymbol{X}_n=(\boldsymbol{x}_{n,1}，\boldsymbol{x}_{n,2}，\cdots，\boldsymbol{x}_{n,n})^T$，$\boldsymbol{Y}_n=(y_{n,1}，y_{n,2}，\cdots，y_{n,n})^T$，$\boldsymbol{W}_n=(w_{n,ij})_{1\leqslant i,\ j\leqslant n}$，$\boldsymbol{m}_j=\big(m_j(z_{n,1j})，m_j(z_{n,2j})，\cdots，m_j(z_{n,nj})\big)^T$，$\boldsymbol{\varepsilon}_n=(\varepsilon_{n,1}，\varepsilon_{n,2}，\cdots，\varepsilon_{n,n})^T$。则模型 (7.1) 的矩阵形式表示如下:

$$\boldsymbol{Y}_n=\lambda_0\boldsymbol{W}_n\boldsymbol{Y}_n+\boldsymbol{X}_n\boldsymbol{\beta}_0+\boldsymbol{m}_1+\boldsymbol{m}_2+\cdots+\boldsymbol{m}_d+\boldsymbol{\varepsilon}_n \tag{7.2}$$

记 λ 和 $\boldsymbol{\beta}$ 分别是真实值 λ_0 和 $\boldsymbol{\beta}_0$ 对应的未知参数，模型 (7.2) 需要找到合适的方法来估计未知参数 λ 和 $\boldsymbol{\beta}$ 以及未知函数 $\boldsymbol{m}_j(j=1，2，\cdots，d)$。

首先考虑 $d=1$ 的情况，此时模型 (7.2) 简化为

$$\boldsymbol{Y}_n=\lambda_0\boldsymbol{W}_n\boldsymbol{Y}_n+\boldsymbol{X}_n\boldsymbol{\beta}_0+\boldsymbol{m}+\boldsymbol{\varepsilon}_n \tag{7.3}$$

此时，记 $\boldsymbol{m}=\big(m(z_{n,1})，\cdots，m(z_{n,n})\big)^T$，对于模型 (7.3) 的估计步骤具体如下。

第一步，利用局部线性估计方法来拟合未知函数 $\boldsymbol{m}$。将 $m(z_{n,i})$ 在 z 点处一阶 Taylor 展开得到

$$m(z_{n,i})\approx m(z)+m'(z)(z_{n,i}-z)$$

从而，$m(z_{n,i})$ 的估计可以由最小化下式得到

$$\frac{1}{n}\sum_{i=1}^{n}\big(y_{n,i}^*-m(z)-m'(z)(z_{n,i}-z)\big)^2k_h(z_{n,i}-z)$$

其中，$y_{n,i}^*=y_{n,i}-\lambda\sum\limits_{j=1}^{n}w_{n,ij}y_{n,j}-\boldsymbol{\beta}^T\boldsymbol{x}_{n,i}$，$k_h(\cdot)=\dfrac{1}{h}k(\cdot/h)$，$k(\cdot)$ 是一元核函数，h 是对应的带宽。从而，$m(z)$ 与 $m'(z)$ 的初始估计记为

$$\begin{pmatrix}\tilde{m}(z)\\ h\tilde{m}'(z)\end{pmatrix}=\big(\boldsymbol{Z}^T\boldsymbol{K}\boldsymbol{Z}\big)^{-1}\boldsymbol{Z}^T\boldsymbol{K}\big(\boldsymbol{Y}_n-\lambda\boldsymbol{W}_n\boldsymbol{Y}_n-\boldsymbol{X}_n\boldsymbol{\beta}\big)$$

其中，

$$\boldsymbol{Z}=\begin{pmatrix}1 & \cdots & 1\\ \dfrac{z_{n,1}-z}{h} & \cdots & \dfrac{z_{n,n}-z}{h}\end{pmatrix}^T$$

$$\boldsymbol{K}=\mathrm{diag}\big\{k_h(z_{n,1}-z)，\cdots，k_h(z_{n,n}-z)\big\}$$

记 $\boldsymbol{s}_z=\boldsymbol{e}_1^T\left(\boldsymbol{Z}^T\boldsymbol{K}\boldsymbol{Z}\right)^{-1}\boldsymbol{Z}^T\boldsymbol{K}$，其中，$\boldsymbol{e}_1=(1,\ 0)^T$。则

$$\tilde{m}(z)=\boldsymbol{s}_z\left(\boldsymbol{Y}_n-\lambda\boldsymbol{W}_n\boldsymbol{Y}_n-\boldsymbol{X}_n\boldsymbol{\beta}\right)$$

记平滑算子为 $\boldsymbol{S}=\left(\boldsymbol{s}_{z,1}^T,\ \cdots,\ \boldsymbol{s}_{z,n}^T\right)^T$，则

$$\tilde{\boldsymbol{m}}=\boldsymbol{S}\left(\boldsymbol{Y}_n-\lambda\boldsymbol{W}_n\boldsymbol{Y}_n-\boldsymbol{X}_n\boldsymbol{\beta}\right) \tag{7.4}$$

第二步，利用 GMM 方法来估计未知参数。令 $\boldsymbol{H}_n=(\boldsymbol{h}_{n,1},\ \cdots,\ \boldsymbol{h}_{n,n})^T$ 是 $n\times r\,(r\geqslant p+1)$ 阶的工具变量，满足 $\mathrm{E}(\boldsymbol{H}_n^T\boldsymbol{\varepsilon}_n)=0$，其中，$\boldsymbol{h}_{n,i}=(h_{n,i1},\ h_{n,i2},\ \cdots,\ h_{n,ir})^T$。对应的样本矩满足如下条件:

$$\frac{1}{n}\boldsymbol{H}_n^T\boldsymbol{\varepsilon}_n=0$$

$$l_n(\lambda,\ \boldsymbol{\beta})=\boldsymbol{H}_n^T\left(\boldsymbol{Y}_n-\lambda\boldsymbol{W}_n\boldsymbol{Y}_n-\boldsymbol{X}_n\boldsymbol{\beta}-\tilde{\boldsymbol{m}}\right)=\boldsymbol{H}_n^T(\boldsymbol{I}_n-\boldsymbol{S})\left(\boldsymbol{Y}_n-\lambda\boldsymbol{W}_n\boldsymbol{Y}_n-\boldsymbol{X}_n\boldsymbol{\beta}\right)$$

令 $\boldsymbol{R}_n=(\boldsymbol{W}_n\boldsymbol{Y}_n,\ \boldsymbol{X}_n)$，$\boldsymbol{\theta}=(\lambda,\ \boldsymbol{\beta}^T)^T$，$\boldsymbol{A}_r$ 是 $r\times r$ 阶常数正定矩阵，常取为 $\boldsymbol{A}_r=\left(\frac{1}{n}\boldsymbol{H}_n^T\boldsymbol{H}_n\right)^{-1}$，则 $\boldsymbol{\beta}$ 与 λ 的估计可以由最小化下式得到

$$\begin{aligned}Q_n(\lambda,\ \boldsymbol{\beta})&=l_n^T(\lambda,\ \boldsymbol{\beta})\boldsymbol{A}_r l_n(\lambda,\ \boldsymbol{\beta})\\&=\left(\boldsymbol{Y}_n-\boldsymbol{R}_n\boldsymbol{\theta}\right)^T\left(\boldsymbol{I}_n-\boldsymbol{S}\right)^T\boldsymbol{H}_n\boldsymbol{A}_r\boldsymbol{H}_n^T\left(\boldsymbol{I}_n-\boldsymbol{S}\right)\left(\boldsymbol{Y}_n-\boldsymbol{R}_n\boldsymbol{\theta}\right)\end{aligned}$$

即 $\hat{\boldsymbol{\theta}}=\arg\min\limits_{\lambda,\ \boldsymbol{\beta}}Q_n(\lambda,\ \boldsymbol{\beta})$，从而

$$\hat{\boldsymbol{\theta}}=\left(\boldsymbol{R}_n^T\left(\boldsymbol{I}_n-\boldsymbol{S}\right)^T\boldsymbol{H}_n\boldsymbol{A}_r\boldsymbol{H}_n^T\left(\boldsymbol{I}_n-\boldsymbol{S}\right)\boldsymbol{R}_n\right)^{-1}\boldsymbol{R}_n^T\left(\boldsymbol{I}_n-\boldsymbol{S}\right)^T\boldsymbol{H}_n\boldsymbol{A}_r\boldsymbol{H}_n^T\left(\boldsymbol{I}_n-\boldsymbol{S}\right)\boldsymbol{Y}_n$$

将其代入式 (7.4)，得到 $\boldsymbol{m}$ 的最终估计:

$$\hat{m}(z)=\boldsymbol{S}_z\left(\boldsymbol{Y}_n-\hat{\lambda}\boldsymbol{W}_n\boldsymbol{Y}_n-\boldsymbol{X}_n\hat{\boldsymbol{\beta}}\right)$$

$$\hat{\boldsymbol{m}}=\boldsymbol{S}\left(\boldsymbol{Y}_n-\hat{\lambda}\boldsymbol{W}_n\boldsymbol{Y}_n-\boldsymbol{X}_n\hat{\boldsymbol{\beta}}\right)$$

下面考虑 $d>1$ 的情况。参考布亚等 (1989) 和哈德尔等（Härdle et al.，1993）提出的向后拟合算法对未知函数进行估计，参数部分的估计采用 GMM 估计方法。具体步骤如下。

第一步，针对模型 (7.2)，利用局部线性估计方法拟合未知函数 $m_j(z_{n,ij})$。假定 λ、β 和 $\boldsymbol{m}_i(i\neq j)$ 已知，对 $m_j(z_{n,ij})$ 在 z_j 处进行一阶 Taylor 展开，即

$$m_j(z_{n,ij})\approx m_j(z_j)+m_j'(z_j)\left(z_{n,ij}-z_j\right)$$

因此，未知函数 $m_j(z_{n,ij})$ 的估计量可以由最小化下式得到

$$\sum_{i=1}^{n}\Big(y^*_{n,i}-m_j(z_j)-m'_j(z_j)\big(z_{n,ij}-z_j\big)\Big)^2 k_{h_j}(z_{n,ij}-z_j) \tag{7.5}$$

其中，$y^*_{n,i}=y_{n,i}-\lambda\sum\limits_{j=1}^{n}w_{n,ij}y_{n,j}-\boldsymbol{\beta}^T\boldsymbol{x}_{n,i}-\sum\limits_{k\neq j}m_i(z_{n,ik})$，$k_{h_j}(\cdot)=\dfrac{1}{h_j}k_j(\cdot/h_j)$，$k_j(\cdot)$ 是一元核函数，h_j 是对应的带宽。则最小化式 (7.5) 得到 $m_j(z_j)$ 与 $m'_j(z_j)$ 的初始估计

$$\begin{pmatrix}\tilde{m}_j(z_j)\\ h\tilde{m}'_j(z_j)\end{pmatrix}=(\boldsymbol{Z}_j^T\boldsymbol{K}_j\boldsymbol{Z}_j)^{-1}\boldsymbol{Z}_j^T\boldsymbol{K}_j\big(\boldsymbol{Y}_n-\lambda\boldsymbol{W}_n\boldsymbol{Y}_n-\boldsymbol{X}_n\boldsymbol{\beta}-\sum_{k\neq j}\boldsymbol{m}_k\big) \tag{7.6}$$

其中，

$$\boldsymbol{Z}_j=\begin{pmatrix}1 & \cdots & 1\\ \dfrac{z_{n,1j}-z_j}{h_j} & \cdots & \dfrac{z_{n,nj}-z_j}{h_j}\end{pmatrix}^T$$

$$\boldsymbol{K}_j=\mathrm{diag}\big\{k_{h_j}(z_{n,1j}-z_j),\ \cdots,\ k_{h_j}(z_{n,nj}-z_j)\big\}$$

记 $\boldsymbol{s}_{j,z_{n,ij}}=\boldsymbol{e}_1^T(\boldsymbol{Z}_j^T\boldsymbol{K}_j\boldsymbol{Z}_j)^{-1}\boldsymbol{Z}_j^T\boldsymbol{K}_j$，其中 $\boldsymbol{e}_1$ 的定义详见 $d=1$ 的说明，则 $\boldsymbol{S}_j=(\boldsymbol{s}^T_{j,z_{n,1j}},\cdots,\ \boldsymbol{s}^T_{j,z_{n,nj}})^T$ 是 m_j 在观测值 z_j 处的局部线性拟合的光滑矩阵。当 $d=2$ 时，对于任意的矩阵范数 $\|\cdot\|$，如果 $\|\boldsymbol{S}_1\boldsymbol{S}_2\|<1$，布亚等 (1989) 证明了二元可加回归模型中存在唯一的 Backfitting 统计量，且该结论成立往往需要对平滑矩阵进行中心化处理。类似地，本章取 $\boldsymbol{S}^*_j=(\boldsymbol{I}_n-\boldsymbol{1}\boldsymbol{1}^T/n)\boldsymbol{S}_j$，是 $\boldsymbol{S}_j$ 对应的中心化光滑矩阵，其中，$\boldsymbol{1}=(1,\ 1,\cdots,\ 1)^T$。从而，$\tilde{\boldsymbol{m}}_j=\boldsymbol{S}^*_j\big(\boldsymbol{Y}_n-\lambda\boldsymbol{W}_n\boldsymbol{Y}_n-\boldsymbol{X}_n\boldsymbol{\beta}-\sum\limits_{k\neq j}\boldsymbol{m}_k\big)$。

第二步，利用向后拟合算法 (backfitting algorithm) 估计其他未知函数 $m_k(z_{n,ik})(k\neq j)$。此处需要用到迭代算法，常用的迭代算法有两种: Gauss-Seidel 迭代算法和 Jacobi 迭代算法，本章采用 Gauss-Seidel。该算法思想如下: 重复第一步的估计方法，假定进行 $s-1$ 次之后，我们已经得到 $m_k(z_{n,ik})$ 的估计量 $\tilde{m}_k(z_{n,ik})(k=1,\ 2,\cdots,\ s-1)$; 下面估计 $m_s(z_{n,is})$，此时，前 $s-1$ 个函数用其初始估计 $\tilde{m}_k(z_{n,ik})$ 代替，后 $d-s$ 个函数用假定的初值 (通常设定为零) 代替，逐次更新 $m_j(z_{n,ij})$ 的值，记 $\tilde{\boldsymbol{m}}_s^{(l)}$ 是 $\boldsymbol{m}_s$ 第 l 次更新后的估计，则

$$\tilde{\boldsymbol{m}}_s^{(l)}=\boldsymbol{S}^*_s\Big(\boldsymbol{Y}_n-\lambda\boldsymbol{W}_n\boldsymbol{Y}_n-\boldsymbol{X}_n\boldsymbol{\beta}-\sum_{i=1}^{s-1}\tilde{\boldsymbol{m}}_i^{(l)}-\sum_{i=s+1}^{d}\boldsymbol{m}_i^{(l-1)}\Big)$$

重复上面步骤，直到收敛为止。因此，得到 $m_j(z_{n,\ ij})$ 的估计

$$\tilde{\boldsymbol{m}}_j = \boldsymbol{S}_j^*\left(\boldsymbol{Y}_n - \lambda\boldsymbol{W}_n\boldsymbol{Y}_n - \boldsymbol{X}_n\boldsymbol{\beta} - \sum_{k\neq j}\tilde{\boldsymbol{m}}_k\right),\quad j=1,\ 2,\ \cdots,\ d \tag{7.7}$$

哈斯蒂和蒂布西拉尼（Hastie & Tibshirani，1990）与奥普索默和鲁珀特（1997）给出了模型 $\boldsymbol{Y}_n = \boldsymbol{\alpha} + \boldsymbol{m}_1 + \boldsymbol{m}_2 + \boldsymbol{\varepsilon}$ 中 $\boldsymbol{m}_j(j=1,\ 2)$ 的估计。下面我们使用类似于奥普索默和鲁珀特（1999）与奥普索默（2000）的方法得到当 $d>2$ 时 $\boldsymbol{m}_d$ 的估计。将式 (7.7) 写成矩阵形式:

$$\begin{pmatrix} \boldsymbol{I}_n & \boldsymbol{S}_1^* & \cdots & \boldsymbol{S}_1^* \\ \boldsymbol{S}_2^* & \boldsymbol{I}_n & \cdots & \boldsymbol{S}_2^* \\ \vdots & \vdots & \ddots & \vdots \\ \boldsymbol{S}_d^* & \boldsymbol{S}_d^* & \cdots & \boldsymbol{I}_n \end{pmatrix}\begin{pmatrix} \tilde{\boldsymbol{m}}_1 \\ \tilde{\boldsymbol{m}}_2 \\ \vdots \\ \tilde{\boldsymbol{m}}_d \end{pmatrix} = \begin{pmatrix} \boldsymbol{S}_1^*(\boldsymbol{Y}_n - \lambda\boldsymbol{W}_n\boldsymbol{Y}_n - \boldsymbol{X}_n\boldsymbol{\beta}) \\ \boldsymbol{S}_2^*(\boldsymbol{Y}_n - \lambda\boldsymbol{W}_n\boldsymbol{Y}_n - \boldsymbol{X}_n\boldsymbol{\beta}) \\ \vdots \\ \boldsymbol{S}_d^*(\boldsymbol{Y}_n - \lambda\boldsymbol{W}_n\boldsymbol{Y}_n - \boldsymbol{X}_n\boldsymbol{\beta}) \end{pmatrix}$$

即

$$\begin{pmatrix} \tilde{\boldsymbol{m}}_1 \\ \tilde{\boldsymbol{m}}_2 \\ \vdots \\ \tilde{\boldsymbol{m}}_d \end{pmatrix} = \boldsymbol{M}_n^{-1}\boldsymbol{C}_n(\boldsymbol{Y}_n - \lambda\boldsymbol{W}_n\boldsymbol{Y}_n - \boldsymbol{X}_n\boldsymbol{\beta}) \tag{7.8}$$

其中，

$$\boldsymbol{M}_n = \begin{pmatrix} \boldsymbol{I}_n & \boldsymbol{S}_1^* & \cdots & \boldsymbol{S}_1^* \\ \boldsymbol{S}_2^* & \boldsymbol{I}_n & \cdots & \boldsymbol{S}_2^* \\ \vdots & \vdots & \ddots & \vdots \\ \boldsymbol{S}_d^* & \boldsymbol{S}_d^* & \cdots & \boldsymbol{I}_n \end{pmatrix}$$

$$\boldsymbol{C}_n = (\boldsymbol{S}_1^*,\ \boldsymbol{S}_2^*,\ \cdots,\ \boldsymbol{S}_d^*)^T$$

令 $\boldsymbol{E}_j = (\boldsymbol{0}_n,\ \cdots,\ \boldsymbol{I}_n,\ \cdots,\ \boldsymbol{0}_n)$ 是第 j 个分块为 n 阶单位矩阵，其余分块为 n 阶零矩阵的一个 $n\times nd$ 分块矩阵，则

$$\tilde{\boldsymbol{m}}_j = \boldsymbol{E}_j\boldsymbol{M}_n^{-1}\boldsymbol{C}_n(\boldsymbol{Y}_n - \lambda\boldsymbol{W}_n\boldsymbol{Y}_n - \boldsymbol{X}_n\boldsymbol{\beta}) = \boldsymbol{F}_j(\boldsymbol{Y}_n - \lambda\boldsymbol{W}_n\boldsymbol{Y}_n - \boldsymbol{X}_n\boldsymbol{\beta})$$

$$\tilde{\boldsymbol{m}}_+ = \sum_{j=1}^{d}\tilde{\boldsymbol{m}}_j = \sum_{j=1}^{d}\boldsymbol{F}_j(\boldsymbol{Y}_n - \lambda\boldsymbol{W}_n\boldsymbol{Y}_n - \boldsymbol{X}_n\boldsymbol{\beta}) = \boldsymbol{F}_n(\boldsymbol{Y}_n - \lambda\boldsymbol{W}_n\boldsymbol{Y}_n - \boldsymbol{X}_n\boldsymbol{\beta})$$

其中，$\boldsymbol{F}_j = \boldsymbol{E}_j\boldsymbol{M}_n^{-1}\boldsymbol{C}_n$，$\boldsymbol{F}_n = \sum\limits_{j=1}^{d}\boldsymbol{F}_j$。

记 $\boldsymbol{m}_{(-j)} = \boldsymbol{m}_1 + \cdots + \boldsymbol{m}_{j-1} + \boldsymbol{m}_{j+1} + \cdots + \boldsymbol{m}_d$，则 $\boldsymbol{m}_+ = \sum\limits_{j=1}^{d}\boldsymbol{m}_j = \boldsymbol{m}_{(-j)} + \boldsymbol{m}_j$。令 $\boldsymbol{F}_n^{[-j]}$ 是由模型

$$y_{n,i}^{\dagger} = \lambda_0\sum_{j=1}^{n} w_{n,ij}y_{n,j} + \boldsymbol{\beta}_0^T\boldsymbol{x}_{n,i} + \sum_{k=1}^{j-1} m_k(z_{n,ik}) + \sum_{k=j+1}^{d} m_k(z_{n,\ ik}) + \varepsilon_{n,i}$$

导出的 $d-1$ 维平滑算子。根据奥普索默 (2000) 引理 2①，如果 $\|\boldsymbol{S}_j^*\boldsymbol{F}_n^{[-j]}\| < 1$，则上述得到的向后拟合估计量唯一存在，且

$$\boldsymbol{F}_j = \boldsymbol{I}_n - \left(\boldsymbol{I}_n - \boldsymbol{S}_j^*\boldsymbol{F}_n^{[-j]}\right)^{-1}(\boldsymbol{I}_n - \boldsymbol{S}_j^*) = \left(\boldsymbol{I}_n - \boldsymbol{S}_j^*\boldsymbol{F}_n^{[-j]}\right)^{-1}\boldsymbol{S}_j^*(\boldsymbol{I}_n - \boldsymbol{F}_n^{[-j]})$$

第三步，利用 GMM 方法来估计参数 $\boldsymbol{\beta}$ 和 λ。令 $\boldsymbol{H}_n = (\boldsymbol{h}_{n,1},\ \boldsymbol{h}_{n,2},\ \cdots,\ \boldsymbol{h}_{n,n})^T$ 是 $n \times r(r \geqslant p+1)$ 阶工具变量，满足 $\mathrm{E}(\boldsymbol{H}_n^T\boldsymbol{\varepsilon}_n) = 0$，其中 $\boldsymbol{h}_{n,i} = (h_{n,i1},\ h_{n,i2},\ \cdots,\ h_{n,ir})^T$。对应的样本矩满足如下条件:

$$\frac{1}{n}\boldsymbol{H}_n^T\boldsymbol{\varepsilon}_n = 0$$

将式 (7.9) 代入式 (7.2)，得到对应的矩函数

$$\boldsymbol{l}_n(\lambda,\ \boldsymbol{\beta}) = \boldsymbol{H}_n^T\left(\boldsymbol{Y}_n - \lambda\boldsymbol{W}_n\boldsymbol{Y}_n - \boldsymbol{X}_n\boldsymbol{\beta} - \hat{\boldsymbol{m}}_+\right) = \boldsymbol{H}_n^T\boldsymbol{M}_n\left(\boldsymbol{Y}_n - \lambda\boldsymbol{W}_n\boldsymbol{Y}_n - \boldsymbol{X}_n\boldsymbol{\beta}\right)$$

其中，$\boldsymbol{M}_n = \boldsymbol{I}_n - \boldsymbol{F}_n$。令 $\boldsymbol{A}_r$ 是 $r\times r$ 阶正定常数矩阵，常取为 $\boldsymbol{A}_r = \left(\frac{1}{n}\boldsymbol{H}_n^T\boldsymbol{H}_n\right)^{-1}$，则 $\boldsymbol{\beta}$ 与 λ 的估计由最小化下式得到。

$$\begin{aligned}Q_n(\lambda,\ \boldsymbol{\beta}) =& \boldsymbol{l}_n^T(\lambda,\ \boldsymbol{\beta})\boldsymbol{A}_r\boldsymbol{l}_n(\lambda,\ \boldsymbol{\beta})\\ =& \left(\boldsymbol{Y}_n - \lambda\boldsymbol{W}_n\boldsymbol{Y}_n - \boldsymbol{X}_n\boldsymbol{\beta}\right)^T\boldsymbol{M}_n^T\boldsymbol{H}_n\boldsymbol{A}_r\boldsymbol{H}_n^T\boldsymbol{M}_n\left(\boldsymbol{Y}_n - \lambda\boldsymbol{W}_n\boldsymbol{Y}_n - \boldsymbol{X}_n\boldsymbol{\beta}\right)\end{aligned}$$

令 $\boldsymbol{\theta} = (\lambda,\ \boldsymbol{\beta}^T)^T$，$\boldsymbol{R}_n = (\boldsymbol{W}_n\boldsymbol{Y}_n,\ \boldsymbol{X}_n)$，则最小化式 (7.9)，得到 $\boldsymbol{\theta}$ 的最终估计:

$$\hat{\boldsymbol{\theta}} = \left(\boldsymbol{R}_n^T\boldsymbol{M}_n^T\boldsymbol{H}_n\boldsymbol{A}_r\boldsymbol{H}_n^T\boldsymbol{M}_n\boldsymbol{R}_n\right)^{-1}\boldsymbol{R}_n^T\boldsymbol{M}_n^T\boldsymbol{H}_n\boldsymbol{A}_r\boldsymbol{H}_n^T\boldsymbol{M}_n\boldsymbol{Y}_n \tag{7.9}$$

---

① Opsomer J D. Asymptotic Properties of Backfitting Estimators[J]. Journal of Multivariate Analysi，2000，73: 166-179

将 $\boldsymbol{\theta}$ 的估计值 $\hat{\boldsymbol{\theta}}$ 代入式 (7.9)，得到 $\boldsymbol{m}_j$ 和 $\boldsymbol{m}_+$ 的最终估计:

$$\begin{aligned}\hat{\boldsymbol{m}}_j &= \boldsymbol{F}_j(\boldsymbol{Y}_n - \hat{\lambda}\boldsymbol{W}_n\boldsymbol{Y}_n - \boldsymbol{X}_n\hat{\boldsymbol{\beta}}) \\ \hat{\boldsymbol{m}}_+ &= \boldsymbol{F}_n(\boldsymbol{Y}_n - \hat{\lambda}\boldsymbol{W}_n\boldsymbol{Y}_n - \boldsymbol{X}_n\hat{\boldsymbol{\beta}})\end{aligned} \tag{7.10}$$

7.3 估计量的大样本性质

7.3.1 假设条件

为了证明估计量的渐近性质，我们有必要做如下假设。

假设 7.1

（1）空间权重矩阵 $\boldsymbol{W}_n$ 的主对角线元素 $w_{n,ii} = 0(i = 1, 2, \cdots, n)$;

（2）当 $|\lambda| < 1$ 时，矩阵 $\boldsymbol{I}_n - \lambda\boldsymbol{W}_n$ 是非奇异矩阵;

（3）当 $|\lambda| < 1$ 时，矩阵 $\boldsymbol{W}_n$ 和 $\left(\boldsymbol{I}_n - \lambda\boldsymbol{W}_n\right)^{-1}$ 的行元素绝对值的和与列元素绝对值的和一致有界。

假设 7.2

（1）协变量 $\boldsymbol{X}_n$ 是非随机变量;

（2）变量 $\boldsymbol{Z}_n$ 的列向量是独立同分布的随机变量，且与 $\varepsilon_{n,i}$ 独立;

（3）误差项序列 $\varepsilon_{n,i}$ 满足 $\mathrm{E}(\varepsilon_{n,i}) = 0$，$\mathrm{E}(\varepsilon_{n,i})^2 = \sigma_0^2$，对任意小的 δ，都有 $\mathrm{E}|\varepsilon_{n,i}|^{2+\delta} = c_\delta < \infty$。

假设 7.3

（1）核函数 $k(\cdot)$ 是有界连续对称的;

（2）$\mu_l = \int v^l k(v)dv$，$\nu_l = \int v^l k^2(v)dv$，其中，$l$ 是非负正整数;

（3）对于任意的有界函数 $v(\cdot)$，都存在一个非负有界的概率密度函数 $f(\cdot)$，使得 $\dfrac{1}{n}\sum\limits_{i=1}^{n} v(z_i) = \int v(z)f(z)dz$。

假设 7.4

（1）工具变量矩阵 $\boldsymbol{H}_n$ 的行元素绝对值的和与列元素绝对值的和一致有界;

（2）函数 $m(\cdot)$ 的二阶导数存在且有界连续;

（3）随机变量 z 的密度函数 $f(\cdot) > 0$;

（4）密度函数 $f(\cdot)$ 是二阶连续可微的，$f(\cdot)$ 在其支撑集上一致有界远离零，且 $f'(\cdot)$ 和 $f''(\cdot)$ 有界。

假设 7.5

（1）$\boldsymbol{A}_r = \boldsymbol{A} + o_P(1)$，其中 $\boldsymbol{A}$ 是半正定矩阵;

（2）$\frac{1}{n}\boldsymbol{H}_n^T(\boldsymbol{I}_n-\boldsymbol{S})\tilde{\boldsymbol{R}}_n=\boldsymbol{R}_1+o_P(1)$，其中 $\boldsymbol{R}_1$ 是半正定矩阵；

（3）$\boldsymbol{\Omega}_1=\lim\limits_{n\to\infty}\frac{h\sigma_0^2}{n}\boldsymbol{Z}^T\boldsymbol{K}^2\boldsymbol{Z}$；

（4）$\sum_1=\lim\limits_{n\to\infty}\frac{1}{n}\boldsymbol{H}_n^T(\boldsymbol{I}_n-\boldsymbol{S})(\boldsymbol{I}_n-\boldsymbol{S})^T\boldsymbol{H}_n$。

假设 7.6　$n\to\infty$，$h\to 0$，$nh^4\to\infty$，$nh^5\to 0$。

假设 7.3′

（1）核函数 $k_j(\cdot)$ 是有界连续对称的；

（2）$\mu_l^j=\int v^l k_j(v)dv$，$\nu_l^j=\int v^l k_j^2(v)dv$，$(j=1，2，\cdots，d)$。

假设 7.4′　$\frac{1}{n}\boldsymbol{H}_n^T(\boldsymbol{I}_n-\boldsymbol{F}_n)\tilde{\boldsymbol{R}}_n=\boldsymbol{R}_2+o_P(1)$，其中 $\boldsymbol{R}_2$ 是半正定矩阵；函数 $m_j(\cdot)$，$(j=1，2，\cdots，d)$ 的二阶导数存在且有界连续。

假设 7.5′

（1）$\frac{1}{n}\boldsymbol{H}_n^T(\boldsymbol{I}_n-\boldsymbol{F}_n)\tilde{\boldsymbol{R}}_n=\boldsymbol{R}_2+o_P(1)$，其中 $\boldsymbol{R}_2$ 是半正定矩阵；

（2）$\boldsymbol{\Omega}_2=\lim\limits_{n\to\infty}\frac{h\sigma_0^2}{n}\boldsymbol{Z}^T\boldsymbol{K}\boldsymbol{K}^T\boldsymbol{Z}$；

（3）$\boldsymbol{\Sigma}_2=\lim\limits_{n\to\infty}\frac{1}{n}\boldsymbol{H}_n^T(\boldsymbol{I}_n-\boldsymbol{F}_n)(\boldsymbol{I}_n-\boldsymbol{F}_n)^T\boldsymbol{H}_n$。

假设 7.6′　$n\to\infty$，$h_j\to 0$，$nh_j^4\to\infty$，$nh_j^5\to 0$，$(j=1，2，\cdots，d)$。

假设 7.1 给出了空间权重矩阵的基本特性，与苏（2012）研究中假设 1①，程和陈（Cheng & Chen，2019）研究中假设 2②类似。假设 7.2 是关于协变量和误差项的假设。假设 7.2（2）假定非线性部分中的协变量是随机变量，而苏 (2012) 研究中假定该协变量是常量; 假设 7.2（3）假定误差项满足同方差条件，而苏（2012）研究中误差项既包括异方差情形又具有空间相关性。假设 7.3 和假设 7.3′ 分别考虑了不同可加函数个数下核函数的基本特征，是非参数文献中常见的假设。假设 7.4（1）是关于工具变量的假设。假设 7.4（2）和假设 7.4′ 是关于非参数函数的假设，与奥普索默和鲁珀特（1999）的假设 4 和假设 4′③类似。假设 7.5 和假设 7.5′ 是证明估计量渐近正态性的必要条件。假设 7.6 和假设 7.6′ 是关于估计量收敛速率的假设。

---

① Su L. Semiparametric GMM estimation of spatial autoregressive models[J]. Journal of Econometrics，2012，167: 543-560.

② Cheng S，Chen J. Estimation of partially linear single-index spatial autoregressive model[J]. Statistical Papers，2021，62(1): 495-531.

③ Opsomer J D，Ruppert D. A root-n consistent backfitting estimator for semiparametric additive modeling[J]. Journal of Computational and Graphical Statistics. 1999，8(4): 715-732.

7.3.2 主要结果

定理 7.3.1 当假设 7.1 至假设 7.6 成立时，

$$\mathrm{E}(\hat{\boldsymbol{\theta}}-\boldsymbol{\theta}_0)=-\frac{1}{2}h^2\mu_2(\boldsymbol{R}_1^T\boldsymbol{A}\boldsymbol{R}_1)^{-1}\boldsymbol{R}_1^T\boldsymbol{A}\mathrm{E}\big(\boldsymbol{h}_{n,\ 1}\boldsymbol{m}''(z_{n,\ 1})\big)+O_P(\boldsymbol{h}^4)$$

$$\mathrm{Var}(\hat{\boldsymbol{\theta}})=\frac{\sigma_0^2}{n}(\boldsymbol{R}_1^T\boldsymbol{A}\boldsymbol{R}_1)^{-1}\boldsymbol{R}_1^T\boldsymbol{A}\sum_1\boldsymbol{A}\boldsymbol{R}_1\big(\boldsymbol{R}_1^T\boldsymbol{A}\boldsymbol{R}_1\big)^{-1}+o_P(1)$$

一般地，取带宽 $h\propto n^{-1/5}$，此时 $\boldsymbol{\theta}$ 的偏差与 $n^{-2/5}$ 同阶。当带宽 h 取值比 $n^{-1/5}$ 小，即取值为 $h\propto n^r$，$-1<r<-1/4$，且 $\boldsymbol{A}_r=\left(\dfrac{1}{n}\boldsymbol{H}_n^T\boldsymbol{H}_n\right)^{-1}$ 时，

$$\mathrm{Var}(\hat{\boldsymbol{\theta}})=\frac{\sigma_0^2}{n}(\boldsymbol{R}_1^T\boldsymbol{A}\boldsymbol{R}_1)^{-1}+O_P(n^{-2})$$

$$\sqrt{n}\Big(\hat{\boldsymbol{\theta}}-\boldsymbol{\theta}_0\Big)\xrightarrow{D}N\big(\boldsymbol{0},\ \sigma_0^2(\boldsymbol{R}_1^T\boldsymbol{A}\boldsymbol{R}_1)^{-1}\big)$$

定理 7.3.2 当假设 7.1 至假设 7.6 成立，且 $h\propto n^r$，$-1<r<-1/4$ 时，

$$\sqrt{nh}\big(\hat{m}(z)-m(z)\big)\xrightarrow{D}N\big(0,\ f^{-2}(z)\Omega_{11}\big)$$

其中，$\boldsymbol{\Omega}=\lim\limits_{n\to\infty}\dfrac{h\sigma^2}{n}\boldsymbol{Z}^T\boldsymbol{K}\boldsymbol{K}^T\boldsymbol{Z}$，$\Omega_{11}$ 是 $\boldsymbol{\Omega}_1$ 的第一行第一列元素。

定理 7.3.3 当假设 7.1、假设 7.2、假设 7.3′ 至假设 7.6′ 成立时，

$$\mathrm{E}(\hat{\boldsymbol{\theta}}-\boldsymbol{\theta}_0)=O\left(\sum_{j=1}^{d}(h_j^2)+n^{-3/2}\right)$$

$$\mathrm{Var}(\hat{\boldsymbol{\theta}})=\frac{\sigma_0^2}{n}(\boldsymbol{R}_2^T\boldsymbol{A}\boldsymbol{R}_2)^{-1}\boldsymbol{R}_2^T\boldsymbol{A}\boldsymbol{\Sigma}_2\boldsymbol{A}\boldsymbol{R}_2(\boldsymbol{R}_2^T\boldsymbol{A}\boldsymbol{R}_2)^{-1}+o_P(1)$$

特别地，当 $\boldsymbol{A}_n=\left(\dfrac{1}{n}\boldsymbol{H}_n^T\boldsymbol{H}_n\right)^{-1}$ 时，

$$\mathrm{Var}(\hat{\boldsymbol{\theta}})=\frac{\sigma_0^2}{n}(\boldsymbol{R}_2^T\boldsymbol{A}\boldsymbol{R}_2)^{-1}+O_P(n^{-2})$$

$$\sqrt{n}(\hat{\boldsymbol{\theta}}-\boldsymbol{\theta}_0)\xrightarrow{D}N\big(\boldsymbol{0},\ \sigma_0^2(\boldsymbol{R}_2^T\boldsymbol{A}\boldsymbol{R}_2)^{-1}\big)$$

定理 7.3.4 当假设 7.1、假设 7.2、假设 7.3′ 至假设 7.6′ 成立时，

$$\mathrm{E}(\hat{\boldsymbol{m}}_j-\boldsymbol{m}_j)=\frac{1}{2}h_j^2\mu_2^j\big(\boldsymbol{m}_j''-\mathrm{E}(\boldsymbol{m}_j'')\big)-\boldsymbol{S}_j^*\boldsymbol{B}_{-j}+O_P(1/\sqrt{n})+o_P(h_j^2)$$

$$\mathrm{Var}\big(\hat{m}_j(z_j)\big)=\sigma_0^2\frac{\nu_0^j}{nh_j}f^{-1}(z_i)+O_P\big((nh_j)^{-1}\big)$$

定理 7.3.1 和定理 7.3.2 给出了当 $d=1$ 时，未知参数和未知函数的渐近正态性; 定理 7.3.3 和定理 7.3.4 给出了当 $d>1$ 时，未知参数和未知函数的渐近正态性。

7.4 数值模拟

本节我们将继续通过 Monte Carlo 数值模拟来考察 7.2 节构造估计量的小样本表现，对于参数的估计，仍然采用样本均值（MEAN）、样本标准差（SD）和均方误差（MSE）作为评价标准。

$$\mathrm{MSE}=\frac{1}{mcn}\sum_{i=1}^{mcn}(\hat{\xi}_i-\xi_0)^2$$

其中，mcn 是模拟次数，$\hat{\xi}_i(i=1，2，\cdots，mcn)$ 是每次模拟的参数估计值，ξ_0 是真值。对于非参数部分 $m_j(j=1，2，\cdots，d)$ 的估计 $\hat{m}_j$，参考范和吴（2008）与李和梁（2008）研究中使用的评价标准，即 RASE（root of average squared error）作为评价标准。

$$\mathrm{RASE}_q=\sqrt{Q^{-1}\sum_{q=1}^{Q}\left(\hat{m}_j(z_q)-m_j(z_q)\right)^2},\quad q=1，2，\cdots，Q$$

其中，Q 取为 40，是固定的网格点。与第 5 章类似，依然选用交叉验证法（CV）来确定最优带宽。对于非参数 m_j 模拟时采用标准的 Epanechikov 核函数 $k(u)=\dfrac{3}{4}\sqrt{5}\left(1-\dfrac{1}{5}u^2\right)I(u^2\leqslant 5)$，工具变量矩阵选用 $\boldsymbol{H}_n=(\boldsymbol{X}_n，\boldsymbol{W}_n\boldsymbol{X}_n)$。

7.4.1 数据生成过程

我们考虑如下数据生成过程:

$$y_{n,i}=\lambda_0\sum_{j=1}^{n}w_{n,ij}y_{n,j}+\sum_{k=1}^{2}x_{n,ik}\beta_{0k}+m_1(z_{n,i1})+m_2(z_{n,i2})+\varepsilon_{n,i}$$

其中，$x_{n,ik}$，$k=1，2$，是由独立的多元正态分布 $N(\mathbf{0}，\sum)$ 生成，其中，$\mathbf{0}=(0，0)^T$，$\sum=\begin{pmatrix}1&0\\0&1\end{pmatrix}$; 协变量 $z_{n,i1}$ 是由（-1，1）上的均匀分布生成，$z_{n,i2}$ 是由（0，1）上的均匀分布生成; $m_1(z_{n,i1})=2\sin(\pi z_{n,i1})$，$m_2(z_{n,i2})=z_{n,i2}^3+3z_{n,i2}^2-2z_{n,i2}-1$，$m_1(\cdot)$ 和 $m_2(\cdot)$ 的选取与魏等（Wei et al.，2012）研究中的选择类似; 误差项 $\varepsilon_{n,i}$ 来自独立的正态分布 $N(0，0.25)$; $\boldsymbol{\beta}_0=(1，1.5)^T$。为了考

察空间相关性的影响，模拟过程中分别选取 $\lambda_0=0.25$、$\lambda_0=0.5$ 和 $\lambda_0=0.75$。与第 5 章类似，为了考察空间权重矩阵对估计的影响，依然选择 Rook 空间权重矩阵和 Case 空间权重矩阵。在 Case 空间权重矩阵下，选取 $M=5$ 和 $M=10$，以及 $R=10$、$R=20$ 和 $R=40$。在 Rook 空间权重矩阵下，样本量分别取值 $n=49$、$n=64$、$n=81$、$n=100$、$n=225$ 和 $n=400$。

7.4.2 模拟结果

对每种情况，利用 Matlab 软件分别进行了 500 次模拟。Case 空间权重矩阵下，每次模拟参数的 MEAN、SD、MSE 及非参数的 500 个 RASE 值的 MEAN 和 SD 值如表 7-1 所示，未知函数 $m_1(\cdot)$ 和 $m_2(\cdot)$ 的拟合结果与 95% 的同时置信带呈现在图 7-1 和图 7-2 中。Rook 空间权重矩阵下，每次模拟的类似结果分别列在表 7-2 中，未知函数 $m_1(\cdot)$ 和 $m_2(\cdot)$ 的拟合结果与 95% 的同时置信带呈现在图 7-3 和图 7-4 中。

表 7-1　Case 空间权重矩阵下的模拟结果

R	参数	真值	$M=5$			$M=10$		
			MEAN	SD	MSE	MEAN	SD	MSE
10	λ	0.25	0.4294	0.4199	0.2082	0.4503	0.4027	0.2019
	β_1	1	1.0153	0.1516	0.0232	1.0048	0.0714	0.0051
	β_2	1.5	1.5226	0.1824	0.0337	1.5047	0.0822	0.0068
	m_1	—	1.2573	0.8844	—	0.3771	0.2786	—
	m_2	—	3.3756	0.5249	—	2.3944	0.2017	—
	λ	0.5	0.6105	0.1953	0.0503	0.6366	0.3442	0.1368
	β_1	1	0.9959	0.1161	0.0135	0.9986	0.0719	0.0052
	β_2	1.5	1.5007	0.1212	0.0147	1.4981	0.0732	0.0053
	m_1	—	1.2619	0.8069	—	0.3799	0.2937	—
	m_2	—	3.3710	0.4766	—	2.3676	0.1929	—
	λ	0.75	0.8047	0.1130	0.0158	0.8170	0.1865	0.0392
	β_1	1	1.0008	0.1148	0.0132	0.9888	0.0634	0.0041
	β_2	1.5	1.4768	0.1092	0.0124	1.4905	0.0625	0.0039
	m_1	—	1.2474	0.8178	—	0.3981	0.3062	—
	m_2	—	3.3921	0.4692	—	2.3901	0.1941	—
20	λ	0.2500	0.2725	0.2986	0.0895	0.3013	0.3394	0.1175
	β_1	1.0000	0.9997	0.0878	0.0077	1.0005	0.0536	0.0029
	β_2	1.5000	1.4839	0.1210	0.0148	1.4948	0.0634	0.0040
	m_1	—	0.3741	0.2706	—	0.1974	0.1620	—
	m_2	—	2.3798	0.2041	—	1.6840	0.1003	—
	λ	0.5000	0.5229	0.1838	0.0343	0.5437	0.2895	0.0856
	β_1	1.0000	0.9913	0.0765	0.0059	0.9949	0.0516	0.0027
	β_2	1.5000	1.4906	0.0930	0.0087	1.4942	0.0544	0.0029
	m_1	—	0.3725	0.2869	—	0.1986	0.1506	—
	m_2	—	2.3674	0.2026	—	1.6811	0.1011	—

续表

R	参数	真值	$M=5$			$M=10$		
			MEAN	SD	MSE	MEAN	SD	MSE
	λ	0.7500	0.7503	0.1220	0.0148	0.7887	0.1229	0.0166
	β_1	1.0000	0.9829	0.0864	0.0077	0.9919	0.0442	0.0020
	β_2	1.5000	1.4816	0.0775	0.0063	1.4909	0.0424	0.0019
	m_1	—	0.3844	0.2879	—	0.1937	0.1434	—
	m_2	—	2.3744	0.1944	—	1.6792	0.1015	—
	λ	0.2500	0.2474	0.1518	0.0229	0.2500	0.2127	0.0451
	β_1	1.0000	0.9945	0.0590	0.0035	0.9954	0.0378	0.0015
	β_2	1.5000	1.4904	0.0669	0.0045	1.4938	0.0422	0.0018
	m_1	—	0.1911	0.1409	—	0.0834	0.0651	—
	m_2	—	1.6797	0.0990	—	1.1390	0.0477	—
	λ	0.5000	0.5085	0.0742	0.0055	0.4996	0.1495	0.0223
	β_1	1.0000	0.9943	0.0529	0.0028	0.9959	0.0351	0.0012
40	β_2	1.5000	1.4951	0.0453	0.0021	1.4929	0.0343	0.0012
	m_1	—	0.1985	0.1530	—	0.0823	0.0613	—
	m_2	—	1.6808	0.1014	—	1.1392	0.0503	—
	λ	0.7500	0.7498	0.0582	0.0034	0.7464	0.1594	0.0254
	β_1	1.0000	0.9942	0.0511	0.0026	0.9930	0.0345	0.0012
	β_2	1.5000	1.4899	0.0447	0.0021	1.4919	0.0344	0.0012
	m_1	—	0.1960	0.1618	—	0.0872	0.0645	—
	m_2	—	1.6716	0.0964	—	1.1408	0.0502	—

通过观察表 7-1 可以得出以下结论。

第一，每次估计的线性部分系数 β_1 和 β_2 的估计值非常接近真实值，SD 和 MSE 也非常小; 然而，当样本量很小（即 $M=5$，$R=10$）时，空间相关系数 λ 的 MEAN 离真实值较远，SD 和 MSE 也相对较大，但是，随着样本量的增大，MEAN 越来越接近真实值，SD 和 MSE 迅速变小，说明 λ、β_1 和 β_2 随着样本量的增大是收敛的。

第二，当地区数 R 固定时，空间相关系数 λ 的 MEAN、SD 和 MSE 随着地区成员数量 M 的增加变化不大，说明地区成员数量的改变对空间相关系数影响很小; 线性部分系数 β_1 和 β_2 的 MEAN 非常接近真值，但是 SD 和 MSE 随着地区成员数量的增加呈现出明显的下降趋势，说明 β_1 和 β_2 随着样本量的增加逐渐收敛; 非参数函数 $m_1(\cdot)$ 和 $m_2(\cdot)$ 的 500 个 RASE 值的 MEAN 和 SD 随着地区成员数量 M 的增加迅速减少，说明非参数函数随着样本量的增加渐近收敛，这些小样本表现与 7.3 节的理论结果一致。

第三，当每个地区中的成员数量 M 固定不变时，空间相关系数 λ 的 MEAN 值随着地区数量 R 的增加越来越接近真实值，SD 和 MSE 明显下降，当样本量达到 200（即 $M=5$，$R=40$）时，MEAN 值非常接近真实值，说明我们构造的估计方法对空间相关系数的估计效果非常好; 线性部分系数 β_1 和 β_2 的 MEAN 非常接近真实值，随着地区数量 R 的增加，SD 和 MSE 仍然表现为下降趋势; 非参数函数 $m_1(\cdot)$ 和 $m_2(\cdot)$ 的 500 个 RASE 值的 MEAN 和 SD 随着地区数 R 的增加下降非常明显。这些小样本表现与 7.3 节的理论结果一致。

图 7-1 给出了样本量为 $M=5$、$R=40$ 和 $M=10$、$R=40$ 时，不同空间相关系数（$\lambda=0.25$，0.5，0.75）下，未知函数 $m_1(\cdot)$ 的估计与 95% 同时置信带的拟合图，实线代表预先设定的函数形式，短虚线表示未知函数的估计值，两条长虚线给出了 95% 的同时置信带。通过观察图 7-1 发现，每种情况下非参数的拟合曲线和真实曲线有一定的偏差，但是整体变化趋势是一样的。7.3 节的定理从理论角度说明了这种情况的原因。图 7-2 给出了样本量 $M=5$、$R=40$ 和 $M=10$、$R=40$ 时，不同空间相关系数（$\lambda=0.25$，0.5，0.75）下，未知函数 $m_2(\cdot)$ 的估计与 95% 同时置信带的拟合图，结果和 $m_1(\cdot)$ 类似，此处不再赘述。

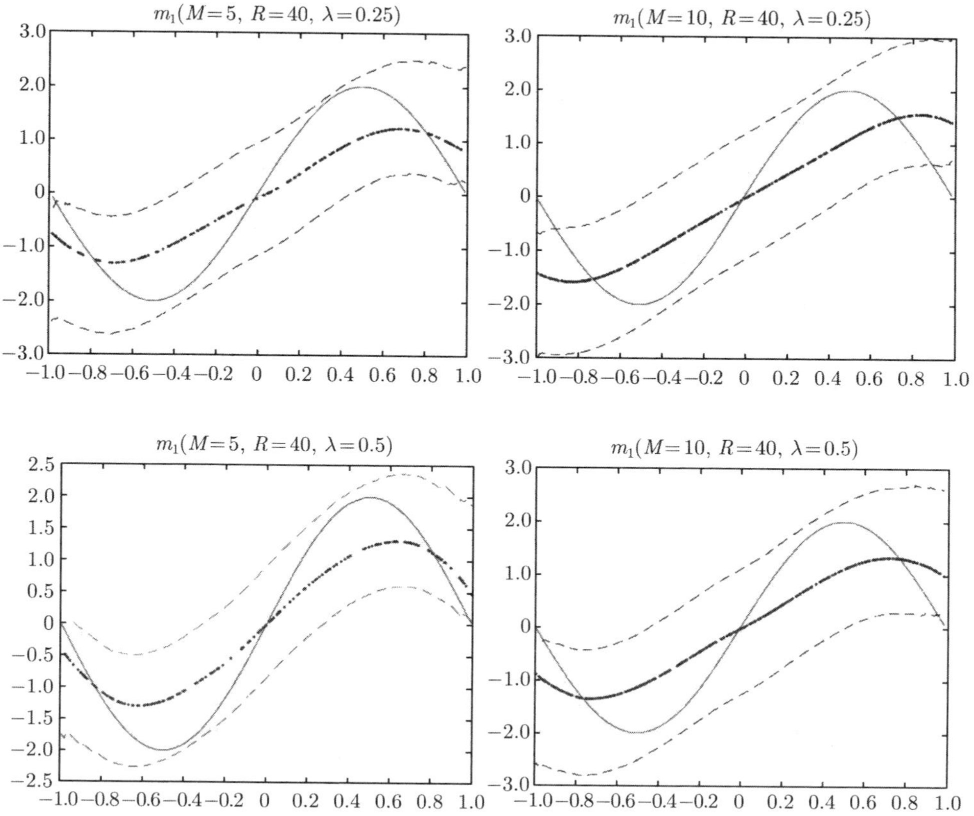

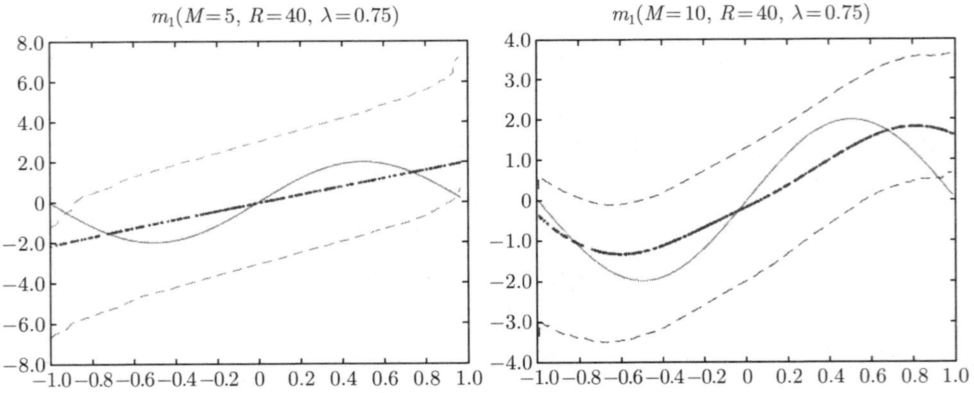

图 7-1　Case 权重矩阵下 m_1 的拟合结果

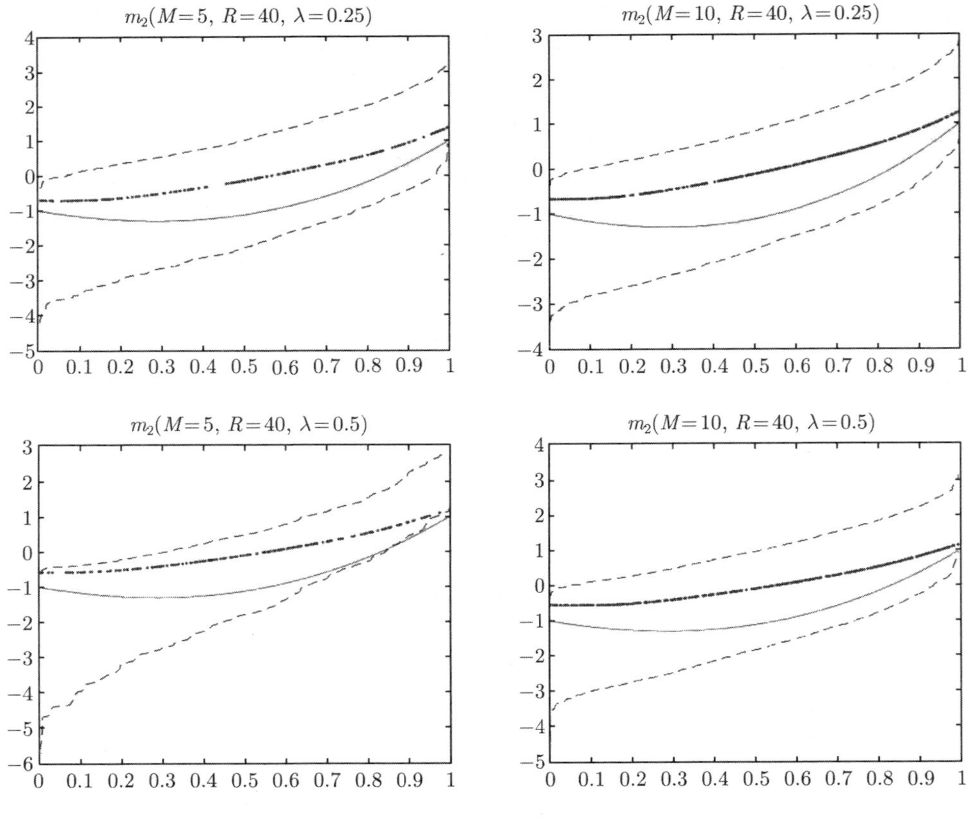

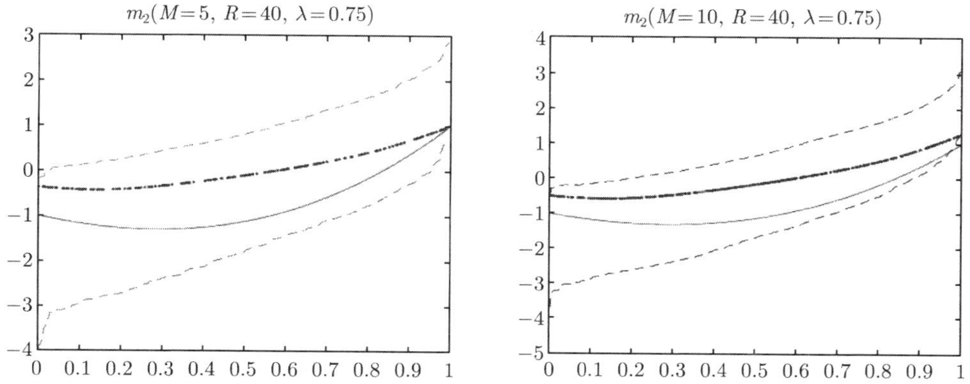

图 7-2 Case 权重矩阵下 m_2 的拟合结果

表 7-2 给出了在 Rook 空间权重矩阵下，参数和非参数的模拟结果。通过观察对比得出以下结论。

第一，线性部分系数 β_1 和 β_2 的 MEAN、SD 和 MSE 与 Case 空间权重矩阵下的结果类似。但是，当样本量（$n=49$）很小时，与 Case 空间权重矩阵（$M=5$，$R=10$）相比，Rook 空间权重矩阵下，空间相关系数 λ 的样本均值更加接近真实值，SD 和 MSE 也相对较小。线性部分系数 β_1 和 β_2 在两种空间权重矩阵下表现相近。说明空间权重矩阵的选取对空间相关系数有一定的影响，对线性部分系数影响不大。

第二，随着样本量的增加。λ、β_1 和 β_2 的 MEAN 值越来越接近真实值，SD 和 MSE 随着样本量的增加而减小，说明参数部分随着样本量的增大逐渐收敛，这与 7.3 节的理论结果一致。

第三，未知函数 $m_1(\cdot)$ 和 $m_2(\cdot)$ 的 500 个 RASE 值的 MEAN 和 SD 随着样本量的增加同样呈现下降趋势，说明未知函数也是渐近收敛的。这些结论与 Case 空间权重矩阵下的结果类似。

表 7-2 Rook 空间权重矩阵下的模拟结果

参数	真值	$n=49$			$n=64$		
		MEAN	SD	MSE	MEAN	SD	MSE
λ	0.2500	0.3728	0.3242	0.1199	0.3229	0.3576	0.1330
β_1	1.0000	0.9998	0.1336	0.0178	0.9972	0.1453	0.0211
β_2	1.5000	1.4972	0.1476	0.0217	1.4930	0.1507	0.0227
m_1	—	1.1335	0.7825	—	0.5546	0.4369	—
m_2	—	3.4455	0.5064	—	2.9129	0.2954	—
λ	0.5000	0.6372	0.3166	0.1188	0.5832	0.3172	0.1073
β_1	1.0000	0.9949	0.1380	0.0190	0.9969	0.1151	0.0132
β_2	1.5000	1.4910	0.1520	0.0232	1.4874	0.1284	0.0166

续表

参数	真值	$n=49$			$n=64$		
		MEAN	SD	MSE	MEAN	SD	MSE
m_1	—	1.1389	0.8186	—	0.5607	0.4404	—
m_2	—	3.4487	0.4891	—	2.9346	0.2997	—
λ	0.7500	0.8558	0.1566	0.0357	0.8363	0.1495	0.0297
β_1	1.0000	0.9893	0.1135	0.0129	0.9861	0.0974	0.0096
β_2	1.5000	1.4737	0.1218	0.0155	1.4882	0.0936	0.0089
m_1	—	1.2254	0.8118	—	0.5432	0.4137	—
m_2	—	3.4696	0.4783	—	2.9398	0.3287	—
参数	真值	$n=81$			$n=100$		
		MEAN	SD	MSE	MEAN	SD	MSE
λ	0.2500	0.3028	0.2772	0.0795	0.2810	0.2151	0.0471
β_1	1.0000	0.9962	0.1089	0.0118	0.9988	0.0845	0.0071
β_2	1.5000	1.4896	0.1163	0.0136	1.4925	0.0903	0.0082
m_1	—	0.5541	0.4226	—	0.3805	0.2784	—
m_2	—	2.7209	0.2533	—	2.3728	0.2002	—
λ	0.5000	0.5601	0.2279	0.0555	0.5425	0.2032	0.0430
β_1	1.0000	0.9902	0.0908	0.0083	0.9898	0.0753	0.0058
β_2	1.5000	1.4899	0.0938	0.0089	1.4857	0.0804	0.0066
m_1	—	0.5719	0.4185	—	0.3916	0.2991	—
m_2	—	2.7403	0.2488	—	2.3699	0.1936	—
λ	0.7500	0.8199	0.2866	0.0868	0.7931	0.1680	0.0301
β_1	1.0000	0.9911	0.0794	0.0064	0.9899	0.0665	0.0045
β_2	1.5000	1.4801	0.0792	0.0066	1.4821	0.0660	0.0047
m_1	—	0.5354	0.4363	—	0.3635	0.2887	—
m_2	—	2.7300	0.2533	—	2.3730	0.1975	—
参数	真值	$n=225$			$n=400$		
		MEAN	SD	MSE	MEAN	SD	MSE
λ	0.2500	0.2575	0.1210	0.0146	0.2527	0.0814	0.0066
β_1	1.0000	0.9951	0.0544	0.0029	0.9992	0.0389	0.0015
β_2	1.5000	1.4922	0.0539	0.0029	1.4960	0.0355	0.0013
m_1	—	0.1587	0.1273	—	0.2903	0.2242	—
m_2	—	1.5546	0.0849	—	4.1700	0.1695	—
λ	0.5000	0.5002	0.1359	0.0184	0.4968	0.0840	0.0071
β_1	1.0000	0.9954	0.0482	0.0023	0.9998	0.0363	0.0013
β_2	1.5000	1.4899	0.0513	0.0027	1.4921	0.0336	0.0012
m_1	—	0.1586	0.1183	—	0.0889	0.0644	—
m_2	—	1.5570	0.0815	—	1.1394	0.0480	—
λ	0.7500	0.7678	0.1135	0.0132	0.7545	0.0586	0.0034
β_1	1.0000	0.9923	0.0462	0.0022	0.9925	0.0357	0.0013
β_2	1.5000	1.4907	0.0439	0.0020	1.4926	0.0287	0.0009
m_1	—	0.1712	0.1311	—	0.0872	0.0646	—
m_2	—	1.5562	0.0858	—	1.1407	0.0502	—

图 7-3 和图 7-4 给出了 Rook 空间权重矩阵下，未知函数的估计与 95% 同时置信带的拟合图。图 7-3 左侧给出了样本量 $n=225$ 时，不同空间相关系数下未知函数 $m_1(\cdot)$ 的拟合效果，右侧展示了样本量为 $n=400$ 时，不同空间相关系数

下未知函数 $m_1(\cdot)$ 的拟合效果。图 7-4 给出的未知函数 $m_2(\cdot)$ 的拟合效果。这些结果与 Case 空间权重矩阵下的结果类似，此处不再赘述。

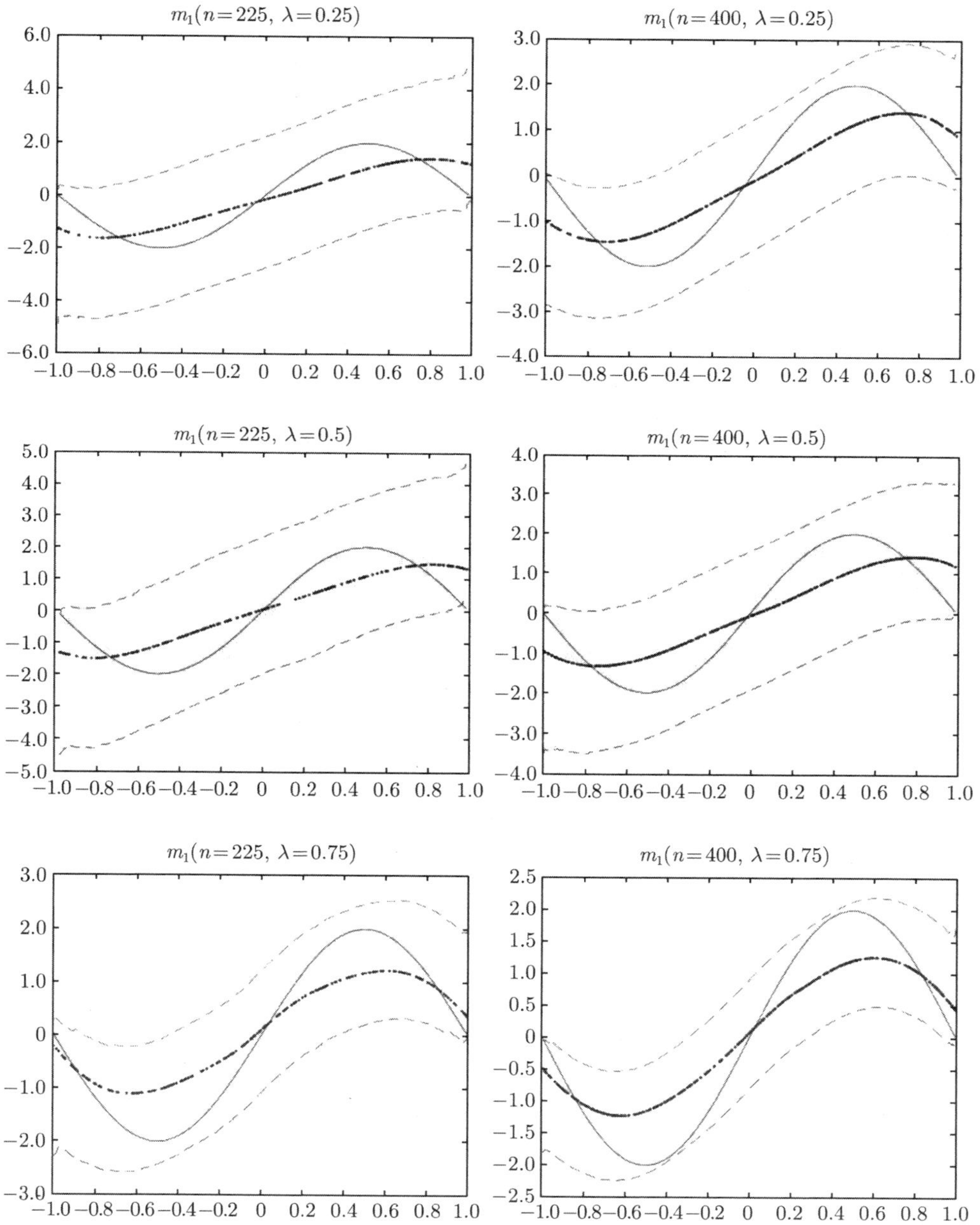

图 7-3 Rook 权重矩阵下 m_1 的拟合结果

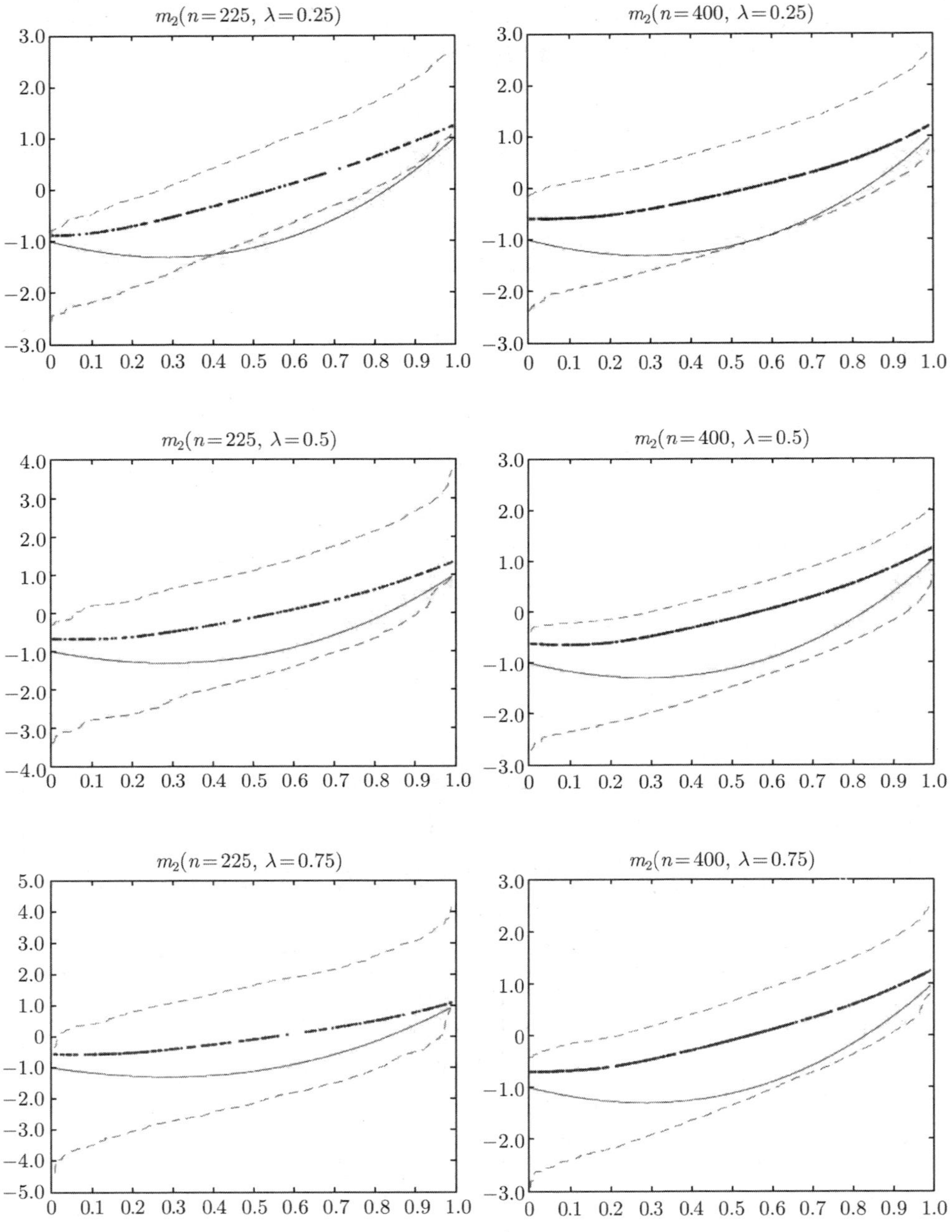

图 7-4　Rook 权重矩阵下 m_2 的拟合结果

7.5 实例分析

本节继续采用我国 2017 年 264 个地级市[①]与房价相关的数据，利用本章构造的估计技术来探讨我国房价的影响因素。数据的详细说明可以阅读本书第 6 章。接下来我们通过如下模型对这份数据进行拟合:

$$y_{n,i} = \lambda \sum_{j=1}^{264} w_{n,ij} y_{n,j} + \beta x_{n,i} + \sum_{k=1}^{5} m_k(z_{n,ik}) + \varepsilon_{n,i} \tag{7.11}$$

其中，$y_{n,i}$ 是 ln（ASP）的第 i 个观测值，$x_{n,i}$ 是 EHP 的第 i 个观测值，$z_{n,ik}$ 分别是 POD、ln（ADI）、LTG、ln（SDE）和 ln（AOG）的第 i 个观测值。其余的情况说明可以详见本书第 6 章。基于 7.2 节给出的估计方法，利用 Matlab 软件模拟 2000 次得到参数和非参数的估计。表 7.5 是未知参数线性效应的估计结果，图 7-5 绘制了非参数函数的拟合曲线和 95% 的置信带。

观察表 7.5，我们得到如下结论。

第一，空间自相关系数的估计值为 0.8792，标准差为 0.2658，均方误差为 0.0548. 说明在不同区域间房价存在正的相关性，这与第 6 章结果及孙和吴（2018）的研究结论一致。

第二，$\beta = 6.6482$，并且其标准差为 3.1427，意味着 EHP 对房价存在正的影响。

第三，截距项系数为 16.6191，意味着当其他自变量全为零时，城市间商品房的平均售价仍然存在，且为正。

模型 (7.11) 中非参数部分的拟合曲线和 95% 置信带如图 7-5 中所示。其中，实线表示非参数部分的拟合值，虚线表示 95% 的置信带。图 7-5 展示出所有的这些解释变量对房价的非线性影响。

表 7-3　　模型 (7.11) 中未知参数的估计结果

	MEAN	SD	MSE
λ	0.8792	0.2658	0.0548
β	6.6482	3.1427	1.7658
截距	16.6191	3.3265	2.1062

① 数据来自《中国城市统计年鉴 (2017)》，由于部分数据缺失和统计口径不同，香港、澳门和台湾未统计。

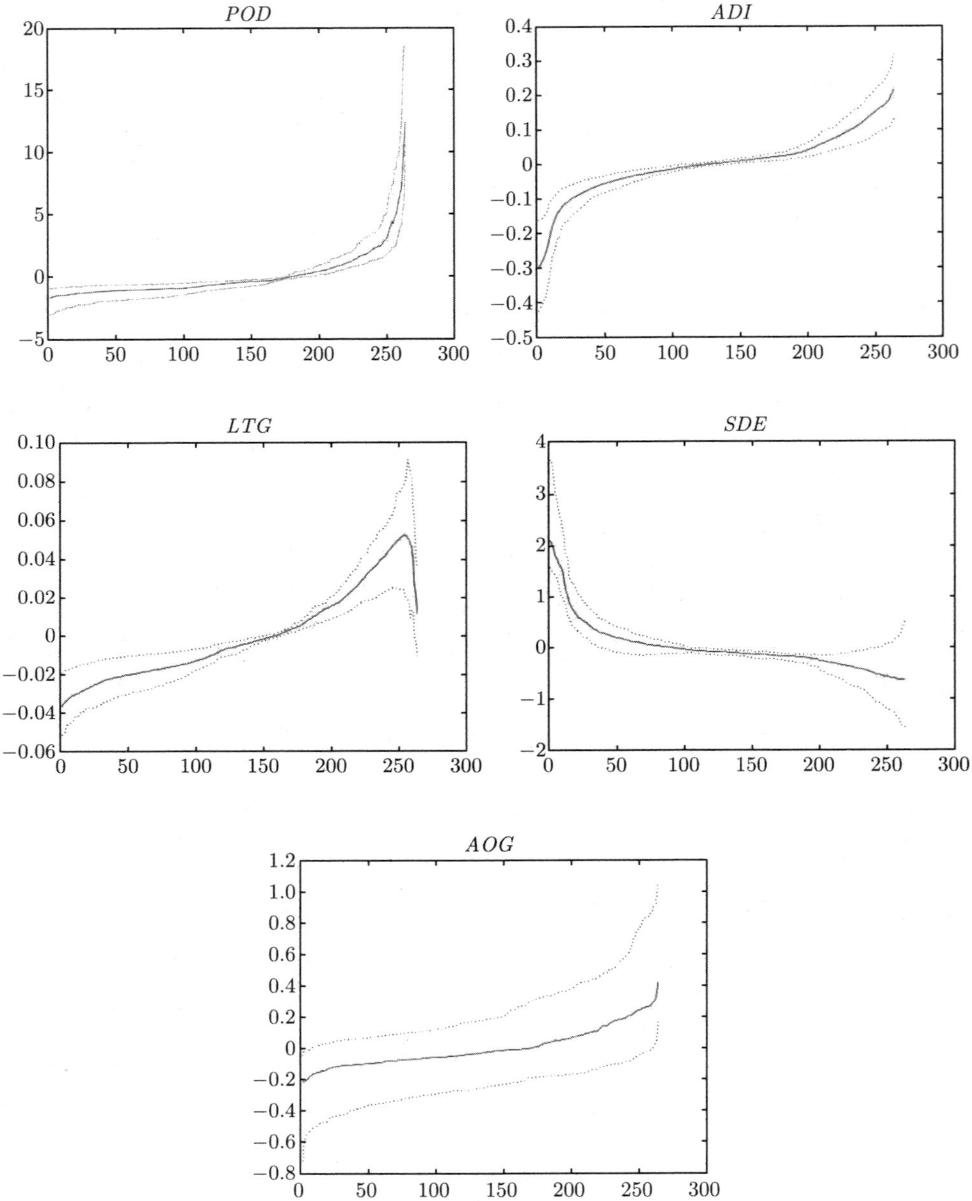

图 7-5　房价影响因素的非线性效应

7.6 引理及定理的证明

为了得到定理的详细证明，首先给出如下几个引理。

引理 7.6.1 当 n 充分大时，$\boldsymbol{S}=(s_{ij})_{n\times n}$ 的行元素的绝对值之和（或列元素的绝对值之和）一致有界，且 $\sum\limits_{j=1}^{n} s_{ij}=1$。

引理 7.6.2 当假设 7.2 与假设 7.6 成立时，平滑矩阵有如下渐近逼近：

$$\boldsymbol{S}_j^*=\boldsymbol{S}_j-\frac{\mathbf{1}\mathbf{1}^T}{n}+o\left(\frac{\mathbf{1}\mathbf{1}^T}{n}\right)$$

$$\left(\boldsymbol{I}_n-\boldsymbol{S}_j^*\boldsymbol{F}_n^{[-j]}\right)^{-1}=\boldsymbol{I}_n+O(\mathbf{1}\mathbf{1}^T/n)$$

引理 7.6.3 当假设 7.1 至假设 7.3 成立时，下式成立。

$$\frac{1}{n}\boldsymbol{Z}^T\boldsymbol{K}\boldsymbol{Z}=f(z)\begin{pmatrix}1 & 0\\ 0 & \mu_2\end{pmatrix}+O_P(h)$$

证明 由于 $\boldsymbol{Z}=\begin{pmatrix}1 & \cdots & 1\\ (z_{n,\ 1}-z)/h & \cdots & (z_{n,\ n}-z)/h\end{pmatrix}^T$

$$\boldsymbol{K}=\mathrm{diag}\{k_h(z_1-z),\ \cdots,\ k_h(z_n-z)\}$$

从而

$$\frac{1}{n}\boldsymbol{Z}^T\boldsymbol{K}\boldsymbol{Z}=\begin{pmatrix}\Lambda_{1.11} & \Lambda_{1.12}\\ \Lambda_{1.21} & \Lambda_{1.22}\end{pmatrix}$$

其中，$\Lambda_{1.11}=\frac{1}{n}\sum\limits_{i=1}^{n}k_h(z_i-z)$，$\Lambda_{1.12}=\Lambda_{1.21}=\frac{1}{n}\sum\limits_{i=1}^{n}\frac{z_{n,\ i}-z}{h}k_h(z_i-z)$，$\Lambda_{1.22}=\frac{1}{n}\sum\limits_{i=1}^{n}\left(\frac{z_{n,\ i}-z}{h}\right)^2\cdot k_h(z_i-z)$。根据假设条件 7.3，简单计算可得

$$\begin{aligned}\mathrm{E}(\Lambda_{1.11})&=\mathrm{E}\big(k_h(z_1-z)\big)\\&=\int k_h(z_1-z)f(z_1)dz_1\\&=\int k(v)f(hv+z)dv\\&=f(z)+O(h^2)\end{aligned}$$

类似地，$\mathrm{E}(\Lambda_{1.12}) = O(h)$ 和 $\mathrm{E}(\Lambda_{1.22}) = f(z)\mu_2 + O(h^2)$。因此，

$$\frac{1}{n}\boldsymbol{Z}^T\boldsymbol{K}\boldsymbol{Z} = f(z)\begin{pmatrix} 1 & 0 \\ 0 & \mu_2 \end{pmatrix} + O_P(h)$$

引理 7.6.4 当假设 7.1 至假设 7.3 成立，并且 n 充分大时，$\boldsymbol{F}_n$ 的行元素绝对值的和与列元素绝对值的和一致有界。

证明 由于 $\boldsymbol{F}_n = \sum\limits_{j=1}^{d} \boldsymbol{F}_j$，其中 $\boldsymbol{F}_j = \boldsymbol{I}_n - (\boldsymbol{I}_n - \boldsymbol{S}_j^*\boldsymbol{F}_n^{[-j]})^{-1}(\boldsymbol{I}_n - \boldsymbol{S}_j^*)$，因此要证明 $\boldsymbol{F}_n$ 的行元素绝对值的和与列元素绝对值的和一致有界，只需证明 $\boldsymbol{F}_j$ 的行元素绝对值的和与列元素绝对值的和一致有界。根据奥普索默（2000）研究中引理 2[①] 有 $(\boldsymbol{I}_n - \boldsymbol{S}_j^*\boldsymbol{F}_n^{[-j]})^{-1} = \boldsymbol{I}_n + O_P(\boldsymbol{1}\boldsymbol{1}^T/n)$，因此

$$\begin{aligned}
\boldsymbol{F}_j &= \boldsymbol{I}_n - (\boldsymbol{I}_n - \boldsymbol{S}_j^*\boldsymbol{F}_n^{[-j]})^{-1}(\boldsymbol{I}_n - \boldsymbol{S}_j^*) \\
&= \boldsymbol{I}_n - \big(\boldsymbol{I}_n + O_P(\boldsymbol{1}\boldsymbol{1}^T/n)\big)(\boldsymbol{I}_n - \boldsymbol{S}_j^*) \\
&= \boldsymbol{S}_j^* + O_P(\boldsymbol{1}\boldsymbol{1}^T/n)
\end{aligned}$$

结合引理 7.6.1 与 $\boldsymbol{S}_j^*$ 的定义知，$\boldsymbol{S}_j^*$ 的行元素绝对值的和与列元素绝对值的和一致有界，从而 $\boldsymbol{F}_j$ 的行元素绝对值的和与列元素绝对值的和一致有界，所以 $\boldsymbol{F}_n$ 的行元素绝对值的和与列元素绝对值的和一致有界。

定理 7.3.1 的证明

$$\begin{aligned}
\mathrm{E}(\hat{\boldsymbol{\theta}}) =& \big(\boldsymbol{R}_n^T(\boldsymbol{I}_n - \boldsymbol{S})^T\boldsymbol{H}_n\boldsymbol{A}_r\boldsymbol{H}_n^T(\boldsymbol{I}_n - \boldsymbol{S})\boldsymbol{R}_n\big)^{-1} \\
& \boldsymbol{R}_n^T(\boldsymbol{I}_n - \boldsymbol{S})^T\boldsymbol{H}_n\boldsymbol{A}_r\boldsymbol{H}_n^T(\boldsymbol{I}_n - \boldsymbol{S})\boldsymbol{m} + \boldsymbol{\theta}_0
\end{aligned}$$

和

$$\begin{aligned}
\boldsymbol{R}_n &= (\boldsymbol{W}_n\boldsymbol{Y}_n,\ \boldsymbol{X}_n) \\
&= \Big(\boldsymbol{W}_n(\boldsymbol{I}_n - \lambda_0\boldsymbol{W}_n)^{-1}(\boldsymbol{X}_n\boldsymbol{\beta}_0 + \boldsymbol{m} + \boldsymbol{\varepsilon}_n),\ \boldsymbol{X}_n\Big) \\
&= \Big(\boldsymbol{W}_n(\boldsymbol{I}_n - \lambda_0\boldsymbol{W}_n)^{-1}(\boldsymbol{X}_n\boldsymbol{\beta}_0 + \boldsymbol{m}),\ \boldsymbol{X}_n\Big) + \Big(\boldsymbol{W}_n(\boldsymbol{I}_n - \lambda_0\boldsymbol{W}_n)^{-1}\boldsymbol{\varepsilon}_n,\ \boldsymbol{0}\Big) \\
&= \tilde{\boldsymbol{R}}_n + \tilde{\boldsymbol{\varepsilon}}_n
\end{aligned}$$

① Opsomer J D. Asymptotic properties of backfitting estimators[J]. Journal of Multivariate Analysis, 2000, 73: 166-179.

其中，$\tilde{\boldsymbol{R}}_n = \big(\boldsymbol{W}_n(\boldsymbol{I}_n-\lambda_0\boldsymbol{W}_n)^{-1}(\boldsymbol{X}_n\boldsymbol{\beta}_0+\boldsymbol{m}),\ \boldsymbol{X}_n\big)$，$\tilde{\boldsymbol{\varepsilon}}_n = \big(\boldsymbol{W}_n(\boldsymbol{I}_n-\lambda_0\boldsymbol{W}_n)^{-1}\boldsymbol{\varepsilon}_n,\ \boldsymbol{0}\big)$。因此，只需证明

$$\frac{1}{n}\boldsymbol{H}_n^T(\boldsymbol{I}_n-\boldsymbol{S})\boldsymbol{R}_n = \boldsymbol{R}_1 + o_P(\boldsymbol{1}) \tag{7.12}$$

$$\frac{1}{n}\boldsymbol{H}_n^T(\boldsymbol{I}_n-\boldsymbol{S})\boldsymbol{m} = -\frac{1}{2}h^2\mu_2\mathrm{E}\big(\boldsymbol{h}_{n,1}m''(z_1)\big) + o_P(\boldsymbol{h}^4) \tag{7.13}$$

首先证明式 (7.12)。由于

$$\frac{1}{n}\boldsymbol{H}_n^T(\boldsymbol{I}_n-\boldsymbol{S})\boldsymbol{R}_n = \frac{1}{n}\boldsymbol{H}_n^T(\boldsymbol{I}_n-\boldsymbol{S})\tilde{\boldsymbol{R}}_n + \frac{1}{n}\boldsymbol{H}_n^T(\boldsymbol{I}_n-\boldsymbol{S})\tilde{\boldsymbol{\varepsilon}}_n$$

根据假设 7.1、假设 7.2、假设 7.4 和引理 7.6.1 并经过简单整理可得

$$\frac{1}{n}\boldsymbol{H}_n^T(\boldsymbol{I}_n-\boldsymbol{S})\boldsymbol{W}_n(\boldsymbol{I}_n-\lambda_0\boldsymbol{W}_n)^{-1}\boldsymbol{\varepsilon}_n = o_P(\boldsymbol{1})$$

从而，结合假设 7.5，有 $\frac{1}{n}\boldsymbol{H}_n^T(\boldsymbol{I}_n-\boldsymbol{S})\boldsymbol{R}_n = \boldsymbol{R}_1 + o_P(\boldsymbol{1})$。

其次证明式 (7.13)。对 $m(z_{n,i})$ 在 z 处二阶 Taylor 展开:

$$\begin{aligned} m(z_{n,i}) =& m(z) + m'(z)(z_{n,i}-z) + \frac{m''(z)}{2}(z_{n,i}-z)^2 + o(h^2) \\ =& \left(1,\ \frac{z_{n,i}-z}{h}\right)\begin{pmatrix} m(z) \\ hm'(z) \end{pmatrix} + \frac{m''(z)}{2}(z_{n,i}-z)^2 + o(h^2), \\ & i = 1,\ 2,\ \cdots,\ n \end{aligned}$$

因此，令

$$\boldsymbol{Q}_m(z) = \begin{pmatrix} (z_{n,1}-z)^2 \\ \vdots \\ (z_{n,n}-z)^2 \end{pmatrix} m''(z)$$

则

$$\boldsymbol{m} = \boldsymbol{Z}\begin{pmatrix} m(z) \\ hm'(z) \end{pmatrix} + \frac{1}{2}\boldsymbol{Q}_m(z) + o(\boldsymbol{h}^2)$$

从而 $\boldsymbol{Sm} = \boldsymbol{m} + \frac{1}{2}\boldsymbol{Q} + o(\boldsymbol{h}^2)$，其中，

$$\boldsymbol{Q}=\begin{pmatrix}\boldsymbol{s}_{z,1}\boldsymbol{Q}_m(z_1)\\ \vdots \\ \boldsymbol{s}_{z,n}\boldsymbol{Q}_m(z_n)\end{pmatrix}$$

由于 $\boldsymbol{s}_{z,1}\boldsymbol{Q}_m(z_1)=\boldsymbol{e}_1^T(\boldsymbol{Z}^T\boldsymbol{K}\boldsymbol{Z})^{-1}\boldsymbol{Z}^T\boldsymbol{K}\boldsymbol{Q}_m(z_1)$，根据引理 7.6.3，可知

$$\frac{1}{n}\boldsymbol{Z}^T\boldsymbol{K}\boldsymbol{Z}=f(z)\begin{pmatrix}1 & 0\\ 0 & \mu_2\end{pmatrix}+O_P(h)$$

另一方面，

$$\frac{1}{n}\boldsymbol{Z}^T\boldsymbol{K}\boldsymbol{Q}_m(z_1)=\begin{pmatrix}\dfrac{1}{n}\displaystyle\sum_{i=1}^n k_h\left(\frac{z_{n,i}-z_1}{h}\right)(z_{n,i}-z_1)^2m''(z_1)\\ \dfrac{1}{n}\displaystyle\sum_{i=1}^n \frac{z_{n,i}-z_1}{h}k_h\left(\frac{z_{n,i}-z_1}{h}\right)(z_{n,i}-z_1)^2m''(z_1)\end{pmatrix}$$

其中，

$$\begin{aligned}&\mathrm{E}\left(\frac{1}{n}\sum_{i=1}^n k_h\left(\frac{z_{n,i}-z_1}{h}\right)(z_{n,i}-z_1)^2m''(z_1)\right)\\ =&\mathrm{E}\left(k_h\left(\frac{z_{n,1}-z_1}{h}\right)(z_{n,1}-z_1)^2m''(z_1)\right)\\ =&\int k_h\left(\frac{z_{n,1}-z_1}{h}\right)(z_{n,1}-z_1)^2m''(z_1)f(z_{n,1})dz_{n,1}\\ =&\int h^2v^2k(v)m''(z_1)\left(f(z_1)+hvf'(z_1)+\frac{h^2v^2}{2}f''(z_1)\right)dv\\ =&h^2\mu_2m''(z_1)f(z_1)+O(h^4)\end{aligned}$$

类似可得

$$\begin{aligned}&\mathrm{E}\left(\frac{1}{n}\sum_{i=1}^n \frac{z_{n,i}-z_1}{h}k_h\left(\frac{z_{n,i}-z_1}{h}\right)(z_{n,i}-z_1)^2m''(z_1)\right)\\ =&h^3\mu_4m''(z_1)f'(z_1)\\ =&O(h^3)\end{aligned}$$

因此，$\boldsymbol{s}_{z,1}\boldsymbol{Q}_m(z_1)=h^2\mu_2m''(z_1)+O_P(h^4)$。更进一步地，我们有

$$\boldsymbol{Q}=h^2\mu_2\boldsymbol{m}''+O_P(\boldsymbol{h}^4)$$

因此，

$$
\begin{aligned}
(\boldsymbol{I}_n-\boldsymbol{S})\boldsymbol{m} &= -\frac{1}{2}\boldsymbol{Q}+o(\boldsymbol{h}^2)\\
&= -\frac{1}{2}h^2\mu_2\boldsymbol{m}''+O_P(\boldsymbol{h}^4)+o(\boldsymbol{h}^2)\\
&= -\frac{1}{2}h^2\mu_2\boldsymbol{m}''+O_P(\boldsymbol{h}^4)
\end{aligned}
$$

从而，

$$
\begin{aligned}
&\frac{1}{n}\boldsymbol{H}_n^T(\boldsymbol{I}_n-\boldsymbol{S})\boldsymbol{m}\\
=&\frac{1}{n}\begin{pmatrix} h_{n,11} & \cdots & h_{n,n1}\\ \vdots & \ddots & \vdots\\ h_{n,1r} & \cdots & h_{n,nr}\end{pmatrix}\begin{pmatrix} -\frac{1}{2}h^2\mu_2 m''(z_1)\\ \vdots \\ -\frac{1}{2}h^2\mu_2 m''(z_n)\end{pmatrix}+O_P(\boldsymbol{h}^4)\\
=&-\frac{1}{2}h^2\mu_2\begin{pmatrix} \frac{1}{n}\sum_{i=1}^{n} h_{n,i1}m''(z_i)\\ \vdots \\ \frac{1}{n}\sum_{i=1}^{n} h_{n,ir}m''(z_i)\end{pmatrix}+O_P(\boldsymbol{h}^4)\\
=&-\frac{1}{2}h^2\mu_2\mathrm{E}\big(\boldsymbol{h}_{n,1}m''(z_1)\big)+O_P(\boldsymbol{h}^4)
\end{aligned}
$$

根据假设 7.5，结合式 (7.12) 与式 (7.13)，通过简单整理得到

$$
\begin{aligned}
\mathrm{E}(\hat{\boldsymbol{\theta}}-\boldsymbol{\theta}_0)=&\big(\boldsymbol{R}_n^T(\boldsymbol{I}_n-\boldsymbol{S})^T\boldsymbol{H}_n\boldsymbol{A}_r\boldsymbol{H}_n^T(\boldsymbol{I}_n-\boldsymbol{S})\boldsymbol{R}_n\big)^{-1}\boldsymbol{R}_n^T(\boldsymbol{I}_n-\boldsymbol{S})^T\boldsymbol{H}_n\boldsymbol{A}_r\boldsymbol{H}_n^T(\boldsymbol{I}_n-\boldsymbol{S})\boldsymbol{m}\\
=&-\frac{1}{2}h^2\mu_2(\boldsymbol{R}_1^T\boldsymbol{A}\boldsymbol{R}_1)^{-1}\boldsymbol{R}_1^T\boldsymbol{A}\mathrm{E}\big(\boldsymbol{h}_{n,1}m''(z_1)\big)+O_P(\boldsymbol{h}^4)
\end{aligned}
$$

结合上述证明及假设 7.5，我们有

$$
\begin{aligned}
\mathrm{Var}(\hat{\boldsymbol{\theta}})=&\sigma_0^2\Big(\big(\boldsymbol{R}_n^T(\boldsymbol{I}_n-\boldsymbol{S})^T\boldsymbol{H}_n\boldsymbol{A}_r\boldsymbol{H}_n^T(\boldsymbol{I}_n-\boldsymbol{S})\boldsymbol{R}_n\big)^{-1}\boldsymbol{R}_n^T(\boldsymbol{I}_n-\boldsymbol{S})^T\boldsymbol{H}_n\boldsymbol{A}_r\boldsymbol{H}_n^T(\boldsymbol{I}_n-\boldsymbol{S})\\
&\cdot(\boldsymbol{I}_n-\boldsymbol{S})^T\boldsymbol{H}_n\boldsymbol{A}_r\boldsymbol{H}_n^T(\boldsymbol{I}_n-\boldsymbol{S})\boldsymbol{R}_n\big(\boldsymbol{R}_n^T(\boldsymbol{I}_n-\boldsymbol{S})^T\boldsymbol{H}_n\boldsymbol{A}_r\boldsymbol{H}_n^T(\boldsymbol{I}_n-\boldsymbol{S})\boldsymbol{R}_n\big)^{-1}\Big)\\
=&\frac{\sigma_0^2}{n}\big(\boldsymbol{R}_1^T\boldsymbol{A}\boldsymbol{R}_1\big)^{-1}\boldsymbol{R}_1^T\boldsymbol{A}\sum_1\boldsymbol{A}\boldsymbol{R}_1\big(\boldsymbol{R}_1^T\boldsymbol{A}\boldsymbol{R}_1\big)^{-1}+o_P(\boldsymbol{1})
\end{aligned}
$$

和

$$\sqrt{n}\Big(\hat{\boldsymbol{\theta}}-\boldsymbol{\theta}_0+\frac{1}{2}h^2\mu_2(\boldsymbol{R}^T\boldsymbol{A}\boldsymbol{R})^{-1}\boldsymbol{R}^T\boldsymbol{A}\mathrm{E}\big(\boldsymbol{h}_{n,\ i}\boldsymbol{m}''(z_{n,\ i})\big)\Big)$$

$$\xrightarrow{D}N\Big(\mathbf{0},\ \sigma^2(\boldsymbol{R}^T\boldsymbol{A}\boldsymbol{R})^{-1}\boldsymbol{R}^T\boldsymbol{A}\sum\boldsymbol{A}\boldsymbol{R}\big(\boldsymbol{R}^T\boldsymbol{A}\boldsymbol{R}\big)^{-1}\Big)$$

当 $\boldsymbol{A}_r=\left(\frac{1}{n}\boldsymbol{H}_n^T\boldsymbol{H}_n\right)^{-1}$ 时，

$$\begin{aligned}\mathrm{Var}(\hat{\boldsymbol{\theta}})=&\sigma_0^2\Big(\big(\boldsymbol{R}_n^T(\boldsymbol{I}_n-\boldsymbol{S})^T\boldsymbol{H}_n\boldsymbol{A}_r\boldsymbol{H}_n^T(\boldsymbol{I}_n-\boldsymbol{S})\boldsymbol{R}_n\big)^{-1}\boldsymbol{R}_n^T(\boldsymbol{I}_n-\boldsymbol{S})^T\boldsymbol{H}_n\boldsymbol{A}_r\boldsymbol{H}_n^T(\boldsymbol{I}_n-\boldsymbol{S})\\&\cdot(\boldsymbol{I}_n-\boldsymbol{S})^T\boldsymbol{H}_n\boldsymbol{A}_r\boldsymbol{H}_n^T(\boldsymbol{I}_n-\boldsymbol{S})\boldsymbol{R}_n\big(\boldsymbol{R}_n^T(\boldsymbol{I}_n-\boldsymbol{S})^T\boldsymbol{H}_n\boldsymbol{A}_r\boldsymbol{H}_n^T(\boldsymbol{I}_n-\boldsymbol{S})\boldsymbol{R}_n\big)^{-1}\Big)\\=&\frac{\sigma_0^2}{n}\big(\boldsymbol{R}_1^T\boldsymbol{A}\boldsymbol{R}_1\big)^{-1}-\frac{\sigma_0^2}{n}\Big(\big(\boldsymbol{R}_1^T\boldsymbol{A}\boldsymbol{R}_1\big)^{-1}\boldsymbol{R}_1^T\boldsymbol{A}\cdot\frac{1}{n}\boldsymbol{H}_n^T\boldsymbol{S}^T\boldsymbol{H}_n\cdot\boldsymbol{A}\boldsymbol{R}_1\big(\boldsymbol{R}_1^T\boldsymbol{A}\boldsymbol{R}_1\big)^{-1}\Big)\\&-\frac{\sigma_0^2}{n}\Big(\big(\boldsymbol{R}_1^T\boldsymbol{A}\boldsymbol{R}_1\big)^{-1}\boldsymbol{R}_1^T\boldsymbol{A}\cdot\frac{1}{n}\boldsymbol{H}_n^T\boldsymbol{S}\boldsymbol{H}_n\cdot\boldsymbol{A}\boldsymbol{R}_1\big(\boldsymbol{R}_1^T\boldsymbol{A}\boldsymbol{R}_1\big)^{-1}\Big)\\&+\frac{\sigma_0^2}{n}\Big(\big(\boldsymbol{R}_1^T\boldsymbol{A}\boldsymbol{R}_1\big)^{-1}\boldsymbol{R}_1^T\boldsymbol{A}\cdot\frac{1}{n}\boldsymbol{H}_n^T\boldsymbol{S}\boldsymbol{S}^T\boldsymbol{H}_n\cdot\boldsymbol{A}\boldsymbol{R}_1\big(\boldsymbol{R}_1^T\boldsymbol{A}\boldsymbol{R}\big)^{-1}\Big)+o_P(\mathbf{1})\end{aligned}$$

根据假设 7.4 和引理 7.6.1，可知 $\boldsymbol{S}$ 与 $\boldsymbol{H}_n$ 行元素绝对值的和与列元素绝对值的和一致有界，从而 $\frac{1}{n}\boldsymbol{H}_n^T\boldsymbol{S}^T\boldsymbol{H}_n=O_P(n^{-1})$，$\frac{1}{n}\boldsymbol{H}_n^T\boldsymbol{S}\boldsymbol{H}_n=O_P(n^{-1})$，$\frac{1}{n}\boldsymbol{H}_n^T\boldsymbol{S}\boldsymbol{S}^T\boldsymbol{H}_n=O_P(n^{-1})$。

进一步，有

$$\mathrm{Var}(\hat{\boldsymbol{\theta}})=\frac{\sigma_0^2}{n}\big(\boldsymbol{R}_1^T\boldsymbol{A}\boldsymbol{R}_1\big)^{-1}+O_P(n^{-2})$$

当 $h\propto n^r$，$-1<r<-1/4$ 时

$$\sqrt{n}\Big(\hat{\boldsymbol{\theta}}-\boldsymbol{\theta}_0\Big)+\frac{1}{2}h^2\mu_2(\boldsymbol{R}^T\boldsymbol{A}\boldsymbol{R})^{-1}\boldsymbol{R}^T\boldsymbol{A}\mathrm{E}\big(\boldsymbol{h}_{n,i}\boldsymbol{m}''(z_{n,i})\big)\xrightarrow{D}N\big(\mathbf{0},\ \sigma_0^2(\boldsymbol{R}_1^T\boldsymbol{A}\boldsymbol{R}_1)^{-1}\big)$$

定理 7.3.2 的证明 由于 $\hat{m}(z)=\boldsymbol{s}_z(\boldsymbol{Y}_n-\boldsymbol{R}_n\hat{\boldsymbol{\theta}})=\boldsymbol{s}_z\big(\boldsymbol{R}_n(\boldsymbol{\theta}_0-\hat{\boldsymbol{\theta}})+\boldsymbol{m}+\boldsymbol{\varepsilon}_n\big)$，从而

$$\sqrt{nh}\big(\hat{m}(z)-m(z)\big)=\sqrt{nh}\boldsymbol{s}_z\boldsymbol{R}_n(\boldsymbol{\theta}_0-\hat{\boldsymbol{\theta}})+\sqrt{nh}\boldsymbol{s}_z\boldsymbol{m}+\sqrt{nh}\boldsymbol{s}_z\boldsymbol{\varepsilon}_n-\sqrt{nh}m(z)$$

根据定理 7.3.1 的证明，可知 $\boldsymbol{\theta}_0-\hat{\boldsymbol{\theta}}=O_P(n^{-1/2})$。又由于

$$\begin{aligned}\boldsymbol{R}_n=&\big(\boldsymbol{W}_n(\boldsymbol{I}_n-\lambda_0\boldsymbol{W}_n)^{-1}(\boldsymbol{X}_n\boldsymbol{\beta}_0+\boldsymbol{m}),\ \boldsymbol{X}_n\big)+\big(\boldsymbol{W}_n(\boldsymbol{I}_n-\lambda_0\boldsymbol{W}_n)^{-1}\boldsymbol{\varepsilon}_n,\ \mathbf{0}\big)\\=&\tilde{\boldsymbol{R}}_n+\tilde{\boldsymbol{\varepsilon}}_n\end{aligned}$$

其中，$\tilde{\boldsymbol{R}}_n = \big(\boldsymbol{W}_n(\boldsymbol{I}_n - \lambda_0 \boldsymbol{W}_n)^{-1}(\boldsymbol{X}_n\boldsymbol{\beta}_0 + \boldsymbol{m}),\ \boldsymbol{X}_n\big)$ 和 $\tilde{\varepsilon}_n = \big(\boldsymbol{W}_n(\boldsymbol{I}_n - \lambda_0 \boldsymbol{W}_n)^{-1}\boldsymbol{\varepsilon}_n,\ \boldsymbol{0}\big)$。根据假设 7.1 和假设 7.3，可知 $\tilde{\boldsymbol{R}}_n$ 行元素绝对值的和与列元素绝对值的和一致有界。又由于 $\boldsymbol{\varepsilon}_n$ 是均值为 $\boldsymbol{0}$，方差为 $\sigma_0^2\boldsymbol{I}_n$ 的正态分布，从而 $\tilde{\varepsilon}_n = o_P(1)$，因此，结合引理 7.6.1可得

$$
\begin{aligned}
\sqrt{nh}\boldsymbol{s}_z\boldsymbol{R}_n(\boldsymbol{\theta}_0 - \hat{\boldsymbol{\theta}}) &= \sqrt{nh}\boldsymbol{s}_z\tilde{\boldsymbol{R}}_n(\boldsymbol{\theta}_0 - \hat{\boldsymbol{\theta}}) + \sqrt{nh}\boldsymbol{s}_z\tilde{\varepsilon}_n(\boldsymbol{\theta}_0 - \hat{\boldsymbol{\theta}}) \\
&= O_P(h^{1/2}) \\
&= o_P(1)
\end{aligned} \tag{7.14}
$$

根据定理 7.3.1 的证明，可知

$$
\boldsymbol{s}_z\boldsymbol{m} = m(z) + \frac{1}{2}h^2\mu_2 m''(z) + o_P(h^2)
$$

从而根据假设 7.6，有

$$
\begin{aligned}
\sqrt{nh}\boldsymbol{s}_z\boldsymbol{m} - \sqrt{nh}m(z) &= \sqrt{nh}\left(\frac{1}{2}h^2\mu_2 m''(z) + o_P(h^2)\right) \\
&= O_P(n^{1/2}h^{5/2}) + o_P(n^{1/2}h^{5/2}) \\
&= O_P(n^{1/2}h^{5/2}) \\
&= o_P(1)
\end{aligned} \tag{7.15}
$$

由于 $\sqrt{nh}\boldsymbol{S}\boldsymbol{\varepsilon}_n = \sqrt{nh}(\boldsymbol{s}_{z,1}^T,\ \cdots,\ \boldsymbol{s}_{z,n}^T)^T\boldsymbol{\varepsilon}_n$，从而，我们只需讨论 $\sqrt{nh}\boldsymbol{s}_{z,i}^T\boldsymbol{\varepsilon}_n$，$i = 1,\ 2,\ \cdots,\ n$，为了记号方便，记 $\boldsymbol{s}_{z,i} = \boldsymbol{s}_z$，则

$$
\begin{aligned}
\sqrt{nh}\boldsymbol{s}_z\boldsymbol{\varepsilon}_n &= \sqrt{nh}\boldsymbol{e}_1^T(\boldsymbol{Z}^T\boldsymbol{K}\boldsymbol{Z})^{-1}\boldsymbol{Z}^T\boldsymbol{K}\boldsymbol{\varepsilon}_n \\
&= \boldsymbol{e}_1^T\left(\frac{1}{n}\boldsymbol{Z}^T\boldsymbol{K}\boldsymbol{Z}\right)^{-1}\sqrt{nh}\frac{1}{n}\boldsymbol{Z}^T\boldsymbol{K}\boldsymbol{\varepsilon}_n \\
&= \boldsymbol{e}_1^T\left(\frac{1}{n}\boldsymbol{Z}^T\boldsymbol{K}\boldsymbol{Z}\right)^{-1}\sqrt{\frac{h}{n}}\boldsymbol{Z}^T\boldsymbol{K}\boldsymbol{\varepsilon}_n
\end{aligned}
$$

令 $\boldsymbol{e}_n = \sqrt{\frac{h}{n}}\boldsymbol{Z}^T\boldsymbol{K}\boldsymbol{\varepsilon}_n$，下面证明 $\boldsymbol{e}_n \xrightarrow{D} N(\boldsymbol{0},\ \boldsymbol{\Omega}_1)$。其中，$\boldsymbol{\Omega}_1 = \lim\limits_{n\to\infty}\frac{h\sigma^2}{n}\boldsymbol{Z}^T\boldsymbol{K}^2\boldsymbol{Z}$ (见假设 7.5)。根据 Cramér-Wold 定理，要证明 $\boldsymbol{e}_n \xrightarrow{D} N(\boldsymbol{0},\ \boldsymbol{\Omega}_1)$，只需证明对任意的 2×1 阶向量 $\boldsymbol{c}_1$，且 $\|\boldsymbol{c}_1\| = 1$，都有 $\boldsymbol{c}_1^T\boldsymbol{e}_n \xrightarrow{D} N(0,\ \boldsymbol{c}_1^T\boldsymbol{\Omega}_1\boldsymbol{c}_1)$ 成立。显然

$\mathrm{E}(\boldsymbol{c}_1^T\boldsymbol{e}_n)=0$，令 $s_1^2=\mathrm{E}(\boldsymbol{c}_1^T\boldsymbol{e}_n)^2$，$\tilde{\boldsymbol{e}}_n=\boldsymbol{c}_1^T\boldsymbol{e}_n/s_1$，则有 $\mathrm{E}(\tilde{\boldsymbol{e}}_n)=0$，$\mathrm{E}(\tilde{\boldsymbol{e}}_n)^2=1$。记

$$\tilde{\boldsymbol{e}}_n=\sqrt{\frac{h}{n}}\boldsymbol{c}_1^T\boldsymbol{Z}^T\boldsymbol{K}\boldsymbol{\varepsilon}_n/s_1=\sqrt{\frac{h}{n}}\sum_{i=1}^{2}\sum_{j=1}^{n}c_{1,\ ni}z_{n,ij}k_h(z_{n,j}-z)\varepsilon_{n,j}/s_1=\sum_{j=1}^{n}\tilde{\varepsilon}_{n,j}$$

其中，$\tilde{\varepsilon}_{n,j}=\sqrt{\frac{h}{n}}\sum\limits_{i=1}^{2}c_{1,ni}z_{n,ij}k_h(z_{n,j}-z)\varepsilon_{n,j}/s_1$。要证明 $\tilde{\boldsymbol{e}}_n\xrightarrow{D}N(0,\ 1)$，根据戴维森（Davidson，1994）研究中的定理 23.6 与定理 23.11[①]，只需证明对任意小的 $\delta>0$，都有 $\sum\limits_{j=1}^{n}\mathrm{E}|\tilde{\varepsilon}_{n,j}|^{2+\delta}=o(1)$ 成立。再由假设 7.2、假设 7.3 与苏（2012）研究中的定理 3.2[②]的证明，有

$$\begin{aligned}\sum_{j=1}^{n}\mathrm{E}|\tilde{\varepsilon}_{n,j}|^{2+\delta}&=\frac{1}{s_1^{2+\delta}}\frac{h^{\frac{2+\delta}{2}}}{n^{\frac{2+\delta}{2}}}\sum_{j=1}^{n}\mathrm{E}\left|\sum_{i=1}^{2}c_{1,ni}z_{n,ij}k_h(z_{n,j}-z)\varepsilon_{n,j}\right|^{2+\delta}\\&\leqslant\frac{1}{s_1^{2+\delta}}\frac{h^{\frac{2+\delta}{2}}}{n^{\frac{2+\delta}{2}}}\sum_{j=1}^{n}\mathrm{E}\left|\varepsilon_{n,j}\right|^{2+\delta}\left|\sum_{i=1}^{2}c_{1,ni}z_{n,ij}k_h(z_{n,j}-z)\right|^{2+\delta}\\&=\frac{c_\delta}{s_1^{2+\delta}}\frac{h^{\frac{2+\delta}{2}}}{n^{\frac{2+\delta}{2}}}\sum_{j=1}^{n}\left|\sum_{i=1}^{2}c_{1,ni}z_{n,ij}k_h(z_{n,j}-z)\right|^{2+\delta}\\&=\frac{c_\delta}{s_1^{2+\delta}}\frac{h^{\frac{2+\delta}{2}}}{n^{\frac{2+\delta}{2}}}\sum_{j=1}^{n}\left|\sum_{i=1}^{2}c_{1,ni}z_{n,ij}\right|^{2+\delta}k_h^{2+\delta}(z_{n,j}-z)\\&=O\big((nh)^{-\delta/2}\big)=o(1)\end{aligned}$$

根据戴维森（1994）研究中的定理 23.6 与定理 23.11[③]，有 $\tilde{\boldsymbol{e}}_n\xrightarrow{D}N(0,\ 1)$。又由于 $s_1^2=\mathrm{E}(\boldsymbol{c}_1^T\boldsymbol{e}_n)^2=\frac{h}{n}\sigma^2\boldsymbol{c}_1^T\boldsymbol{Z}^T\boldsymbol{K}^2\boldsymbol{Z}\boldsymbol{c}_1\xrightarrow{D}\boldsymbol{c}_1^T\boldsymbol{\Omega}_1\boldsymbol{c}_1$，从而，$\boldsymbol{e}_n\xrightarrow{D}N(\boldsymbol{0},\ \boldsymbol{\Omega}_1)$。再结合引理 7.6.3 可得

$$\sqrt{nh}\boldsymbol{s}_z\boldsymbol{\varepsilon}_n\xrightarrow{D}N\big(0,\ f^{-2}(z)\Omega_{11}\big)\tag{7.16}$$

---

① Davidson J. Stochastic limit theory: An Introduction for Econometricians[M]. Oxford: Oxford University Press，1994: 372.

② Su L. Semiparametric GMM estimation of spatial autoregressive models[J]. Journal of Econometrics，2012，167: 543-560.

③ Davidson J.Stochastic limit theory: an introduction for econometricians[M]. Oxford: Oxford University Press，1994，369，372.

其中，Ω_{11} 是 $\boldsymbol{\Omega}$ 的第一行第一列元素，从而

$$\sqrt{nh}\boldsymbol{S}\boldsymbol{\varepsilon}_n \xrightarrow{D} N(\mathbf{0},\ f^{-2}(z)\boldsymbol{\Omega}) \tag{7.17}$$

结合式 (7.14) 至式 (7.17)，我们得到

$$\sqrt{nh}\big(\hat{m}(z)-m(z)\big) \xrightarrow{D} N\big(0,\ f^{-2}(z)\Omega_{11}\big)$$

定理 7.3.3 的证明 类似于定理 7.3.1 的证明，由于 $\mathrm{E}(\hat{\boldsymbol{\theta}}-\boldsymbol{\theta}_0)=\big(\boldsymbol{R}_n^T\boldsymbol{M}_n^T\boldsymbol{H}_n\boldsymbol{A}_r\boldsymbol{H}_n^T\boldsymbol{M}_n\boldsymbol{R}_n\big)^{-1}\boldsymbol{R}_n^T\boldsymbol{M}_n^T\boldsymbol{H}_n\boldsymbol{A}_r\boldsymbol{H}_n^T\boldsymbol{M}_n\boldsymbol{m}_+$，结合定理 7.3.1 的证明，只需证

$$\frac{1}{n}\boldsymbol{H}_n^T\boldsymbol{M}_n\boldsymbol{R}_n=\boldsymbol{R}_2+o_P(\mathbf{1}) \tag{7.18}$$

$$\frac{1}{n}\boldsymbol{H}_n^T\boldsymbol{M}_n\boldsymbol{m}_+=O_P\left(\sum_{j=1}^{d}(h_j^2)+n^{-3/2}\right) \tag{7.19}$$

首先证明式 (7.18)。由于 $\dfrac{1}{n}\boldsymbol{H}_n^T\boldsymbol{M}_n\boldsymbol{R}_n=\dfrac{1}{n}\boldsymbol{H}_n^T\boldsymbol{M}_n\tilde{\boldsymbol{R}}_n+\dfrac{1}{n}\boldsymbol{H}_n^T\boldsymbol{M}_n\tilde{\boldsymbol{\varepsilon}}_n$，根据假设 7.1、假设 7.3、假设 7.4 和引理 7.6.4 并整理得 $\dfrac{1}{n}\boldsymbol{H}_n^T(\boldsymbol{I}_n-\boldsymbol{F}_n)\boldsymbol{W}_n(\boldsymbol{I}_n-\lambda_0\boldsymbol{W}_n)^{-1}\boldsymbol{\varepsilon}_n=o_P(\mathbf{1})$。

从而结合假设 7.5′，有 $\dfrac{1}{n}\boldsymbol{H}_n^T(\boldsymbol{I}_n-\boldsymbol{F}_n)\boldsymbol{R}_n=\boldsymbol{R}_2+o_P(\mathbf{1})$，即式 (7.18) 成立。

其次，证明式 (7.19)。类似定理 7.3.1 的证明 $\boldsymbol{S}_j\boldsymbol{m}_j=\boldsymbol{m}_j+\dfrac{1}{2}\boldsymbol{Q}_j+o(\boldsymbol{h}_j^2)$，其中，

$$\boldsymbol{Q}_j=\begin{pmatrix}\boldsymbol{s}_{j,z_{n,1j}}\boldsymbol{Q}_{m_j}(z_{n,1j})\\ \vdots\\ \boldsymbol{s}_{j,z_{n,nj}}\boldsymbol{Q}_{m_j}(z_{n,nj})\end{pmatrix}$$

$$\boldsymbol{Q}_{m_j}(z_j)=\begin{pmatrix}(z_{n,1j}-z_j)^2\\ \vdots\\ (z_{n,nj-z_j})^2\end{pmatrix}D^2\boldsymbol{m}_j$$

$$D^2\boldsymbol{m}_j=\begin{pmatrix}m_j''(z_{n,1j})\\ \vdots\\ m_j''(z_{n,nj})\end{pmatrix}$$

记 $\boldsymbol{Q}_j^* = \left(\boldsymbol{I}_n - \dfrac{\mathbf{1}\mathbf{1}^T}{n}\right)\boldsymbol{Q}_j$，根据 $\boldsymbol{S}_j^*$ 的定义可得

$$\begin{aligned}(\boldsymbol{I}_n - \boldsymbol{S}_j^*)\boldsymbol{m}_j &= \left(\boldsymbol{I}_n - \left(\boldsymbol{I}_n - \frac{\mathbf{1}\mathbf{1}^T}{n}\right)\boldsymbol{S}_j\right)\boldsymbol{m}_j \\ &= \boldsymbol{m}_j - \left(\boldsymbol{I}_n - \frac{\mathbf{1}\mathbf{1}^T}{n}\right)\boldsymbol{S}_j\boldsymbol{m}_j \\ &= \boldsymbol{m}_j - \left(\boldsymbol{I}_n - \frac{\mathbf{1}\mathbf{1}^T}{n}\right)\left(\boldsymbol{m}_j + \frac{1}{2}\boldsymbol{Q}_j + o(\boldsymbol{h}_j^2)\right) \\ &= \bar{\boldsymbol{m}}_j - \frac{1}{2}\boldsymbol{Q}_j^* + o(\boldsymbol{h}_j^2)\end{aligned}$$

再结合引理 7.6.4，易知

$$\begin{aligned}(\boldsymbol{I}_n - \boldsymbol{F}_j)\boldsymbol{m}_j =& \left(\boldsymbol{I}_n - \boldsymbol{S}_j^*\boldsymbol{F}_n^{[-j]}\right)^{-1}(\boldsymbol{I}_n - \boldsymbol{S}_j^*)\boldsymbol{m}_j \\ =& \left(\boldsymbol{I}_n - \boldsymbol{S}_j^*\boldsymbol{F}_n^{[-j]}\right)^{-1}\left(\bar{\boldsymbol{m}}_j - \frac{1}{2}\boldsymbol{Q}_j^* + o(\boldsymbol{h}_j^2)\right) \\ =& \bar{\boldsymbol{m}}_j - \frac{1}{2}\left(\boldsymbol{I}_n - \boldsymbol{S}_j^*\boldsymbol{F}_n^{[-j]}\right)^{-1}\boldsymbol{Q}_j^* + o(\boldsymbol{h}_j^2)\end{aligned}$$

记 $\boldsymbol{m}_{(-j)} = \boldsymbol{m}_1 + \cdots + \boldsymbol{m}_{j-1} + \boldsymbol{m}_{j+1} + \cdots + \boldsymbol{m}_d$，则 $\boldsymbol{m}_+ = \boldsymbol{m}_j + \boldsymbol{m}_{(-j)}$，从而

$$\begin{aligned}(\boldsymbol{I}_n - \boldsymbol{F}_j)\boldsymbol{m}_{(-j)} =& \left(\boldsymbol{I}_n - \boldsymbol{S}_j^*\boldsymbol{F}_n^{[-j]}\right)^{-1}(\boldsymbol{I}_n - \boldsymbol{S}_j^*)\boldsymbol{m}_{(-j)} \\ =& \left(\boldsymbol{I}_n - \boldsymbol{S}_j^*\boldsymbol{F}_n^{[-j]}\right)^{-1}(\boldsymbol{I}_n - \boldsymbol{S}_j^*\boldsymbol{F}_n^{[-j]} + \boldsymbol{S}_j^*\boldsymbol{F}_n^{[-j]} - \boldsymbol{S}_j^*)\boldsymbol{m}_{(-j)} \\ =& \boldsymbol{m}_{(-j)} + \left(\boldsymbol{I}_n - \boldsymbol{S}_j^*\boldsymbol{F}_n^{[-j]}\right)^{-1}\boldsymbol{S}_j^*\boldsymbol{B}_{-j}\end{aligned}$$

其中，$\boldsymbol{B}_{-j} = (\boldsymbol{F}_n^{[-j]} - \boldsymbol{I}_n)\boldsymbol{m}_{(-j)}$，从而 $\boldsymbol{F}_j\boldsymbol{m}_+ = \boldsymbol{F}_j\boldsymbol{m}_j + \boldsymbol{F}_j\boldsymbol{m}_{(-j)} = \boldsymbol{m}_j - \bar{\boldsymbol{m}}_j + \left(\boldsymbol{I}_n - \boldsymbol{S}_j^*\boldsymbol{F}_n^{[-j]}\right)^{-1}\left(\dfrac{1}{2}\boldsymbol{Q}_j^* - \boldsymbol{S}_j^*\boldsymbol{B}_{-j}\right) + o(\boldsymbol{h}_j^2)$。因此，根据奥普索默和鲁珀特（1999）中定理 2[①]和范和蒋（2005）中引理 5[②]的证明，有

$$\begin{aligned}&(\boldsymbol{I}_n - \boldsymbol{F}_n)\boldsymbol{m}_+ \\ =& \boldsymbol{m}_+ - \sum_{j=1}^{d}\boldsymbol{F}_j\boldsymbol{m}_+\end{aligned}$$

---

① Opsomer J D. Rupnert D. A root n consistent backfitting estimators for semiparametric additive modeling[J]. Journal of Computational and Graphical Statistics，1999，8(4): 715-732.

② Fan J，Jiang J. Nonparametric inferences for additive models[J]. Journal of the American Statistical Association，2005，100(471): 890-907.

$$
\begin{aligned}
&=\boldsymbol{m}_+ - \sum_{j=1}^{d}\left(\boldsymbol{m}_j - \bar{\boldsymbol{m}}_j + \left(\boldsymbol{I}_n - \boldsymbol{S}_j^*\boldsymbol{F}_n^{[-j]}\right)^{-1}\left(\frac{1}{2}\boldsymbol{Q}_j^* - \boldsymbol{S}_j^*\boldsymbol{B}_{-j}\right) + o(\boldsymbol{h}_j^2)\right)\\
&=\sum_{j=1}^{d}\bar{\boldsymbol{m}}_j + O\sum_{j=1}^{d}(\boldsymbol{h}_j^2)
\end{aligned}
$$

根据奥普索默和鲁珀特（1997）中定理 4.1①的证明，有 $\sum\limits_{j=1}^{d}\bar{\boldsymbol{m}}_j = O_P(n^{-1/2})$，从而结合上述结论与假设 7.4可得

$$
\frac{1}{n}\boldsymbol{H}_n^T(\boldsymbol{I}_n - \boldsymbol{F}_n)\boldsymbol{m}_+ = \frac{1}{n}\boldsymbol{H}_n^T\left(\sum_{j=1}^{d}\bar{\boldsymbol{m}}_j + O\sum_{j=1}^{d}(\boldsymbol{h}_j^2)\right) = O\left(\sum_{j=1}^{d}(\boldsymbol{h}_j^2) + n^{-3/2}\right)
$$

因此，根据式 (7.18) 和式 (7.19) 有

$$
\mathrm{E}(\hat{\boldsymbol{\theta}} - \boldsymbol{\theta}_0) = O\left(\sum_{j=1}^{d}(\boldsymbol{h}_j^2) + n^{-3/2}\right)
$$

结合上述证明及假设 7.5′ 得到

$$
\begin{aligned}
\mathrm{Var}(\hat{\boldsymbol{\theta}}) &= \sigma^2\left(\boldsymbol{R}_n^T(\boldsymbol{I}_n - \boldsymbol{F}_n)^T\boldsymbol{H}_n\boldsymbol{A}_r\boldsymbol{H}_n^T(\boldsymbol{I}_n - \boldsymbol{F}_n)\boldsymbol{R}_n\right)^{-1}\boldsymbol{R}_n^T(\boldsymbol{I}_n - \boldsymbol{F}_n)^T\\
&\quad\cdot\boldsymbol{H}_n\boldsymbol{A}_r\boldsymbol{H}_n^T(\boldsymbol{I}_n - \boldsymbol{F}_n)(\boldsymbol{I}_n - \boldsymbol{F}_n)^T\boldsymbol{H}_n\boldsymbol{A}_r\boldsymbol{H}_n^T(\boldsymbol{I}_n - \boldsymbol{F}_n)\\
&\quad\cdot\boldsymbol{R}_n\left(\boldsymbol{R}_n^T(\boldsymbol{I}_n - \boldsymbol{F}_n)^T\boldsymbol{H}_n\boldsymbol{A}_r\boldsymbol{H}_n^T(\boldsymbol{I}_n - \boldsymbol{F}_n)\boldsymbol{R}_n\right)^{-1}\\
&=\frac{\sigma^2}{n}(\boldsymbol{R}_2^T\boldsymbol{A}\boldsymbol{R}_2)^{-1}\boldsymbol{R}_2^T\boldsymbol{A}\boldsymbol{\Sigma}_2\boldsymbol{A}\boldsymbol{R}_2(\boldsymbol{R}_2^T\boldsymbol{A}\boldsymbol{R}_2)^{-1} + o_P(\boldsymbol{1})
\end{aligned}
$$

当 $\boldsymbol{A}_r = \left(\frac{1}{n}\boldsymbol{H}_n^T\boldsymbol{H}_n\right)^{-1}$ 时，

$$
\begin{aligned}
\mathrm{Var}(\hat{\boldsymbol{\theta}}) =&\frac{\sigma^2}{n}(\boldsymbol{R}_2^T\boldsymbol{A}\boldsymbol{R}_2)^{-1} - \frac{\sigma^2}{n}(\boldsymbol{R}_2^T\boldsymbol{A}\boldsymbol{R}_2)^{-1}\boldsymbol{R}_2^T\boldsymbol{A}\cdot\frac{1}{n}\boldsymbol{H}_n^T\boldsymbol{F}_n^T\boldsymbol{H}_n\cdot\boldsymbol{A}\boldsymbol{R}_2(\boldsymbol{R}_2^T\boldsymbol{A}\boldsymbol{R}_2)^{-1}\\
&-\frac{\sigma^2}{n}(\boldsymbol{R}_2^T\boldsymbol{A}\boldsymbol{R}_2)^{-1}\boldsymbol{R}_2^T\boldsymbol{A}\cdot\frac{1}{n}\boldsymbol{H}_n^T\boldsymbol{F}_n\boldsymbol{H}_n\cdot\boldsymbol{A}\boldsymbol{R}_2(\boldsymbol{R}_2^T\boldsymbol{A}\boldsymbol{R}_2)^{-1}\\
&+\frac{\sigma^2}{n}(\boldsymbol{R}_2^T\boldsymbol{A}\boldsymbol{R}_2)^{-1}\boldsymbol{R}_2^T\boldsymbol{A}\cdot\frac{1}{n}\boldsymbol{H}_n^T\boldsymbol{F}_n\boldsymbol{F}_n^T\boldsymbol{H}_n\cdot\boldsymbol{A}\boldsymbol{R}_2(\boldsymbol{R}_2^T\boldsymbol{A}\boldsymbol{R}_2)^{-1} + o_P(\boldsymbol{1})
\end{aligned}
$$

---

① Opsomer J D，Ruppert D. Fitting a bivariate additive model by local polynomial regression[J]. The annals of Statistics，1997，25(1)：186-211.

根据假设 7.4和引理 7.6.4，有

$$\frac{1}{n}\boldsymbol{H}_n^T\boldsymbol{F}_n^T\boldsymbol{H}_n = O_P(1/n)$$

$$\frac{1}{n}\boldsymbol{H}_n^T\boldsymbol{F}_n\boldsymbol{H}_n = O_P(1/n)$$

$$\frac{1}{n}\boldsymbol{H}_n^T\boldsymbol{F}_n\boldsymbol{F}_n^T\boldsymbol{H}_n = O_P(1/n)$$

因此，

$$\mathrm{Var}(\hat{\boldsymbol{\theta}}) = \frac{\sigma^2}{n}(\boldsymbol{R}_2^T\boldsymbol{A}\boldsymbol{R}_2)^{-1} + O_P(n^{-2})$$

进一步，我们得到

$$\sqrt{n}(\hat{\boldsymbol{\theta}} - \boldsymbol{\theta}_0) \xrightarrow{D} N\big(\mathbf{0},\ \sigma^2(\boldsymbol{R}_2^T\boldsymbol{A}\boldsymbol{R}_2)^{-1}\big)$$

定理 7.3.4 的证明　由于 $\mathrm{E}(\hat{\boldsymbol{m}}_j) = \boldsymbol{F}_j\big(\boldsymbol{R}_n(\boldsymbol{\theta}_0 - \hat{\boldsymbol{\theta}}) + \boldsymbol{m}_+\big) = \boldsymbol{F}_j\boldsymbol{R}_n(\boldsymbol{\theta}_0 - \hat{\boldsymbol{\theta}}) + \boldsymbol{F}_j\boldsymbol{m}_+$，其中，$\boldsymbol{F}_j\boldsymbol{m}_+ = \boldsymbol{F}_j\boldsymbol{m}_j + \boldsymbol{F}_j\boldsymbol{m}_{(-j)}$。根据定理 7.3.3 的证明可知:

$$\boldsymbol{F}_j\boldsymbol{m}_j = \boldsymbol{m}_j - \bar{\boldsymbol{m}}_j + \frac{1}{2}\big(\boldsymbol{I}_n - \boldsymbol{S}_j^*\boldsymbol{F}_n^{[-j]}\big)^{-1}\boldsymbol{Q}_j^* + o(\boldsymbol{h}_j^2)$$

$$\boldsymbol{F}_j\boldsymbol{m}_{(-j)} = -\big(\boldsymbol{I}_n - \boldsymbol{S}_j^*\boldsymbol{F}_n^{[-j]}\big)^{-1}\boldsymbol{S}_j^*\boldsymbol{B}_{-j}$$

从而，

$$\begin{aligned}\boldsymbol{F}_j\boldsymbol{m}_+ =& \boldsymbol{F}_j\boldsymbol{m}_j + \boldsymbol{F}_j\boldsymbol{m}_{(-j)}\\ =& \boldsymbol{m}_j - \bar{\boldsymbol{m}}_j + \big(\boldsymbol{I}_n - \boldsymbol{S}_j^*\boldsymbol{F}_n^{[-j]}\big)^{-1}\left(\frac{1}{2}\boldsymbol{Q}_j^* - \boldsymbol{S}_j^*\boldsymbol{B}_{-j}\right) + o(\boldsymbol{h}_j^2)\end{aligned}$$

再结合假设 7.1、假设 7.3 和定理 7.3.3 的证明，有

$$\boldsymbol{F}_j\boldsymbol{R}_n(\boldsymbol{\theta}_0 - \hat{\boldsymbol{\theta}}) = \boldsymbol{F}_j\boldsymbol{R}_n O_P(n^{-1/2}) = o_P(1)$$

因此，有

$$\mathrm{E}(\hat{\boldsymbol{m}}_j - \boldsymbol{m}_j) = -\bar{\boldsymbol{m}}_j + \big(\boldsymbol{I}_n - \boldsymbol{S}_j^*\boldsymbol{F}_n^{[-j]}\big)^{-1}\left(\frac{1}{2}\boldsymbol{Q}_j^* - \boldsymbol{S}_j^*\boldsymbol{B}_{-j}\right) + o_P(h_j^2)$$

结合奥普索默 (2000) 研究中的定理 3.1①的证明可得

$$\big(\boldsymbol{I}_n - \boldsymbol{S}_j^*\boldsymbol{F}_n^{[-j]}\big)^{-1} = \boldsymbol{I}_n + O_P(\mathbf{1}\mathbf{1}^T/n)$$

---

① Opsomer J D. Asymptotic properties of backfitting estimators[J]. Journal of Multivariate Analysis, 2000, 73: 166-179.

$$
\begin{aligned}
\mathrm{E}(\hat{\boldsymbol{m}}_j-\boldsymbol{m}_j)=&\left(\boldsymbol{I}_n-\boldsymbol{S}_j^*\boldsymbol{F}_n^{[-j]}\right)^{-1}\left(\frac{1}{2}\boldsymbol{Q}_j^*-\boldsymbol{S}_j^*\boldsymbol{B}_{-j}\right)+O_P(1/\sqrt{n})+o(\boldsymbol{h}_j^2)\\
=&\left(\boldsymbol{I}_n-\boldsymbol{S}_j^*\boldsymbol{F}_n^{[-j]}\right)^{-1}\left(\frac{h_j^2\mu_2^j}{2}(\boldsymbol{m}_j''-\mathrm{E}(\boldsymbol{m}''))-\boldsymbol{S}_j^*\boldsymbol{B}_{-j}\right)+O_P(1/\sqrt{n})
\end{aligned}
$$

又由定理 7.3.1 和定理 7.3.3 的证明可知：

$$
\boldsymbol{Q}_j=h_j^2\mu_2^j\boldsymbol{m}_j''+O_P(\boldsymbol{h}_j^4)
$$

和

$$
\boldsymbol{Q}_j^*=\boldsymbol{Q}_j-\frac{\boldsymbol{1}\boldsymbol{1}^T}{n}\boldsymbol{Q}_j=\boldsymbol{Q}_j-h_j^2\mu_2^j\mathrm{E}(\boldsymbol{m}_j'')+O_P(\boldsymbol{h}_j^4)
$$

再结合引理 7.6.2，有

$$
\mathrm{E}(\hat{\boldsymbol{m}}_j-\boldsymbol{m}_j)=\frac{1}{2}h_j^2\mu_2^j(\boldsymbol{m}_j''-\mathrm{E}(\boldsymbol{m}_j''))-\boldsymbol{S}_j^*\boldsymbol{B}_{-j}+O_P(1/\sqrt{n})+o_P(\boldsymbol{h}_j^4)
$$

根据范和蒋（2005）研究中引理 3[①]和奥普索默（2000）研究中定理 3[②]的证明可知，

$$
\mathrm{Var}(\hat{\boldsymbol{m}}_j)=\sigma^2\boldsymbol{F}_j\boldsymbol{F}_j^T=\sigma^2\boldsymbol{S}_j\boldsymbol{S}_j^T+O_P(\boldsymbol{1}\boldsymbol{1}^T/n)
$$

从而，$\mathrm{Var}\big(\hat{m}_j(z_j)\big)=\sigma^2\boldsymbol{e}^T\boldsymbol{S}_j\boldsymbol{S}_j^T\boldsymbol{e}+O_P(1/n)$，其中，$\boldsymbol{e}$ 是第 i 个元素为 1，其余元素全部为 0 的列向量，从而，

$$
\mathrm{Var}\big(\hat{m}_j(z_j)\big)=\sigma^2(\boldsymbol{S}_j\boldsymbol{S}_j^T)_{ii}+O_P(1/n)
$$

$$
\begin{aligned}
\left(\boldsymbol{S}_j\boldsymbol{S}_j^T\right)_{ii}&=\boldsymbol{s}_{j,z_{n,ij}}\boldsymbol{s}_{j,z_{n,ij}}^T\\
&=\boldsymbol{e}_1^T\left(\boldsymbol{Z}_j^T(z_i)\boldsymbol{K}_j(z_i)\boldsymbol{Z}_j(z_i)\right)^{-1}\boldsymbol{Z}_j^T(z_i)\boldsymbol{K}_j(z_i)^2\\
&\quad\cdot\boldsymbol{Z}_j(z_i)\left(\boldsymbol{Z}_j^T(z_i)\boldsymbol{K}_j(z_i)\boldsymbol{Z}_j(z_i)\right)^{-1}\boldsymbol{e}_1\\
&=\frac{1}{n}\boldsymbol{e}_1^T\boldsymbol{A}\boldsymbol{B}\boldsymbol{A}\boldsymbol{e}_1
\end{aligned}
$$

其中，

$$
\boldsymbol{Z}_j^T(z_i)=\begin{pmatrix}1&\cdots&1\\ \dfrac{z_{n,1j}-z_i}{h_j}&\cdots&\dfrac{z_{n,nj}-z_i}{h_j}\end{pmatrix}^T
$$

---

① Fan J, Jiang J. Nonparametric inferences for additive models[J]. Journal of the American Statistical Association, 2005, 100(471): 890-907.

② Opsomer J D. Asymptotic properties of backfitting estimators[J]. Journal of Multivariate Analysis, 2000, 73: 166-179.

$$\boldsymbol{K}_j(z_i) = \text{diag}\left\{k_{h_j}\left(\frac{z_{n,1j}-z_i}{h_j}\right),\ k_{h_j}\left(\frac{z_{n,2j}-z_i}{h_j}\right),\ \cdots,\ k_{h_j}\left(\frac{z_{n,nj}-z_i}{h_j}\right)\right\}$$

$$\boldsymbol{A} = \left(\frac{1}{n}\boldsymbol{Z}_j^T(z_i)\boldsymbol{K}_j(z_i)\boldsymbol{Z}_j(z_i)\right)^{-1}$$

$$\boldsymbol{B} = \frac{1}{n}\boldsymbol{Z}_j^T(z_i)\boldsymbol{K}_j(z_i)^2\boldsymbol{Z}_j(z_i)$$

根据引理 7.6.3 有

$$\frac{1}{n}\boldsymbol{Z}_j^T(z_i)\boldsymbol{K}_j(z_i)\boldsymbol{Z}_j(z_i) = f(z_i)\begin{pmatrix} 1 & 0 \\ 0 & \mu_2 \end{pmatrix} + O_P(h_j)$$

从而

$$\boldsymbol{A} = \frac{1}{\mu_2 f(z_i)}\begin{pmatrix} \mu_2 & 0 \\ 0 & 1 \end{pmatrix} + O_P(h_j^{-1})$$

记 $\boldsymbol{B} = \begin{pmatrix} b_{11} & b_{12} \\ b_{21} & b_{22} \end{pmatrix}$，则 $\left(\boldsymbol{S}_j\boldsymbol{S}_j^T\right)_{ii} = \dfrac{1}{n}\dfrac{1}{f^2(z_i)}b_{11} + O_P\big((nh_j)^{-1}\big)$。其中，

$$\begin{aligned} b_{11} &= \frac{1}{n}\sum_{l=1}^{n}\frac{1}{h_j^2}k^2\left(\frac{z_{n,1j}-z_i}{h_j}\right) \\ &= \int \frac{1}{h_j^2}k^2\left(\frac{z_{n,1j}-z_i}{h_j}\right)f(z_{n,1j})dz_{n,1j} \\ &= \frac{1}{h_j}\int k^2(v)f(z_i+h_jv)dv \\ &= \frac{1}{h_j}f(z_i)\nu_0 + O_P(h_j) \end{aligned}$$

因此，

$$\left(\boldsymbol{S}_j\boldsymbol{S}_j^T\right)_{ii} = \frac{\nu_0}{nh_j}f^{-1}(z_i) + O_P\big((nh_j)^{-1}\big)$$

所以，

$$\text{Var}(\hat{m}_j(z_j)) = \sigma^2\frac{\nu_0^j}{nh_j}f^{-1}(z_i) + O_P\big((nh_j)^{-1}\big)$$

第 8 章　部分线性可加空间误差回归模型的 GMM 估计

8.1　引　　言

前面我们讨论了具有降维效果的部分线性可加空间自回归模型，并针对该模型给出了未知函数的局部线性估计，未知参数的 GMM 估计量。本章仍然通过可加模型来克服“维数灾难”，由误差项引起的空间依赖性是另一种比较重要的形式。因此，将普通的误差回归模型推广到非线性情形下，是一个非常有意义的课题。

科勒建和普拉查（1998）分两步讨论了广义空间自回归模型（generalized spatial autoregressive model，GSARM）的 GMM 估计。之后科勒建和普拉查（1999，2010）推广了上述结论，并得到了统计量的大样本性质。在此基础上，苏（2012）考虑了同时包含空间滞后项和误差滞后项的非参数模型。首先，考虑半参数空间自回归模型，通过局部多项式方法得到非参数函数的估计，然后选择合适的工具变量得到空间相关系数的 GMM 估计; 其次，在得到非参数和空间相关系数的估计之后，考虑误差滞后项，借鉴科勒建和普拉查（1999，2010）的研究方法得到误差项相关系数的估计; 最后，构造了样本量的大样本性质，并利用 Monte Carlo 数值模拟考查估计量的小样本表现。

鉴于此，本章将考虑部分线性可加空间误差回归模型。该模型的提出能够有效解决变量间存在的空间依赖性，而且考虑到协变量对响应变量的非线性影响。与上述模型相比，优势在于:（1）与科勒建和普拉查（1999，2010）相比，本章所提出的模型包含了非线性影响，应用更广泛;（2）苏（2012）的模型中虽然考虑了非线性性，但是非参数的引入往往会面临“维数灾难”，我们通过引入可加模型，有效避免了“维数灾难”问题。

8.2　模型介绍和估计

令 $(\boldsymbol{x}_{n,i},\ y_{n,i},\ \boldsymbol{z}_{n,i})$ 是变量 $(\boldsymbol{X}_n,\ \boldsymbol{Y}_n,\ \boldsymbol{Z}_n)$ 的第 i 个观测值 $(i=1,\ 2,\ \cdots,\ n)$，$y_{n,i}$ 是响应变量，$\boldsymbol{x}_{n,i}$ 和 $\boldsymbol{z}_{n,i}$ 分别是 p 维、d 维协变量，考虑如下部分线性可加空间误差回归模型:

$$\begin{cases} y_{n,i} = \boldsymbol{\beta}_0^T \boldsymbol{x}_{n,i} + \sum_{j=1}^{d} m_j(z_{n,ij}) + \eta_{n,i}, \\ \eta_{n,i} = \lambda_0 \sum_{k=1}^{n} w_{n,ik}\eta_{n,k} + \varepsilon_{n,i}, \end{cases} \quad i = 1, 2, \cdots, n \tag{8.1}$$

其中，$w_{n,ij}$ 是预先设定的空间权重; $m_j(\cdot)(j = 1, 2, \cdots, d)$ 是未知函数;$z_{n,ij}$ 是 $\boldsymbol{z}_{n,i}$ 的第 j 个分量; 误差 $\varepsilon_{n,i}$ 是均值为 0、方差为 σ_0^2 的 $i.i.d.$ 随机变量; $\boldsymbol{\beta}_0^T$ 是 p 维真实线性部分系数; λ_0 是真实的空间相关系数，反映的是误差项的自相关关系。为了保证每个未知函数 m_j 的可识别性，假设 $\mathrm{E}\big(m_j(z_{n,\ ij})\big) = 0$，$(j = 1, 2, \cdots, d)$。记 $\boldsymbol{X}_n = (\boldsymbol{x}_{n,1}, \boldsymbol{x}_{n,2}, \cdots, \boldsymbol{x}_{n,n})^T$，$\boldsymbol{Y}_n = (y_{n,1}, y_{n,2}, \cdots, y_{n,n})^T$，$\boldsymbol{W}_n = (w_{n,ij})_{1\leqslant i,\ j\leqslant n}$，$\boldsymbol{m}_j = \big(m_j(z_{n,1j}), m_j(z_{n,2j}), \cdots, m_j(z_{n,nj})\big)^T$，$\boldsymbol{\eta}_n = (\eta_{n,1}, \eta_{n,2}, \cdots, \eta_{n,n})^T$，$\boldsymbol{\varepsilon}_n = (\varepsilon_{n,1}, \varepsilon_{n,2}, \cdots, \varepsilon_{n,n})^T$。则模型 (8.1) 的矩阵形式表示如下:

$$\begin{cases} \boldsymbol{Y}_n = \boldsymbol{X}_n\boldsymbol{\beta}_0 + \boldsymbol{m}_1 + \boldsymbol{m}_2 + \cdots + \boldsymbol{m}_d + \boldsymbol{\eta}_n \\ \boldsymbol{\eta}_n = \lambda_0 \boldsymbol{W}_n \boldsymbol{\eta}_n + \boldsymbol{\varepsilon}_n \end{cases} \tag{8.2}$$

记 λ 和 $\boldsymbol{\beta}$ 分别是 λ_0 和 $\boldsymbol{\beta}_0$ 对应的参数，则模型 (8.1) 需要估计未知参数 λ、$\boldsymbol{\beta}$ 及未知函数 $\boldsymbol{m}_j(j = 1, 2, \cdots, d)$。另外，本章还讨论了误差项 $\varepsilon_{n,i}$ 方差 σ^2 的估计。类似第 7 章的方法，我们分两种情形来考虑，即: $d = 1$ 和 $d > 1$。这两种情形区别主要表现在对未知函数的估计上，这样处理的目的是方便讨论大样本性质。

首先考虑 $d = 1$ 的情况，此时模型 (8.2) 简化为

$$\begin{cases} \boldsymbol{Y}_n = \boldsymbol{X}_n\boldsymbol{\beta}_0 + \boldsymbol{m} + \boldsymbol{\eta}_n \\ \boldsymbol{\eta}_n = \lambda_0 \boldsymbol{W}_n \boldsymbol{\eta}_n + \boldsymbol{\varepsilon}_n \end{cases} \tag{8.3}$$

此时，记 $\boldsymbol{m} = \big(m(z_{n,1}), \cdots, m(z_{n,n})\big)^T$，对于模型 (8.3) 的估计步骤具体如下。

与第 7 章类似，在估计未知非参数函数 $\boldsymbol{m}$ 时，需要采用林和卡罗尔（2000）提出的 “Working Independence” 方法。

第一步，利用局部线性估计方法来拟合未知函数 $\boldsymbol{m}$。将 $m(z_{n,i})$ 在 z 点处一阶 Taylor 展开，得到

$$m(z_{n,i}) \approx m(z) + m'(z)(z_{n,i} - z)$$

从而 $m(z_{n,i})$ 的初始估计可以由最小化下式得到。

$$\frac{1}{n}\sum_{i=1}^{n}\left(y_{n,i}-\boldsymbol{\beta}^T\boldsymbol{x}_{n,i}-m(z)-m'(z)(z_{n,i}-z)\right)^2 k_h(z_{n,i}-z)$$

其中，$k_h(\cdot)=\frac{1}{h}k(\cdot/h)$，$k(\cdot)$ 是一元核函数，h 是对应的带宽。从而

$$\begin{pmatrix} \tilde{m}(z) \\ h\tilde{m}'(z) \end{pmatrix} = \left(\boldsymbol{Z}^T\boldsymbol{K}\boldsymbol{Z}\right)^{-1}\boldsymbol{Z}^T\boldsymbol{K}\left(\boldsymbol{Y}_n-\boldsymbol{X}_n\boldsymbol{\beta}\right)$$

其中，

$$\boldsymbol{Z}=\begin{pmatrix} 1 & \cdots & 1 \\ \frac{z_{n,1}-z}{h} & \cdots & \frac{z_{n,n}-z}{h} \end{pmatrix}^T$$

$$\boldsymbol{K}=\mathrm{diag}\left\{k_h(z_{n,1}-z),\ \cdots,\ k_h(z_{n,n}-z)\right\}$$

记 $\boldsymbol{s}_z=\boldsymbol{e}_1^T\left(\boldsymbol{Z}^T\boldsymbol{K}\boldsymbol{Z}\right)^{-1}\boldsymbol{Z}^T\boldsymbol{K}$，其中，$\boldsymbol{e}_1=(1,\ 0)^T$，则

$$\tilde{m}(z)=\boldsymbol{s}_z\left(\boldsymbol{Y}_n-\boldsymbol{X}_n\boldsymbol{\beta}\right)$$

记平滑算子为 $\boldsymbol{S}=\left(\boldsymbol{s}_{z,1}^T,\ \cdots,\ \boldsymbol{s}_{z,n}^T\right)^T$，则

$$\tilde{\boldsymbol{m}}=\boldsymbol{S}\left(\boldsymbol{Y}_n-\boldsymbol{X}_n\boldsymbol{\beta}\right) \tag{8.4}$$

第二步，利用 GMM 方法来估计 $\boldsymbol{\beta}$。令 $\boldsymbol{H}_n=(\boldsymbol{h}_{n,1},\ \cdots,\ \boldsymbol{h}_{n,n})^T$ 是 $n\times r(r\geqslant p+1)$ 阶的工具变量，满足 $\mathrm{E}(\boldsymbol{H}_n^T\boldsymbol{\eta}_n)=0$，其中，$\boldsymbol{h}_{n,i}=(h_{n,i1},\ h_{n,i2},\ \cdots,\ h_{n,ir})^T$。对应的样本矩满足如下条件:

$$\frac{1}{n}\sum_{i=1}^{n}\boldsymbol{h}_{n,i}\boldsymbol{\eta}_{n,i}=0$$

将式 (8.4) 代入式 (8.3) 得到对应的矩函数:

$$\mathrm{l_n}(\boldsymbol{\beta})=\boldsymbol{H}_n^T\left(\boldsymbol{Y}_n-\boldsymbol{X}_n\boldsymbol{\beta}-\tilde{\boldsymbol{m}}\right)=\boldsymbol{H}_n^T\left(\tilde{\boldsymbol{Y}}_n-\tilde{\boldsymbol{X}}_n\boldsymbol{\beta}\right)$$

其中，$\tilde{\boldsymbol{Y}}_n=(\boldsymbol{I}_n-\boldsymbol{S})\boldsymbol{Y}_n$，$\tilde{\boldsymbol{X}}_n=(\boldsymbol{I}_n-\boldsymbol{S})\boldsymbol{X}_n$，$\boldsymbol{A}_r$ 是 $r\times r$ 阶常数正定矩阵，常取为 $\boldsymbol{A}_r=\left(\frac{1}{n}\boldsymbol{H}_n^T\boldsymbol{H}_n\right)^{-1}$，则 $\boldsymbol{\beta}$ 的初始估计可以由最小化下式得到。

$$Q_n(\boldsymbol{\beta})=\mathrm{l_n^T}(\boldsymbol{\beta})\boldsymbol{A}_r\mathrm{l_n}(\boldsymbol{\beta})=\left(\tilde{\boldsymbol{Y}}_n-\tilde{\boldsymbol{X}}_n\boldsymbol{\beta}\right)^T\boldsymbol{H}_n\boldsymbol{A}_r\boldsymbol{H}_n^T\left(\tilde{\boldsymbol{Y}}_n-\tilde{\boldsymbol{X}}_n\boldsymbol{\beta}\right)$$

即

$$\tilde{\boldsymbol{\beta}} = \arg\min_{\boldsymbol{\beta}} Q_n(\boldsymbol{\beta}) = \left(\tilde{\boldsymbol{X}}_n^T \boldsymbol{H}_n \boldsymbol{A}_r \boldsymbol{H}_n^T \tilde{\boldsymbol{X}}_n\right)^{-1} \tilde{\boldsymbol{X}}_n^T \boldsymbol{H}_n \boldsymbol{A}_r \boldsymbol{H}_n^T \tilde{\boldsymbol{Y}}_n$$

第三步，估计未知空间系数 λ 和误差项的方差 σ^2。记 $\bar{\boldsymbol{\eta}}_n = \boldsymbol{W}_n\boldsymbol{\eta}_n$，$\bar{\bar{\boldsymbol{\eta}}}_n = \boldsymbol{W}_n^2\boldsymbol{\eta}_n$，$\bar{\boldsymbol{\varepsilon}}_n = \boldsymbol{W}_n\boldsymbol{\varepsilon}_n$，从而有 $\boldsymbol{\eta}_n = \lambda\bar{\boldsymbol{\eta}}_n + \boldsymbol{\varepsilon}_n$ 和 $\bar{\boldsymbol{\eta}}_n = \lambda\bar{\bar{\boldsymbol{\eta}}}_n + \bar{\boldsymbol{\varepsilon}}_n$，记 $\bar{\eta}_{n,i}$、$\bar{\bar{\eta}}_{n,i}$、$\bar{\varepsilon}_{n,i}$ 分别是 $\bar{\boldsymbol{\eta}}_n$、$\bar{\bar{\boldsymbol{\eta}}}_n$、$\bar{\boldsymbol{\varepsilon}}_n$ 的第 i 个元素，则对应的方程有

$$\eta_{n,i} - \lambda\bar{\eta}_{n,i} = \varepsilon_{n,i} \tag{8.5}$$

$$\bar{\eta}_{n,i} - \lambda\bar{\bar{\eta}}_{n,i} = \bar{\varepsilon}_{n,i} \tag{8.6}$$

分别对式 (8.5) 和式 (8.6) 两边平方再求和，式 (8.5) 和式 (8.6) 相乘再求和，得到

$$\frac{1}{n}\sum_{i=1}^{n}\eta_{n,i}^2 = \frac{2\lambda}{n}\sum_{i=1}^{n}\eta_{n,i}\bar{\eta}_{n,i} - \frac{\lambda^2}{n}\sum_{i=1}^{n}\bar{\eta}_{n,i}^2 + \frac{1}{n}\sum_{i=1}^{n}\varepsilon_{n,i}^2$$

$$\frac{1}{n}\sum_{i=1}^{n}\bar{\eta}_{n,i}^2 = \frac{2\lambda}{n}\sum_{i=1}^{n}\bar{\eta}_{n,i}\bar{\bar{\eta}}_{n,i} - \frac{\lambda^2}{n}\sum_{i=1}^{n}\bar{\bar{\eta}}_{n,i}^2 + \frac{1}{n}\sum_{i=1}^{n}\bar{\varepsilon}_{n,i}^2$$

$$\frac{1}{n}\sum_{i=1}^{n}\eta_{n,i}\bar{\eta}_{n,i} = \frac{\lambda}{n}\sum_{i=1}^{n}(\eta_{n,i}\bar{\bar{\eta}}_{n,i} + \bar{\eta}_{n,i}^2) - \frac{\lambda^2}{n}\sum_{i=1}^{n}\bar{\eta}_{n,i}\bar{\bar{\eta}}_{n,i} + \frac{1}{n}\sum_{i=1}^{n}\varepsilon_{n,i}\bar{\varepsilon}_{n,i}$$

由于 $\mathrm{E}\left(\frac{1}{n}\sum\limits_{i=1}^{n}\varepsilon_{n,i}^2\right) = \sigma^2$，$\mathrm{E}\left(\frac{1}{n}\sum\limits_{i=1}^{n}\bar{\varepsilon}_{n,i}^2\right) = \frac{\sigma^2}{n}\mathrm{tr}(\boldsymbol{W}_n^T\boldsymbol{W}_n)$，$\mathrm{E}\left(\frac{1}{n}\sum\limits_{i=1}^{n}\varepsilon_{n,i}\bar{\varepsilon}_{n,i}\right) = 0$，从而，令 $\boldsymbol{\theta} = (\lambda，\lambda^2，\sigma^2)^T$，则有

$$\boldsymbol{\Gamma}_n\boldsymbol{\theta} = \gamma_n \tag{8.7}$$

其中，

$$\boldsymbol{\Gamma}_n = \frac{1}{n}\begin{pmatrix} 2\mathrm{E}(\boldsymbol{\eta}_n^T\bar{\boldsymbol{\eta}}_n) & -\mathrm{E}(\bar{\boldsymbol{\eta}}_n^T\bar{\boldsymbol{\eta}}_n) & 1 \\ 2\mathrm{E}(\bar{\boldsymbol{\eta}}_n^T\bar{\bar{\boldsymbol{\eta}}}_n) & -\mathrm{E}(\bar{\bar{\boldsymbol{\eta}}}_n^T\bar{\bar{\boldsymbol{\eta}}}_n) & \mathrm{tr}(\boldsymbol{W}_n^T\boldsymbol{W}_n) \\ \mathrm{E}(\boldsymbol{\eta}_n^T\bar{\bar{\boldsymbol{\eta}}}_n + \bar{\boldsymbol{\eta}}_n^T\bar{\boldsymbol{\eta}}_n) & -\mathrm{E}(\bar{\boldsymbol{\eta}}_n^T\bar{\bar{\boldsymbol{\eta}}}_n) & 0 \end{pmatrix}$$

$$\gamma_n = \frac{1}{n}\begin{pmatrix} \mathrm{E}(\boldsymbol{\eta}_n^T\boldsymbol{\eta}_n) \\ \mathrm{E}(\bar{\boldsymbol{\eta}}_n^T\bar{\boldsymbol{\eta}}_n) \\ \mathrm{E}(\boldsymbol{\eta}_n^T\bar{\boldsymbol{\eta}}_n) \end{pmatrix}$$

因此，如果 $\boldsymbol{\Gamma}_n$ 和 $\boldsymbol{\gamma}_n$ 已知，则从式 (8.7) 可以导出 $\boldsymbol{\theta}$ 的估计为

$$\hat{\boldsymbol{\theta}} = \boldsymbol{\Gamma}_n^{-1}\boldsymbol{\gamma}_n \tag{8.8}$$

一般情况下，$\boldsymbol{\Gamma}_n$ 和 $\boldsymbol{\gamma}_n$ 是未知的，根据科勒建和普拉查（1998，1999）提出的两步估计方法来估计 $\boldsymbol{\theta}$。此时用 $\boldsymbol{\eta}_n$ 的估计值 $\tilde{\boldsymbol{\eta}}_n$ 来估计 $\boldsymbol{\theta}$，其中，$\tilde{\boldsymbol{\eta}}_n = \tilde{\boldsymbol{Y}}_n - \tilde{\boldsymbol{X}}_n\tilde{\boldsymbol{\beta}}$，令 $\bar{\tilde{\boldsymbol{\eta}}}_n = \boldsymbol{W}_n\tilde{\boldsymbol{\eta}}_n$，$\bar{\bar{\tilde{\boldsymbol{\eta}}}}_n = \boldsymbol{W}_n^2\tilde{\boldsymbol{\eta}}_n$，记 $\tilde{\eta}_{n,i}$、$\bar{\tilde{\eta}}_{n,i}$、$\bar{\bar{\tilde{\eta}}}_{n,i}$ 分别是 $\tilde{\boldsymbol{\eta}}_n$、$\bar{\tilde{\boldsymbol{\eta}}}_n$、$\bar{\bar{\tilde{\boldsymbol{\eta}}}}_n$ 的第 i 个元素，则有

$$\boldsymbol{G}_n = \frac{1}{n}\begin{pmatrix} 2\sum\limits_{i=1}^{n}\tilde{\eta}_{n,i}\bar{\tilde{\eta}}_{n,i} & -\sum\limits_{i=1}^{n}\bar{\tilde{\eta}}_{n,i}^2 & 1 \\ 2\sum\limits_{i=1}^{n}\bar{\tilde{\eta}}_{n,i}\bar{\bar{\tilde{\eta}}}_{n,i} & -\sum\limits_{i=1}^{n}\bar{\bar{\tilde{\eta}}}_{n,i}^2 & \mathrm{tr}(\boldsymbol{W}_n^T\boldsymbol{W}_n) \\ \sum\limits_{i=1}^{n}(\tilde{\eta}_{n,i}\bar{\bar{\tilde{\eta}}}_{n,i} + \bar{\tilde{\eta}}_{n,i}^2) & -\sum\limits_{i=1}^{n}\bar{\tilde{\eta}}_{n,i}\bar{\bar{\tilde{\eta}}}_{n,i} & 0 \end{pmatrix}$$

$$\boldsymbol{g}_n = \frac{1}{n}\begin{pmatrix} \sum\limits_{i=1}^{n}\tilde{\eta}_{n,i}^2 \\ \sum\limits_{i=1}^{n}\bar{\tilde{\eta}}_{n,i}^2 \\ \sum\limits_{i=1}^{n}\tilde{\eta}_{n,i}\bar{\tilde{\eta}}_{n,i} \end{pmatrix}$$

此时，根据式 (8.7)，有

$$\boldsymbol{g}_n = \boldsymbol{G}_n\boldsymbol{\theta} + \boldsymbol{v}_n \tag{8.9}$$

其中，$\boldsymbol{v}_n$ 是估计的偏差，根据式 (8.8) 得到 $\boldsymbol{\theta}$ 的估计，记为

$$\hat{\boldsymbol{\theta}} = \boldsymbol{G}_n^{-1}\boldsymbol{g}_n \tag{8.10}$$

科勒建和普拉查（1998，1999）还给出了另一种 $\boldsymbol{\theta}$ 的估计，即对残差平方和求最小值来计算 $\boldsymbol{\theta}$ 的估计:

$$\tilde{\boldsymbol{\theta}} = \arg\min_{\boldsymbol{\theta}}\left(\boldsymbol{g}_n - \boldsymbol{G}_n\boldsymbol{\theta}\right)^T\left(\boldsymbol{g}_n - \boldsymbol{G}_n\boldsymbol{\theta}\right) = (\boldsymbol{G}_n^T\boldsymbol{G}_n)^{-1}\boldsymbol{G}_n^T\boldsymbol{g}_n \tag{8.11}$$

科勒建与普拉查（1998）指出上述两种方法得到的 $\boldsymbol{\theta}$ 的估计量 $\hat{\boldsymbol{\theta}}$ 和 $\tilde{\boldsymbol{\theta}}$ 都是相合估计，因此，我们下面只讨论 $\tilde{\boldsymbol{\theta}}$。

第四步，对模型 (8.3) 进行 Cochrane-Orcutt 变换，该变换最早是由科克伦和奥卡特（Cochrane & Orcutt，1949）应用到误差项具有时间上的序列相关性问题，后来，很多学者将此类变换称为 Cochrane-Orcutt 变换，并将其应用到误差项具有空间自相关问题上。本章类似于科勒建和普拉查（1998，1999）研究中的做法，即: 令 $\boldsymbol{Y}_n^* = \tilde{\boldsymbol{Y}}_n - \lambda_0 \boldsymbol{W}_n \tilde{\boldsymbol{Y}}_n$，$\boldsymbol{X}_n^* = \tilde{\boldsymbol{X}}_n - \lambda_0 \boldsymbol{W}_n \tilde{\boldsymbol{X}}_n$，则模型 (8.3) 变形为

$$\boldsymbol{Y}_n^* = \boldsymbol{X}_n^* \boldsymbol{\beta}_0 + \boldsymbol{\varepsilon}_n$$

从而，得到 $\boldsymbol{\beta}$ 的最终估计为

$$\hat{\boldsymbol{\beta}} = \left(\boldsymbol{X}_n^{*T}(\tilde{\lambda}) \boldsymbol{H}_n \boldsymbol{A}_r \boldsymbol{H}_n^T \boldsymbol{X}_n^*(\tilde{\lambda})\right)^{-1} \boldsymbol{X}_n^{*T}(\tilde{\lambda}) \boldsymbol{H}_n \boldsymbol{A}_r \boldsymbol{H}_n^T \boldsymbol{Y}_n^*(\tilde{\lambda}) \tag{8.12}$$

其中，$\boldsymbol{X}_n^*(\tilde{\lambda}) = \tilde{\boldsymbol{X}}_n - \tilde{\lambda} \boldsymbol{W}_n \tilde{\boldsymbol{X}}_n$，$\boldsymbol{Y}_n^*(\tilde{\lambda}) = \tilde{\boldsymbol{Y}}_n - \tilde{\lambda} \boldsymbol{W}_n \tilde{\boldsymbol{Y}}_n$。

最后，将 $\hat{\boldsymbol{\beta}}$ 代入式 (8.4)，得到 $\boldsymbol{m}$ 的最终估计:

$$\hat{\boldsymbol{m}} = \boldsymbol{S}(\boldsymbol{Y}_n - \boldsymbol{X}_n \hat{\boldsymbol{\beta}})$$

下面考虑 $d > 1$ 的情形。与第 7 章类似，参考布亚等（1989）和哈德尔（1993）提出的向后拟合算法对未知函数进行估计，其余步骤与 $d = 1$ 类似，具体步骤如下。

第一步，针对模型 (8.2)，利用局部线性方法拟合未知函数 $m_j(z_{n,ij})$。假定 $\boldsymbol{\beta}$ 和 $\boldsymbol{m}_i (i \neq j)$ 已知，对 $m_j(z_{n,ij})$ 在 z_j 处进行 Taylor 展开，即:

$$m_j(z_{n,ij}) \approx m_j(z_j) + m'_j(z_j)\big(z_{n,ij} - z_j\big)$$

因此，未知函数 $m_j(z_{n,ij})$ 的估计量可以由最小化下式得到，即:

$$\sum_{i=1}^{n} \left(y_{n,i} - \boldsymbol{\beta}^T \boldsymbol{x}_{n,i} - \sum_{k \neq j} m_i(z_{n,ik}) - m_j(z_j) - m'_j(z_j)\big(z_{n,ij} - z_j\big)\right)^2 k_{h_j}(z_{n,ij} - z_j) \tag{8.13}$$

其中，$k_{h_j}(\cdot) = \dfrac{1}{h_j} k_j(\cdot / h_j)$，$k_j(\cdot)$ 是一元核函数，h_j 是对应的带宽。则对式 (8.13) 最小化得到 $m_j(z_j)$ 与 $m'_j(z_j)$ 的初始估计:

$$\begin{pmatrix} \tilde{m}_j(z_j) \\ h\tilde{m}'_j(z_j) \end{pmatrix} = (\boldsymbol{Z}_j^T \boldsymbol{K}_j \boldsymbol{Z}_j)^{-1} \boldsymbol{Z}_j^T \boldsymbol{K}_j \left(\boldsymbol{Y}_n - \boldsymbol{X}_n \boldsymbol{\beta} - \sum_{k \neq j} \boldsymbol{m}_k\right) \tag{8.14}$$

其中，

$$\boldsymbol{Z}_j = \begin{pmatrix} 1 & \cdots & 1 \\ \dfrac{z_{n,1j} - z_j}{h_j} & \cdots & \dfrac{z_{n,nj} - z_j}{h_j} \end{pmatrix}^T$$

$$\boldsymbol{K}_j=\operatorname{diag}\{k_{h_j}(z_{n,1j}-z_j),\cdots,\ k_{h_j}(z_{n,nj}-z_j)\}$$

记 $\boldsymbol{s}_{j,z_{n,ij}}=\boldsymbol{e}_1^T(\boldsymbol{Z}_j^T\boldsymbol{K}_j\boldsymbol{Z}_j)^{-1}\boldsymbol{Z}_j^T\boldsymbol{K}_j$,其中 $\boldsymbol{e}_1=(1,\ 0)^T$,则 $\boldsymbol{S}_j=(\boldsymbol{s}_{j,z_{n,1j}}^T,\ \cdots,\ \boldsymbol{s}_{j,\ z_{n,nj}}^T)^T$ 是 m_j 在观测值 z_j 处的局部线性拟合的光滑矩阵。那么 $\boldsymbol{S}_j^*=(\boldsymbol{I}_n-\boldsymbol{1}\boldsymbol{1}^T/n)\boldsymbol{S}_j$，是 $\boldsymbol{S}_j$ 对应的中心化光滑矩阵，其中，$\boldsymbol{1}=(1,\ 1,\cdots,\ 1)^T$。从而，$\tilde{\boldsymbol{m}}_j=\boldsymbol{S}_j^*\Big(\boldsymbol{Y}_n-\boldsymbol{X}_n\boldsymbol{\beta}-\sum\limits_{k\neq j}\boldsymbol{m}_k\Big)$。

第二步，利用向后拟合算法（backfitting）估计其他未知函数 $m_k(z_{n,\ ik})(k\neq j)$。此处需要用到迭代算法，常用的迭代算法有两种: Gauss-Seidel 算法和 Jacobi 算法，本章采用 Gauss-Seidel 迭代算法。该算法思想如下: 重复第一步的估计方法，假定进行 $s-1$ 次之后，我们得到 $m_k(z_{n,ik})$ 的估计量 $\tilde{m}_k(z_{n,ik})(k=1,\ 2,\cdots,\ s-1)$。下面估计 $m_s(z_{n,is})$，此时，前 $s-1$ 个函数用其初始估计 $\tilde{m}_k(z_{n,ik})$ 代替，后 $d-s$ 个函数用假定的初值代替，记 $\tilde{\boldsymbol{m}}_s^{(l)}$ 是 $\boldsymbol{m}_s$ 第 l 次更新后的估计，则

$$\tilde{\boldsymbol{m}}_s^{(l)}=\boldsymbol{S}_s^*\left(\boldsymbol{Y}_n-\boldsymbol{X}_n\boldsymbol{\beta}-\sum_{i=1}^{s-1}\tilde{\boldsymbol{m}}_i^{(l)}-\sum_{i=s+1}^{d}\boldsymbol{m}_i^{(l-1)}\right)$$

逐次更新 $\boldsymbol{m}_j$ 的值，直到收敛为止。因此，得到 $\boldsymbol{m}_j$ 的估计:

$$\tilde{\boldsymbol{m}}_j=\boldsymbol{S}_j^*\left(\boldsymbol{Y}_n-\boldsymbol{X}_n\boldsymbol{\beta}-\sum_{k\neq j}\tilde{\boldsymbol{m}}_k\right),\qquad j=1,\ 2,\cdots,\ d \tag{8.15}$$

哈斯蒂和蒂布西拉尼 (1990) 与奥普索默和鲁珀特（1997）给出了模型 $\boldsymbol{Y}_n=\boldsymbol{\alpha}+\boldsymbol{m}_1+\boldsymbol{m}_2+\boldsymbol{\varepsilon}$ 中 $\boldsymbol{m}_j$ 的估计。下面，我们以类似于奥普索默和鲁珀特（1999）与奥普索默（2000）的方法来得到 $\boldsymbol{m}_j$ 在 $d>2$ 时的估计。将式 (8.15) 写成矩阵形式为

$$\begin{pmatrix}\boldsymbol{I}_n & \boldsymbol{S}_1^* & \cdots & \boldsymbol{S}_1^*\\ \boldsymbol{S}_2^* & \boldsymbol{I}_n & \cdots & \boldsymbol{S}_2^*\\ \vdots & \vdots & \ddots & \vdots\\ \boldsymbol{S}_d^* & \boldsymbol{S}_d^* & \cdots & \boldsymbol{I}_n\end{pmatrix}\begin{pmatrix}\tilde{\boldsymbol{m}}_1\\ \tilde{\boldsymbol{m}}_2\\ \vdots\\ \tilde{\boldsymbol{m}}_d\end{pmatrix}=\begin{pmatrix}\boldsymbol{S}_1^*(\boldsymbol{Y}_n-\boldsymbol{X}_n\boldsymbol{\beta})\\ \boldsymbol{S}_2^*(\boldsymbol{Y}_n-\boldsymbol{X}_n\boldsymbol{\beta})\\ \vdots\\ \boldsymbol{S}_d^*(\boldsymbol{Y}_n-\boldsymbol{X}_n\boldsymbol{\beta})\end{pmatrix}$$

即

$$\begin{pmatrix}\tilde{\boldsymbol{m}}_1\\ \tilde{\boldsymbol{m}}_2\\ \vdots\\ \tilde{\boldsymbol{m}}_d\end{pmatrix}=\boldsymbol{M}_n^{-1}\boldsymbol{C}_n(\boldsymbol{Y}_n-\boldsymbol{X}_n\boldsymbol{\beta}) \tag{8.16}$$

其中，

$$\boldsymbol{M}_n = \begin{pmatrix} \boldsymbol{I}_n & \boldsymbol{S}_1^* & \cdots & \boldsymbol{S}_1^* \\ \boldsymbol{S}_2^* & \boldsymbol{I}_n & \cdots & \boldsymbol{S}_2^* \\ \vdots & \vdots & \ddots & \vdots \\ \boldsymbol{S}_d^* & \boldsymbol{S}_d^* & \cdots & \boldsymbol{I}_n \end{pmatrix}$$

$$\boldsymbol{C}_n = \begin{pmatrix} \boldsymbol{S}_1^* \\ \boldsymbol{S}_2^* \\ \vdots \\ \boldsymbol{S}_d^* \end{pmatrix}$$

令 $\boldsymbol{E}_j = (\boldsymbol{0}_n, \cdots, \boldsymbol{I}_n, \cdots, \boldsymbol{0}_n)_{n\times nd}$ 是第 j 个分块为 n 阶单位阵其余分块为 n 阶零矩阵的分块矩阵，则

$$\begin{aligned} \tilde{\boldsymbol{m}}_j &= \boldsymbol{E}_j\boldsymbol{M}_n^{-1}\boldsymbol{C}_n(\boldsymbol{Y}_n - \boldsymbol{X}_n\boldsymbol{\beta}) = \boldsymbol{F}_j(\boldsymbol{Y}_n - \boldsymbol{X}_n\boldsymbol{\beta}) \\ \tilde{\boldsymbol{m}}_+ &= \sum_{j=1}^{d}\tilde{\boldsymbol{m}}_j = \sum_{j=1}^{d}\boldsymbol{F}_j(\boldsymbol{Y}_n - \boldsymbol{X}_n\boldsymbol{\beta}) = \boldsymbol{F}_n(\boldsymbol{Y}_n - \boldsymbol{X}_n\boldsymbol{\beta}) \end{aligned} \tag{8.17}$$

其中，$\boldsymbol{F}_j = \boldsymbol{E}_j\boldsymbol{M}_n^{-1}\boldsymbol{C}_n$，$\boldsymbol{F}_n = \sum\limits_{j=1}^{d}\boldsymbol{F}_j$。令 $\boldsymbol{F}_n^{[-j]}$ 是由模型

$$y_{n,i}^{\dagger} = \boldsymbol{\beta}_0^T\boldsymbol{x}_{n,i} + \sum_{k=1}^{j-1}m_k(z_{n,ik}) + \sum_{k=j+1}^{d}m_k(z_{n,ik}) + \varepsilon_{n,i}$$

导出的 $d-1$ 维平滑算子。根据奥普索默 (2000) 中引理 2①，如果 $\|\boldsymbol{S}_j^*\boldsymbol{F}_n^{[-j]}\| < 1$，则上述得到的向后拟合估计量唯一且存在，且

$$\boldsymbol{F}_j = \boldsymbol{I}_n - \left(\boldsymbol{I}_n - \boldsymbol{S}_j^*\boldsymbol{F}_n^{[-j]}\right)^{-1}(\boldsymbol{I}_n - \boldsymbol{S}_j^*) = \left(\boldsymbol{I}_n - \boldsymbol{S}_j^*\boldsymbol{F}_n^{[-j]}\right)^{-1}\boldsymbol{S}_j^*(\boldsymbol{I}_n - \boldsymbol{F}_n^{[-j]})$$

第三步，与 $d=1$ 时的第二步类似，利用 GMM 方法来估计 $\boldsymbol{\beta}$。令 $\boldsymbol{H}_n = (\boldsymbol{h}_{n,1}, \boldsymbol{h}_{n,2}, \cdots, \boldsymbol{h}_{n,n})^T$ 是 $n\times r(r \geqslant p+1)$ 阶的工具变量，$\bar{\boldsymbol{Y}}_n = (\boldsymbol{I}_n - \boldsymbol{F}_n)\boldsymbol{Y}_n$，$\bar{\boldsymbol{X}}_n = (\boldsymbol{I}_n - \boldsymbol{F}_n)\boldsymbol{X}_n$，则对应的矩函数为

$$\mathrm{l_n}(\boldsymbol{\beta}) = \boldsymbol{H}_n^T\left(\boldsymbol{Y}_n - \boldsymbol{X}_n\boldsymbol{\beta} - \tilde{\boldsymbol{m}}_+\right) = \boldsymbol{H}_n^T\left(\bar{\boldsymbol{Y}}_n - \bar{\boldsymbol{X}}_n\boldsymbol{\beta}\right)$$

① Opsomer J D. Asymptotic properties of backfitting estimators[J]. Journal of Multivariate Analysis, 2000, 73: 166-179.

其中，$\boldsymbol{A}_r$ 是 $r\times r$ 阶正定常数矩阵，常取为 $\boldsymbol{A}_r=\left(\frac{1}{n}\boldsymbol{H}_n^T\boldsymbol{H}_n\right)^{-1}$，则 $\boldsymbol{\beta}$ 的初始估计可以由最小化下式得到

$$Q_n(\boldsymbol{\beta})=\mathrm{l}_\mathrm{n}^T(\boldsymbol{\beta})\boldsymbol{A}_r\mathrm{l}_\mathrm{n}(\boldsymbol{\beta})=\left(\bar{\boldsymbol{Y}}_n-\bar{\boldsymbol{X}}_n\boldsymbol{\beta}\right)^T\boldsymbol{H}_n\boldsymbol{A}_r\boldsymbol{H}_n^T\left(\bar{\boldsymbol{Y}}_n-\bar{\boldsymbol{X}}_n\boldsymbol{\beta}\right)$$

即

$$\tilde{\boldsymbol{\beta}}=\arg\min_{\boldsymbol{\beta}}Q_n(\boldsymbol{\beta})=\left(\bar{\boldsymbol{X}}_n^T\boldsymbol{H}_n\boldsymbol{A}_r\boldsymbol{H}_n^T\bar{\boldsymbol{X}}_n\right)^{-1}\bar{\boldsymbol{X}}_n^T\boldsymbol{H}_n\boldsymbol{A}_r\boldsymbol{H}_n^T\bar{\boldsymbol{Y}}_n$$

第四步，根据科勒建和普拉查（1998，1999）提出的两步估计方法来估计 $\boldsymbol{\theta}=(\lambda,\ \lambda^2,\ \sigma^2)$。与 $d=1$ 时的第三步类似，此时，用 $\tilde{\boldsymbol{\eta}}_n=\bar{\boldsymbol{Y}}_n-\bar{\boldsymbol{X}}_n\tilde{\boldsymbol{\beta}}$ 来估计 $\boldsymbol{\eta}_n$，得到未知参数 $\boldsymbol{\theta}$ 的估计为

$$\tilde{\boldsymbol{\theta}}=\left(\boldsymbol{G}_n^T\boldsymbol{G}_n\right)^{-1}\boldsymbol{G}_n^T\boldsymbol{g}_n$$

第五步，同样需要进行 Cochrane-Orcutt 转换，令 $\boldsymbol{Y}_n^*=\bar{\boldsymbol{Y}}_n-\lambda_0\boldsymbol{W}_n\bar{\boldsymbol{Y}}_n$，$\boldsymbol{X}_n^*=\bar{\boldsymbol{X}}_n-\lambda_0\boldsymbol{W}_n\bar{\boldsymbol{X}}_n$，与 $d=1$ 时的第四步类似，从而得到 $\boldsymbol{\beta}$ 的最终估计为

$$\hat{\boldsymbol{\beta}}=\left(\boldsymbol{X}_n^{*T}(\tilde{\lambda})\boldsymbol{H}_n\boldsymbol{A}_r\boldsymbol{H}_n^T\boldsymbol{X}_n^*(\tilde{\lambda})\right)^{-1}\boldsymbol{X}_n^{*T}(\tilde{\lambda})\boldsymbol{H}_n\boldsymbol{A}_r\boldsymbol{H}_n^T\boldsymbol{Y}_n^*(\tilde{\lambda})\tag{8.18}$$

其中，$\boldsymbol{X}_n^*(\tilde{\lambda})=\bar{\boldsymbol{X}}_n-\tilde{\lambda}\boldsymbol{W}_n\bar{\boldsymbol{X}}_n$，$\boldsymbol{Y}_n^*(\tilde{\lambda})=\bar{\boldsymbol{Y}}_n-\tilde{\lambda}\boldsymbol{W}_n\bar{\boldsymbol{Y}}_n$。

最后，将 $\hat{\boldsymbol{\beta}}$ 代入式 (8.17)，得到 $\boldsymbol{m}_j$ 和 $\boldsymbol{m}_+$ 的最终估计:

$$\hat{\boldsymbol{m}}_j=\boldsymbol{F}_j(\boldsymbol{Y}_n-\boldsymbol{X}_n\hat{\boldsymbol{\beta}})$$

$$\hat{\boldsymbol{m}}_+=\boldsymbol{F}_n(\boldsymbol{Y}_n-\boldsymbol{X}_n\hat{\boldsymbol{\beta}})$$

8.3 估计量的大样本性质

8.3.1 假设条件

为了得到模型中参数及非参数部分估计量的相合性和渐近正态性，首先给出如下假设。

假设 8.1

（1）空间权重矩阵 $\boldsymbol{W}_n$ 的主对角线元素 $w_{n,ii}=0\,(i=1,\ 2,\cdots,\ n)$;

（2）当 $|\lambda|<1$ 时，矩阵 $\boldsymbol{I}_n-\lambda\boldsymbol{W}_n$ 是非奇异矩阵;

（3）当 $|\lambda|<1$ 时，矩阵 $\boldsymbol{W}_n$ 和 $\left(\boldsymbol{I}_n-\lambda\boldsymbol{W}_n\right)^{-1}$ 的行元素绝对值的和与列元素绝对值的和一致有界。

假设 8.2

(1) 协变量 $\boldsymbol{X}_n$ 是行满秩的非随机变量，且 $\boldsymbol{X}_n$ 中的元素绝对值一致有界;

(2) 变量 $\boldsymbol{Z}_n$ 的列向量是独立同分布的随机变量;

(3) $\boldsymbol{H}_n$ 是行元素绝对值的和与列元素绝对值的和一致有界的;

(4) 误差序列 $\varepsilon_{n,i}$ 满足 $\mathrm{E}(\varepsilon_{n,i})=0$，$\mathrm{E}(\varepsilon_{n,i})^2=\sigma_0^2$，对任意小的 δ，都有 $\mathrm{E}|\varepsilon_{n,i}|^{2+\delta}=c_\delta<\infty$;

(5) 随机变量 z 的密度函数 $f(\cdot)$ 满足 $f(\cdot)>0$，二阶连续可微，在其支撑集上一致有界远离零，且 $f'(\cdot)$ 和 $f''(\cdot)$ 有界。

假设 8.3

(1) 核函数 $k(\cdot)$ 是有界连续对称的;

(2) $\mu_l=\int v^l k(v)dv$，$\nu_l=\int v^l k^2(v)dv$，其中 l 是非负整数;

(3) 函数 $m(\cdot)$ 的二阶导数存在且是有界连续的。

假设 8.4

(1) $\boldsymbol{A}_r=\boldsymbol{A}+o_P(1)$，其中 $\boldsymbol{A}$ 是半正定矩阵;

(2) $\dfrac{1}{n}\boldsymbol{H}_n^T(\boldsymbol{I}_n-\boldsymbol{S})\boldsymbol{X}_n=\boldsymbol{Q}_{HX}+o_P(1)$;

(3) $\dfrac{1}{n}\boldsymbol{H}_n^T\boldsymbol{W}_n(\boldsymbol{I}_n-\boldsymbol{S})\boldsymbol{X}_n=\boldsymbol{Q}_{HWX}+o_P(1)$;

(4) $\dfrac{1}{n}\boldsymbol{H}_n^T\boldsymbol{H}_n=\boldsymbol{Q}_{HH}+o_P(1)$;

(5) $\boldsymbol{\Sigma}_1=\lim\limits_{n\to\infty}\dfrac{1}{n}\boldsymbol{H}_n^T(\boldsymbol{I}_n-\boldsymbol{S})(\boldsymbol{I}_n-\lambda_0\boldsymbol{W}_n)^{-1}(\boldsymbol{I}_n-\lambda_0\boldsymbol{W}_n^T)^{-1}(\boldsymbol{I}_n-\boldsymbol{S})^T\boldsymbol{H}_n$。

假设 8.5　$n\to\infty$，$h\to 0$，有 $nh^4\to\infty$，$nh^5\to 0$。

假设 8.3′

(1) 核函数 $k_j(\cdot)(j=1,2,\cdots,d)$ 是有界连续对称的;

(2) $\mu_l^j=\displaystyle\int v^l k_j(v)dv$，$\nu_l^j=\displaystyle\int v^l k_j^2(v)dv(j=1,2,\cdots,d)$，其中 l 是非负整数;

(3) 对于任意的有界函数 $v(\cdot)$，都存在一个非负有界的概率密度函数 $f(\cdot)$，使得 $\dfrac{1}{n}\sum\limits_{i=1}^{n}v(z_i)=\int v(z)f(z)dz$;

(4) 函数 $m_j(\cdot)(j=1,2,\cdots,d)$ 的二阶导数存在且是有界连续的。

假设 8.4′

(1) $\dfrac{1}{n}\boldsymbol{H}_n^T(\boldsymbol{I}_n-\boldsymbol{F}_n)\boldsymbol{X}_n=\boldsymbol{R}_{HX}+o_P(1)$;

(2) $\dfrac{1}{n}\boldsymbol{H}_n^T\boldsymbol{W}_n(\boldsymbol{I}_n-\boldsymbol{F}_n)\boldsymbol{X}_n=\boldsymbol{R}_{HWX}+o_P(1)$;

（3）$\frac{1}{n}\boldsymbol{H}_n^T\boldsymbol{H}_n=\boldsymbol{Q}_{HH}+o_P(1)$；

（4）$\boldsymbol{\Sigma}_2=\lim\limits_{n\to\infty}\frac{1}{n}\boldsymbol{H}_n^T(\boldsymbol{I}_n-\boldsymbol{F}_n)(\boldsymbol{I}_n-\lambda_0\boldsymbol{W}_n)^{-1}(\boldsymbol{I}_n-\lambda_0\boldsymbol{W}_n^T)^{-1}(\boldsymbol{I}_n-\boldsymbol{F}_n)^T\boldsymbol{H}_n$。

假设 8.5′ $n\to\infty$，$h_j\to 0$，$nh_j^4\to\infty$，$nh_j^5\to 0$。

假设 8.1 是空间权重矩阵的基本特性。通常假定 $\boldsymbol{W}_n$ 是行正规化的，也就是 $\sum\limits_{j=1}^{n}w_{n,ij}=1$。假设 8.2 是关于协变量、误差项、工具变量和随机变量密度函数的假设。假设 8.3 是常见的关于核函数及带宽的假设。假设 8.4 和假设 8.5 是当 $d=1$ 时，证明大样本性质的必要条件。假设 8.3′ 至假设 8.5′ 是 $d>1$ 时，对应的核函数、带宽及大样本性质的假设。

8.3.2 主要结果

定理 8.3.1 当假设 8.1 至假设 8.4 成立时，$\tilde{\boldsymbol{\beta}}$ 是 $\boldsymbol{\beta}_0$ 的一致估计，进一步有

$$\sqrt{n}(\tilde{\boldsymbol{\beta}}-\boldsymbol{\beta}_0)\xrightarrow{D}N(\mathbf{0},\ \boldsymbol{\Omega}_1)$$

其中，$\boldsymbol{\Omega}_1=\sigma_0^2(\boldsymbol{Q}_{HX}^T\boldsymbol{A}\boldsymbol{Q}_{HX})^{-1}\boldsymbol{Q}_{HX}^T\boldsymbol{A}\boldsymbol{\Sigma}_1\boldsymbol{A}\boldsymbol{Q}_{HX}(\boldsymbol{Q}_{HX}^T\boldsymbol{A}\boldsymbol{Q}_{HX})^{-1}$。

定理 8.3.2 当假设 8.1 至假设 8.5 成立时，$\tilde{\boldsymbol{\theta}}\xrightarrow{P}\boldsymbol{\theta}_0$。

定理 8.3.3 当假设 8.1 至假设 8.5 成立，且 $\boldsymbol{A}_r=\left(\frac{1}{n}\boldsymbol{H}_n^T\boldsymbol{H}_n\right)^{-1}$ 时，

$$\sqrt{n}(\hat{\boldsymbol{\beta}}-\boldsymbol{\beta}_0)\xrightarrow{D}N(\mathbf{0},\ \sigma_0^2\bar{\boldsymbol{Q}}^{-1})$$

其中，$\bar{\boldsymbol{Q}}=(\boldsymbol{Q}_{HX}-\lambda_0\boldsymbol{Q}_{HWX})^T\boldsymbol{Q}_{HH}^{-1}(\boldsymbol{Q}_{HX}-\lambda_0\boldsymbol{Q}_{HWX})$。

定理 8.3.4 当假设 8.1 至假设 8.5 成立时，

$$\sqrt{nh}\big(\tilde{m}(z)-m(z)\big)\xrightarrow{D}N\big(0,\ f^{-2}(z)\Gamma_{11}\big)$$

其中，Γ_{11} 是 $\boldsymbol{\Gamma}$ 的第 1 行第 1 列元素，$\boldsymbol{\Gamma}=\boldsymbol{Z}^T\boldsymbol{K}(\boldsymbol{I}-\lambda\boldsymbol{W}_n)^{-1}(\boldsymbol{I}-\lambda\boldsymbol{W}_n^T)^{-1}\boldsymbol{K}\boldsymbol{Z}$。

定理 8.3.5 当假设 8.1、假设 8.2、假设 8.3′、假设 8.5′ 成立时，

$$\sqrt{n}(\tilde{\boldsymbol{\beta}}-\boldsymbol{\beta}_0)\xrightarrow{D}N(\mathbf{0},\ \boldsymbol{\Omega}_2)$$

其中，$\boldsymbol{\Omega}_2=\sigma_0^2(\boldsymbol{R}_{HX}^T\boldsymbol{A}\boldsymbol{R}_{HX})^{-1}\boldsymbol{R}_{HX}^T\boldsymbol{A}\boldsymbol{\Sigma}_2\boldsymbol{A}\boldsymbol{R}_{HX}(\boldsymbol{R}_{HX}^T\boldsymbol{A}\boldsymbol{R}_{HX})^{-1}$。

定理 8.3.6 当假设 8.1、假设 8.2、假设 8.3′ 至假设 8.5′ 成立时，有 $\tilde{\boldsymbol{\theta}}\xrightarrow{P}\boldsymbol{\theta}_0$。

定理 8.3.7 当假设 8.1、假设 8.2、假设 8.3′ 至假设 8.5′ 成立，且 $\boldsymbol{A}_r=\left(\frac{1}{n}\boldsymbol{H}_n^T\boldsymbol{H}_n\right)^{-1}$ 时，$\sqrt{n}(\hat{\boldsymbol{\beta}}-\boldsymbol{\beta}_0)\xrightarrow{D}N(\mathbf{0},\ \sigma_0^2\bar{\boldsymbol{R}}^{-1})$，其中，$\bar{\boldsymbol{R}}=(\boldsymbol{R}_{HX}-\lambda_0\boldsymbol{R}_{HWX})^T\boldsymbol{Q}_{HH}^{-1}(\boldsymbol{R}_{HX}-\lambda_0\boldsymbol{R}_{HWX})$。

定理 8.3.8 当假设 8.1、假设 8.2、假设 8.3′ 至假设 8.5′ 成立时，

$$\mathrm{E}(\tilde{\boldsymbol{m}}_j - \boldsymbol{m}_j) = \frac{1}{2}h_j^2\mu_2^j(\boldsymbol{m}_j'' - \mathrm{E}(\boldsymbol{m}_j'')) - \boldsymbol{S}_j^*\boldsymbol{B}_{-j} + O_P\left(\frac{1}{\sqrt{n}}\right) + o_P(h_j^2)$$

$$\mathrm{Var}(\tilde{\boldsymbol{m}}_j - \boldsymbol{m}_j) = \sigma_0^2\boldsymbol{F}_j(\boldsymbol{I}_n - \lambda_0\boldsymbol{W}_n)^{-1}(\boldsymbol{I}_n - \lambda_0\boldsymbol{W}_n^T)^{-1}\boldsymbol{F}_j^T$$

其中，$\boldsymbol{B}_{-j} = (\boldsymbol{F}_n^{[-j]} - \boldsymbol{I}_n)\boldsymbol{m}_{-j}$ 和 $\boldsymbol{m}_{-j} = \boldsymbol{m}_1 + \cdots + \boldsymbol{m}_{j-1} + \boldsymbol{m}_{j+1} + \cdots + \boldsymbol{m}_d$。

8.4 数值模拟

本节我们将继续通过 Monte Carlo 数值模拟来考察 8.2 节构造估计量的小样本表现。对于未知参数的估计，仍然采用样本均值 (MEAN)、样本标准差 (SD) 和均方误差（MSE）作为评价标准。

$$\mathrm{MSE} = \frac{1}{mcn}\sum_{i=1}^{mcn}(\hat{\xi}_i - \xi_0)^2$$

其中，mcn 是模拟次数，$\hat{\xi}_i(i = 1，2，\cdots，mcn)$ 是每次模拟的参数估计值，ξ_0 是真值。对于非参数部分 $m_j(j = 1，2，\cdots，d)$ 的估计 $\hat{m}_j$，参考范等（2008）与李和梁（2008）研究中的 RASE（root of average squared error）作为评价标准。

$$\mathrm{RASE}_q = \sqrt{Q^{-1}\sum_{q=1}^{Q}\left(\hat{m}_j(z_q) - m_j(z_q)\right)^2}, \quad q = 1，2，\cdots，Q$$

其中，Q 取为 40，是固定的网格点。依然选用交叉验证法（CV）来确定最优带宽。对于非参数 m_j 模拟时采用标准的 Epanechikov 核函数 $k(u) = \frac{3}{4}\sqrt{5}\left(1 - \frac{1}{5}u^2\right)I(u^2 \leqslant 5)$，工具变量矩阵选用 $\boldsymbol{H}_n = (\boldsymbol{X}_n，\boldsymbol{W}_n\boldsymbol{X}_n)$。

8.4.1 数据生成过程

我们考虑如下数据生成过程:

$$\begin{cases} y_{n,i} = \sum_{k=1}^{2} x_{n,ik}\beta_k + m_1(z_{n,i1}) + m_2(z_{n,i2}) + \eta_{n,i} \\ \eta_{n,i} = \lambda\sum_{k=1}^{n} w_{n,ik}\eta_{n,k} + \varepsilon_{n,i} \end{cases} \tag{8.19}$$

其中，$x_{n,ik}(k=1, 2)$ 是由独立的多元正态分布 $N(\mathbf{0}, \mathbf{\Sigma})$ 生成，$\mathbf{0}=(0, 0)^T$，$\mathbf{\Sigma}=\begin{pmatrix}1 & 0\\ 0 & 1\end{pmatrix}$; 协变量 $z_{n,i1}$ 是由 $(-1, 1)$ 上的均匀分布生成，$z_{n,i2}$ 是由 $(0, 1)$ 上的均匀分布生成; $m_1(z_{n,i1})=2\sin(\pi z_{n,i1})$，$m_2(z_{n,i2})=z_{n,i2}^3+3z_{n,i2}^2-2z_{n,i2}-1$。误差项 $\varepsilon_{n,i}$ 来自独立的正态分布 $N(0, 1)$，$\boldsymbol{\beta}_0=(1, 1.5)^T$。为了考察空间相关性的影响，模拟过程中分别选取 $\lambda_0=0.25$，$\lambda_0=0.5$，$\lambda_0=0.75$。类似于程等（2019）和苏（2012）的研究方法，我们选择 Rook 空间权重矩阵（Anselin，1988）。样本量分别取为 $n=49$、$n=64$、$n=81$、$n=100$、$n=225$ 和 $n=400$。

8.4.2 模拟结果

对每种情况，利用 Matlab 软件分别进行了 500 次模拟，模拟结果如表 8-1 至表 8-3 所示。

表 8-1 当 $\lambda=0.25$ 时，模型 (8.19) 中参数的估计结果

参数	真值	MEAN	SD	MSE	MEAN	SD	MSE
		$n=49$			$n=64$		
λ	0.2500	0.2838	0.0560	0.0043	0.2837	0.0201	0.0015
β_1	1.0000	1.0067	0.1318	0.0174	1.0020	0.1057	0.0112
β_2	1.5000	1.4828	0.1256	0.0161	1.4996	0.1071	0.0115
σ^2	0.0100	0.0535	0.0678	0.0065	0.0335	0.0469	0.0028
m_1	–	1.1696	0.7665	–	0.5390	0.4070	–
m_2	–	3.4316	0.4778	–	2.9212	0.3052	–
参数	真值	MEAN	SD	MSE	MEAN	SD	MSE
		$n=81$			$n=100$		
λ	0.2500	0.2733	0.0172	0.0008	0.2730	0.0133	0.0007
β_1	1.0000	0.9974	0.0923	0.0085	0.9934	0.0824	0.0068
β_2	1.5000	1.4974	0.0905	0.0082	1.5025	0.0823	0.0068
σ^2	0.0100	0.0181	0.0276	0.0008	0.0132	0.0204	0.0004
m_1	–	0.5216	0.4050	–	0.3775	0.2905	–
m_2	–	2.7251	0.2396	–	2.3652	0.1914	–
参数	真值	MEAN	SD	MSE	MEAN	SD	MSE
		$n=225$			$n=400$		
λ	0.2500	0.2618	0.0053	0.0002	0.2614	0.0033	0.0001
β_1	1.0000	1.0013	0.0573	0.0033	0.9979	0.0373	0.0014
β_2	1.5000	1.5009	0.0546	0.0030	1.5026	0.0409	0.0017
σ^2	0.0100	0.0116	0.0049	0.0000^a	0.0113	0.0035	0.0000^b
m_1	–	0.1673	0.1303	–	0.0858	0.0654	–
m_2	–	1.5636	0.0852	–	1.1394	0.0473	–

注：a. 0.0000266; b. 0.0000139.

仔细观察，得出以下结论。

第一，当 $n = 49$ 时，空间相关系数 λ 的偏差略大，但是随着样本量的增加，偏差越小。λ 的均值和 MSE 随着样本量的增加而逐渐减少，每次模拟的标准差都很小，但是仍然出现递减情形。说明随着样本量的增大，λ 是逐渐收敛的，这与 8.3 节的理论结果一致。

第二，线性部分系数 β_1 和 β_2 的均值都非常接近真实值，SD 和 MSE 虽然都很小，但仍然呈现下降趋势，说明线性部分系数收敛的速度要快于空间系数的收敛速度。误差项的方差 σ^2 的各个统计量同样呈现出随着样本量的增加而逐渐减少的趋势。

第三，未知函数 $m_1(\cdot)$ 和 $m_2(\cdot)$ 的 RASE 值的均值和标准差随着样本量的增大而快速减小。

表 8-2　　当 $\lambda = 0.5$ 时，模型 (8.19) 中参数的估计结果

参数	真值	MEAN	SD	MSE	MEAN	SD	MSE
		$n = 49$			$n = 64$		
λ	0.5000	0.5438	0.0341	0.0031	0.5366	0.0209	0.0018
β_1	1.0000	1.0019	0.1289	0.0166	0.9948	0.1147	0.0132
β_2	1.5000	1.5015	0.1236	0.0153	1.4997	0.1106	0.0122
σ^2	0.0100	0.0477	0.0652	0.0057	0.0319	0.0434	0.0024
m_1	–	1.1397	0.7554	–	0.5453	0.4035	–
m_2	–	3.4167	0.4098	–	2.9159	0.3232	–
参数	真值	MEAN	SD	MSE	MEAN	SD	MSE
		$n = 81$			$n = 100$		
λ	0.5000	0.5348	0.0208	0.0016	0.5295	0.0129	0.0010
β_1	1.0000	0.9979	0.0919	0.0085	0.9999	0.0824	0.0068
β_2	1.5000	1.5027	0.0901	0.0081	1.4992	0.0877	0.0077
σ^2	0.0100	0.0200	0.0309	0.0011	0.0149	0.0228	0.0005
m_1	–	0.5001	0.4017	–	0.3653	0.2852	–
m_2	–	2.7182	0.2304	–	2.3661	0.1948	–
参数	真值	MEAN	SD	MSE	MEAN	SD	MSE
		$n = 225$			$n = 400$		
λ	0.5000	0.5184	0.0049	0.0004	0.5137	0.0028	0.0002
β_1	1.0000	1.0013	0.0566	0.0032	1.0024	0.0414	0.0017
β_2	1.5000	1.5005	0.0572	0.0033	1.4998	0.0408	0.0017
σ^2	0.0100	0.0032	0.0043	0.0001	0.0031	0.0031	0.0001
m_1	–	0.1689	0.1238	–	0.0872	0.0645	–
m_2	–	1.5603	0.0897	–	1.1407	0.0501	–

表 8-3 **当 $\lambda=0.75$ 时，模型 (8.19) 中参数的估计结果**

参数	真值	MEAN	SD	MSE	MEAN	SD	MSE
		$n=49$			$n=64$		
λ	0.7500	0.7838	0.0559	0.0043	0.7837	0.0194	0.0015
β_1	1.0000	0.9926	0.1317	0.0174	0.9894	0.1093	0.0121
β_2	1.5000	1.5051	0.1252	0.0157	1.4942	0.1070	0.0115
σ^2	0.0100	0.0548	0.0735	0.0074	0.0343	0.0470	0.0028
m_1	–	1.2188	0.8086	–	0.5739	0.4374	–
m_2	–	3.4220	0.4281	–	2.9343	0.2837	–
参数	真值	MEAN	SD	MSE	MEAN	SD	MSE
		$n=81$			$n=100$		
λ	0.7500	0.7734	0.0187	0.0009	0.7730	0.0139	0.0007
β_1	1.0000	0.9945	0.0940	0.0089	1.0052	0.0842	0.0071
β_2	1.5000	1.4976	0.1030	0.0106	1.4965	0.0853	0.0073
σ^2	0.0100	0.0226	0.0340	0.0013	0.0131	0.0201	0.0004
m_1	–	0.5159	0.3918	–	0.4090	0.2959	–
m_2	–	2.7176	0.2388	–	2.3667	0.1983	–
参数	真值	MEAN	SD	MSE	MEAN	SD	MSE
		$n=225$			$n=400$		
λ	0.7500	0.7618	0.0049	0.0002	0.7614	0.0031	0.0001
β_1	1.0000	1.0010	0.0564	0.0032	0.9997	0.0390	0.0015
β_2	1.5000	1.5030	0.0538	0.0029	1.5013	0.0402	0.0016
σ^2	0.0100	0.0124	0.0046	0.0000^a	0.0103	0.0033	0.0000^b
m_1	–	0.1671	0.1265	–	0.0818	0.0615	–
m_2	–	1.5586	0.0850	–	1.1395	0.0471	–

注：a. 0.0000269; b. 0.0000109.

图 8-1、图 8-2 给出了未知函数 $m_1(\cdot)$ 和 $m_2(\cdot)$ 的估计及 95% 的同时置信带。实线表示提前预设的函数的趋势，短虚线是未知函数的拟合曲线，长虚线给出了对应的 95% 的同时置信带。观察图 8-1、图 8-2 发现，当样本量是 $n=225$ 时，未知函数 $m_1(\cdot)$ 的拟合效果不太好，但是函数的变化趋势和真实函数是一致的，并且 95% 的置信带也比较可信。当样本量增加到 $n=400$ 时，函数拟合的变化趋势与真实函数更加贴近。这说明随着样本量的增加，未知函数的偏差越来越小，从而达到渐近收敛，这与第三节的理论结果非常吻合。

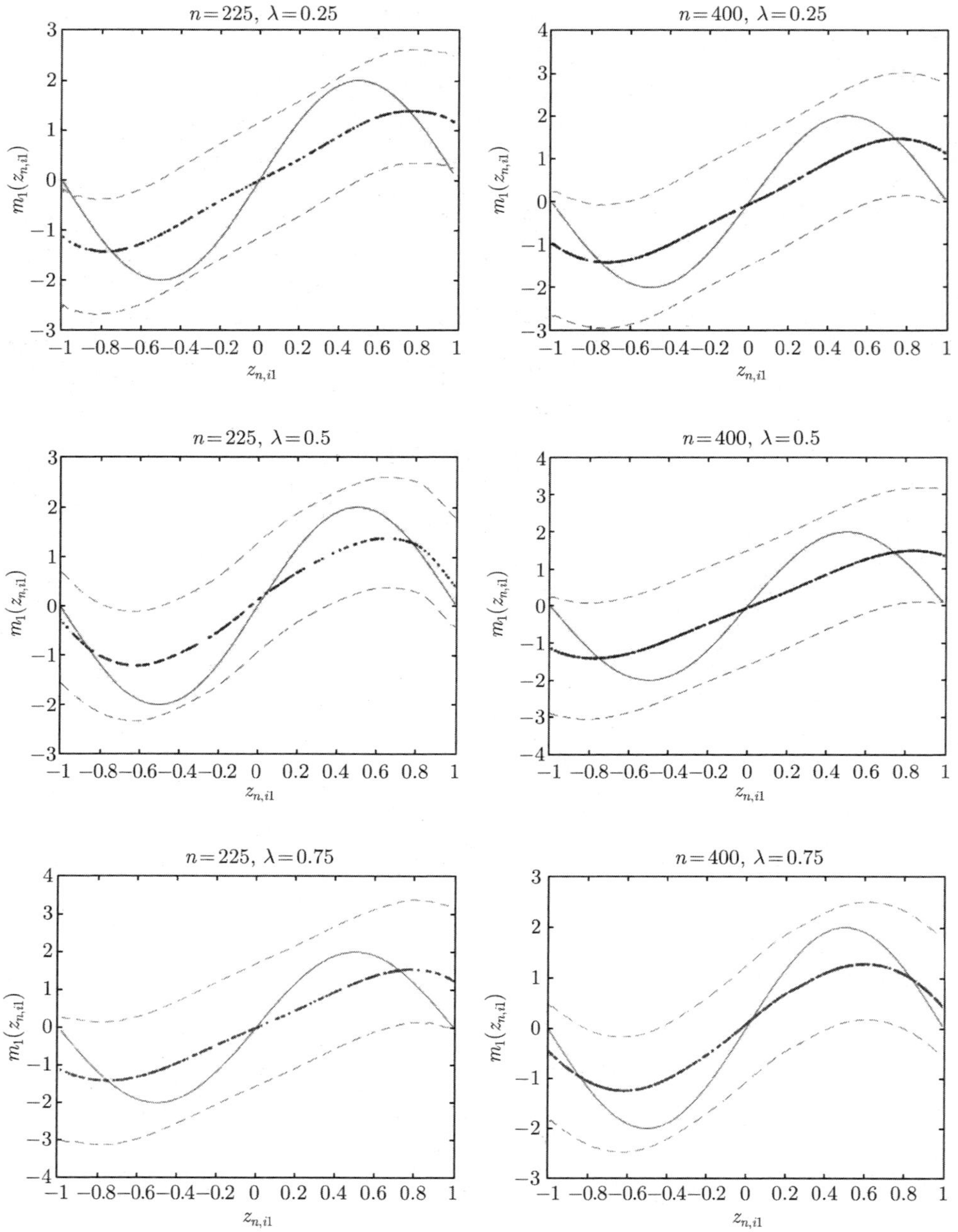

图 8-1 模型 (8.19) 中 m_1 的拟合结果

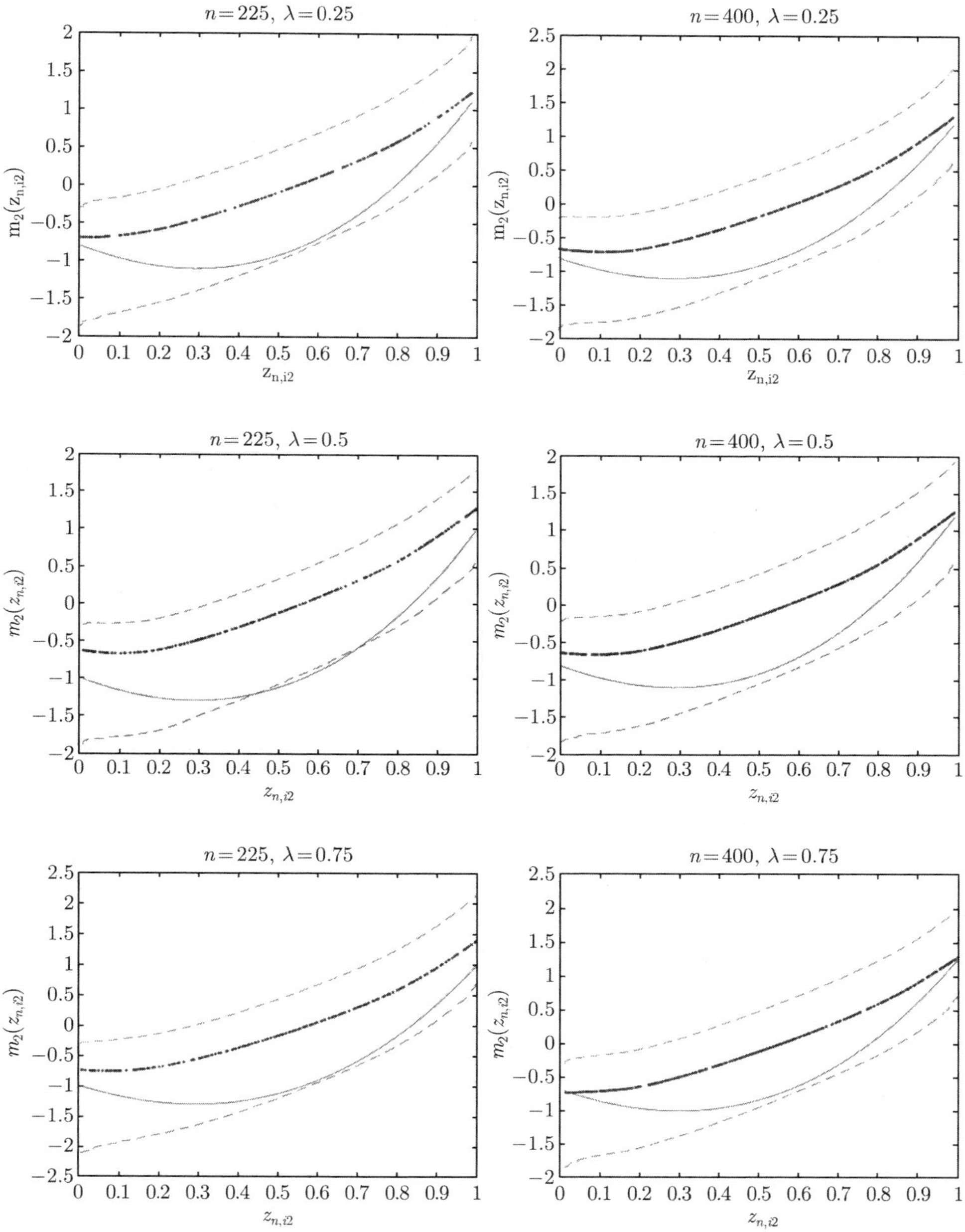

图 8-2 模型 (8.19) 中 m_2 的拟合结果

8.5 实例分析

为了将我们提出的估计技术应用到现实经济问题中，本节继续讨论 1970 年波士顿房价问题。该数据集有 506 个观测值、15 个自变量和 1 个响应变量。详细说明参考第 5 章。

张等（2011）利用部分线性可加模型来研究该数据集，并利用变量选择方法得出 RAD 和 $PTRATIO$ 对响应变量 $MEDV$ 具有线性影响，$CRIM$、NOX、RM、DIS、TAX 和 $LSTAT$ 对响应变量 $MEDV$ 具有非线性影响。基于上述结果，杜等（2018）利用部分线性可加空间自回归模型同时考虑了该数据集的空间效应。程等（2019）利用部分线性单指标空间自回归模型做了相应的研究。

基于程等（2019）和杜等（2018）的结果，本章将 $MEDV$ 作为响应变量，变量 RAD 和 $PTRATIO$ 对响应变量具有线性影响，变量 $CRIM$、NOX、RM、DIS 和 $LSTAT$ 对响应变量具有非线性影响，考虑如下的部分线性可加空间误差回归模型:

$$\begin{cases} y_{n,i} = x_{n,1i}\beta_1 + x_{n,2i}\beta_2 + \sum\limits_{k=1}^{5} m_k(z_{n,ki}) + \eta_{n,i} \\ \eta_{n,i} = \lambda \sum\limits_{l=1}^{n} w_{n,il}\eta_{n,l} + \varepsilon_{n,i} \end{cases} \tag{8.20}$$

其中，响应变量 $y_{n,i} = \log(MEDV_i)$，自变量 $x_{n,1i} = \log(RAD_i)$，$x_{n,2i} = \log(PTRATIO_i)$，$z_{n,1i}$，$\cdots$，$z_{n,5i}$ 分别是 CRIM、NOX、RM、DIS 和 $\log(LSTAT)$ 的第 i 个观测值。与程等（2019）和杜等（2018）类似，对数变换是为了减少数据间的差距。空间权重矩阵 $w_{n,il}$ 是通过房子的经纬度，利用欧氏距离计算所得。

表 8-4 列出了未知参数的估计及 95% 的置信区间，非参数分量的估计如图 8-3 中所示。

表 8-4 模型 (8.20) 未知参数的估计结果

	估计值	标准差	均方误差	下限	上限
λ	0.4689	0.0916	0.0085	0.3797	0.5216
β_1	0.1625	0.0468	0.0023	0.0708	0.2105
β_2	-0.3455	0.0790	0.0065	-0.4336	-0.1831

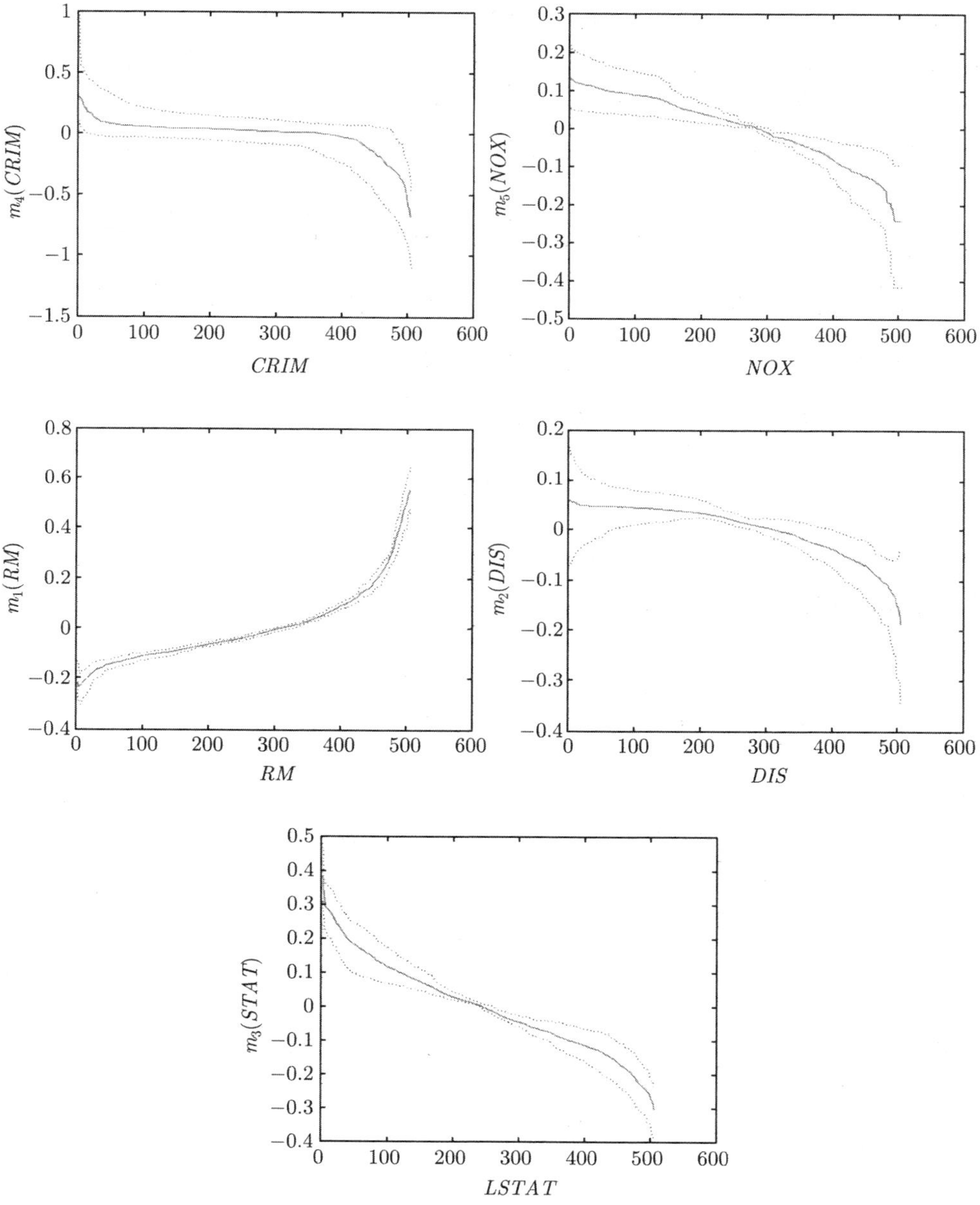

图 8-3 模型 (8.20) 非参数部分的拟合结果

通过观察表 8.5 可以得到：（1）空间相关系数的估计值为 0.4689，标准差 0.0916，均方误差 0.0085，且置信区间不包含 0，说明回归扰动项之间存在正的空间相关关系；（2）对于线性部分，*RAD* 的回归系数为正，说明房屋价格随着到达高速公路便利指数的增加而增加; $PTRATIO$ 的回归系数为负，说明城镇生师比对房价有负向影响。通过观察图 8-3 发现，除 RM 外，其他变量对房价的非线性影响是反向的。这些结果与杜等（2018）的研究结论略有不同，可能是由于选择了不同的空间结构造成的。

8.6 引理及定理的证明

引理 8.6.1 矩阵 $\boldsymbol{S}=(s_{ij})_{n\times n}$ 行元素绝对值的和与列元素绝对值的和一致有界是指，对于充分大的 n，矩阵 $\boldsymbol{S}$ 的元素满足 $\sum\limits_{j=1}^{n} s_{ij}=1$。

引理 8.6.2 当假设 8.1 至假设 8.3 成立时，有

$$\frac{1}{n}\boldsymbol{Z}^T\boldsymbol{K}\boldsymbol{Z}=f(z)\begin{pmatrix}1 & 0\\ 0 & \mu_2\end{pmatrix}+O_p(h)$$

证明 根据

$$\boldsymbol{Z}=\begin{pmatrix}1 & \cdots & 1\\ (z_{n,1}-z)/h & \cdots & (z_{n,n}-z)/h\end{pmatrix}^T$$

和

$$\boldsymbol{K}=\mathrm{diag}\{k_h(z_1-z),\cdots,\ k_h(z_n-z)\}$$

可得

$$\frac{1}{n}\boldsymbol{Z}^T\boldsymbol{K}\boldsymbol{Z}=\begin{pmatrix}\Lambda_{1.11} & \Lambda_{1.12}\\ \Lambda_{1.21} & \Lambda_{1.22}\end{pmatrix}$$

其中，$\Lambda_{1.11}=\dfrac{1}{n}\sum\limits_{i=1}^{n}k_h(z_i-z)$，$\Lambda_{1.12}=\Lambda_{1.21}=\dfrac{1}{n}\sum\limits_{i=1}^{n}\dfrac{z_{n,\ i}-z}{h}k_h(z_i-z)$，$\Lambda_{1.22}=\dfrac{1}{n}\sum\limits_{i=1}^{n}\left(\dfrac{z_{n,\ i}-z}{h}\right)^2k_h(z_i-z)$。根据假设 8.3，我们得到

$$\begin{aligned}\mathrm{E}(\Lambda_{1.11})&=\mathrm{E}\big(k_h(z_1-z)\big)=\int k_h(z_1-z)f(z_1)dz_1\\&=\int k(v)f(hv+z)dv=f(z)+O(h^2)\end{aligned}$$

类似地，有 $\mathrm{E}(\Lambda_{1.12})=O(h)$ 和 $\mathrm{E}(\Lambda_{1.12})=f(z)\mu_2+O(h^2)$。因此，有

$$\frac{1}{n}\boldsymbol{Z}^T\boldsymbol{K}\boldsymbol{Z}=f(z)\begin{pmatrix}1 & 0\\ 0 & \mu_2\end{pmatrix}+O_P(h)$$

引理 8.6.3 当假设 8.1 至假设 8.3 成立时，有 $\boldsymbol{s}_z(\boldsymbol{I}_n-\lambda\boldsymbol{W}_n)^{-1}\boldsymbol{\varepsilon}_n=O_P\left(n^{-1/2}\right)$。

证明 定义 $\boldsymbol{D}_n=(\boldsymbol{I}_n-\lambda\boldsymbol{W}_n)^{-1}=(d_{n,ij})_{n\times n}$，根据假设 8.1，容易得到矩阵 $\boldsymbol{D}_n$ 是行元素绝对值的和与列元素绝对值的和一致有界的。也就是存在一个正数 C_d 使得 $d_{n,ij}\leqslant\sum\limits_{i=1}^{n}|d_{n,ij}|\leqslant C_d$。注意到

$$\frac{1}{n}\boldsymbol{Z}^T\boldsymbol{K}(\boldsymbol{I}_n-\lambda\boldsymbol{W}_n)^{-1}\boldsymbol{\varepsilon}_n=\begin{pmatrix}\Lambda_{1.11}\\ \Lambda_{1.21}\end{pmatrix}=\boldsymbol{\Lambda}_1$$

其中，$\Lambda_{1.11}=\dfrac{1}{n}\sum\limits_{i=1}^{n}\sum\limits_{j=1}^{n}k_h(z_{n,i}-z)d_{n,ij}\varepsilon_{n,j}$ 和 $\Lambda_{1.21}=\dfrac{1}{n}\sum\limits_{i=1}^{n}\sum\limits_{j=1}^{n}\dfrac{z_{n,i}-z}{h}k_h(z_{n,i}-z)d_{n,ij}\varepsilon_{n,j}$。显然，$\mathrm{E}(\Lambda_{1.11})=0$ and $\mathrm{E}(\Lambda_{1.21})=0$。根据假设 8.1 和假设 8.3，可得

$$\begin{aligned}
\mathrm{E}(\Lambda_{1.11}^2)=&\frac{1}{n^2}\mathrm{E}\left(\sum_{i=1}^{n}\sum_{j=1}^{n}\sum_{s=1}^{n}\sum_{t=1}^{n}k_h(z_{n,i}-z)k_h(z_{n,s}-z)d_{n,ij}d_{n,st}\varepsilon_{n,j}\varepsilon_{n,t}\right)\\
=&\frac{1}{n^2}\sum_{i=1}^{n}\sum_{j=1}^{n}\sum_{s=1}^{n}\mathrm{E}\left(k_h(z_{n,i}-z)k_h(z_{n,s}-z)d_{n,ij}d_{n,sj}\varepsilon_{n,j}^2\right)\\
\leqslant&\frac{C_d^2\sigma_0^2}{nh^2}\iint k\left(\frac{z_{n,i}-z}{h}\right)k\left(\frac{z_{n,s}-z}{h}\right)f(z_{n,i})f(z_{n,s})dz_{n,i}dz_{n,s}\\
=&\frac{C_d^2\sigma_0^2}{nh^2}\left(\int k\left(\frac{z_{n,i}-z}{h}\right)f(z_{n,i})dz_{n,i}\right)^2\\
=&\frac{C_d^2\sigma_0^2}{n}\left(f(z)+o_P(h^2)\right)^2
\end{aligned}$$

从而，我们得到 $\mathrm{E}(\Lambda_{1.11}^2)=O\left(n^{-1}\right)$。根据 Chebyshev 不等式，可得 $\Lambda_{1.11}=O_P\left(n^{-1/2}\right)$。进一步得到

$$\boldsymbol{s}_z(\boldsymbol{I}_n-\lambda\boldsymbol{W}_n)^{-1}\boldsymbol{\varepsilon}_n=(1,\ 0)\left(\frac{1}{n}\boldsymbol{Z}^T\boldsymbol{K}\boldsymbol{Z}\right)^{-1}\boldsymbol{\Lambda}_1=O_P\left(n^{-1/2}\right)$$

引理 8.6.4 当假设 8.1 至假设 8.3 成立时，对于充分大的 n，矩阵 $\boldsymbol{F}_n$ 是行元素绝对值的和与列元素绝对值的和一致有界的。

证明 注意到 $\boldsymbol{F}_n=\sum\limits_{j=1}^{d}\boldsymbol{F}_j$，其中 $\boldsymbol{F}_j=\boldsymbol{I}_n-(\boldsymbol{I}_n-\boldsymbol{S}_j^*\boldsymbol{F}_n^{[-j]})^{-1}(\boldsymbol{I}_n-\boldsymbol{S}_j^*)$。因此，要证明矩阵 $\boldsymbol{F}_n$ 是行元素绝对值的和与列元素绝对值的和一致有界，只需证明矩阵 $\boldsymbol{F}_j$ 是行元素绝对值的和与列元素绝对值的和一致有界。根据奥普索默（2000）研究中引理 2[①]，可以得到

$$(\boldsymbol{I}_n-\boldsymbol{S}_j^*\boldsymbol{F}_n^{[-j]})^{-1}=\boldsymbol{I}_n+O_P(\mathbf{1}\mathbf{1}^T/n)$$

因此，

$$\begin{aligned}\boldsymbol{F}_j=&\boldsymbol{I}_n-(\boldsymbol{I}_n-\boldsymbol{S}_j^*\boldsymbol{F}_n^{[-j]})^{-1}(\boldsymbol{I}_n-\boldsymbol{S}_j^*)\\=&\boldsymbol{I}_n-\big(\boldsymbol{I}_n+O_P(\mathbf{1}\mathbf{1}^T/n)\big)(\boldsymbol{I}_n-\boldsymbol{S}_j^*)=\boldsymbol{S}_j^*+O_P(\mathbf{1}\mathbf{1}^T/n)\end{aligned}$$

根据引理 8.6.1 和矩阵 $\boldsymbol{S}_j^*$ 的定义可知，矩阵 $\boldsymbol{S}_j^*$ 是行元素绝对值的和与列元素绝对值的和一致有界的。因此，矩阵 $\boldsymbol{F}_j$ 是行元素绝对值的和与列元素绝对值的和一致有界的。进而，矩阵 $\boldsymbol{F}_n$ 是行元素绝对值的和与列元素绝对值的和一致有界的。

定理 8.3.1 的证明 由于

$$\begin{aligned}\tilde{\boldsymbol{\beta}}=&(\tilde{\boldsymbol{X}}_n^T\boldsymbol{H}_n\boldsymbol{A}_r\boldsymbol{H}_n^T\tilde{\boldsymbol{X}}_n)^{-1}\tilde{\boldsymbol{X}}_n^T\boldsymbol{H}_n\boldsymbol{A}_r\boldsymbol{H}_n^T\tilde{\boldsymbol{Y}}_n\\=&(\tilde{\boldsymbol{X}}_n^T\boldsymbol{H}_n\boldsymbol{A}_r\boldsymbol{H}_n^T\tilde{\boldsymbol{X}}_n)^{-1}\tilde{\boldsymbol{X}}_n^T\boldsymbol{H}_n\boldsymbol{A}_r\boldsymbol{H}_n^T(\boldsymbol{I}_n-\boldsymbol{S})\boldsymbol{Y}_n\\=&(\tilde{\boldsymbol{X}}_n^T\boldsymbol{H}_n\boldsymbol{A}_r\boldsymbol{H}_n^T\tilde{\boldsymbol{X}}_n)^{-1}\tilde{\boldsymbol{X}}_n^T\boldsymbol{H}_n\boldsymbol{A}_r\boldsymbol{H}_n^T(\boldsymbol{I}_n-\boldsymbol{S})\big(\boldsymbol{X}_n\boldsymbol{\beta}_0+\boldsymbol{m}+(\boldsymbol{I}_n-\lambda_0\boldsymbol{W}_n)^{-1}\boldsymbol{\varepsilon}_n\big)\\=&\boldsymbol{\beta}_0+(\tilde{\boldsymbol{X}}_n^T\boldsymbol{H}_n\boldsymbol{A}_r\boldsymbol{H}_n^T\tilde{\boldsymbol{X}}_n)^{-1}\tilde{\boldsymbol{X}}_n^T\boldsymbol{H}_n\boldsymbol{A}_r\boldsymbol{H}_n^T(\boldsymbol{I}_n-\boldsymbol{S})\boldsymbol{m}\\&+(\tilde{\boldsymbol{X}}_n^T\boldsymbol{H}_n\boldsymbol{A}_r\boldsymbol{H}_n^T\tilde{\boldsymbol{X}}_n)^{-1}\tilde{\boldsymbol{X}}_n^T\boldsymbol{H}_n\boldsymbol{A}_r\boldsymbol{H}_n^T(\boldsymbol{I}_n-\boldsymbol{S})(\boldsymbol{I}_n-\lambda_0\boldsymbol{W}_n)^{-1}\boldsymbol{\varepsilon}_n\end{aligned}$$

根据第 7 章定理 7.3.1 的证明可知，

$$\frac{1}{n}\boldsymbol{H}_n^T(\boldsymbol{I}_n-\boldsymbol{S})\boldsymbol{m}=-\frac{1}{2}h^2\mu_2\mathrm{E}\big(\boldsymbol{h}_{n,\ 1}m''(z_1)\big)+o_P(\boldsymbol{h}^2)$$

结合假设 8.4，得到

$$\begin{aligned}&(\tilde{\boldsymbol{X}}_n^T\boldsymbol{H}_n\boldsymbol{A}_r\boldsymbol{H}_n^T\tilde{\boldsymbol{X}}_n)^{-1}\tilde{\boldsymbol{X}}_n^T\boldsymbol{H}_n\boldsymbol{A}_r\boldsymbol{H}_n^T(\boldsymbol{I}_n-\boldsymbol{S})\boldsymbol{m}\\=&-\frac{1}{2}h^2\mu_2(\boldsymbol{Q}_{HX}^T\boldsymbol{A}\boldsymbol{Q}_{HX})^{-1}\boldsymbol{Q}_{HX}^T\boldsymbol{A}\mathrm{E}\big(\boldsymbol{h}_{n,\ 1}m''(z_1)\big)+o_P(\boldsymbol{h}^2)\end{aligned}$$

① Opsomer J D. Asymptotic properties of backtitting estimators[J]. Journal of Multlvarlate Analysis, 2000, 73: 166-179.

令 $\boldsymbol{D}_n=\boldsymbol{H}_n^T(\boldsymbol{I}_n-\boldsymbol{S})(\boldsymbol{I}_n-\lambda_0\boldsymbol{W}_n)^{-1}$，根据假设 8.1、假设 8.2 和引理 8.6.1，有

$$\mathrm{E}(\boldsymbol{D}_n\boldsymbol{\varepsilon}_n)=0\text{和}\mathrm{Var}(\boldsymbol{D}_n\boldsymbol{\varepsilon}_n)=\sigma_0^2\boldsymbol{D}_n\boldsymbol{D}_n^T$$

从而，综合上述证明及假设 8.4，可得

$$\mathrm{E}(\tilde{\boldsymbol{\beta}}-\boldsymbol{\beta})=-\frac{1}{2}h^2\mu_2(\boldsymbol{Q}_{HX}^T\boldsymbol{A}\boldsymbol{Q}_{HX})^{-1}\boldsymbol{Q}_{HX}^T\boldsymbol{A}\mathrm{E}\big(h_{n,\ 1}m''(z_1)\big)+o_P(\boldsymbol{h}^4)$$

$$\begin{aligned}\mathrm{Var}(\tilde{\boldsymbol{\beta}})&=\sigma_0^2(\tilde{\boldsymbol{X}}_n^T\boldsymbol{H}_n\boldsymbol{A}_r\boldsymbol{H}_n^T\tilde{\boldsymbol{X}}_n)^{-1}\tilde{\boldsymbol{X}}_n^T\boldsymbol{H}_n\boldsymbol{A}_r\boldsymbol{H}_n^T(\boldsymbol{I}_n-\boldsymbol{S})(\boldsymbol{I}_n-\lambda_0\boldsymbol{W}_n)^{-1}\\&\quad\cdot(\boldsymbol{I}_n-\lambda_0\boldsymbol{W}_n^T)^{-1}(\boldsymbol{I}_n-\boldsymbol{S})^T\boldsymbol{H}_n\boldsymbol{A}_r\boldsymbol{H}_n^T\tilde{\boldsymbol{X}}_n(\tilde{\boldsymbol{X}}_n^T\boldsymbol{H}_n\boldsymbol{A}_r\boldsymbol{H}_n^T\tilde{\boldsymbol{X}}_n)^{-1}\\&=\frac{\sigma_0^2}{n}(\boldsymbol{Q}_{HX}^T\boldsymbol{A}\boldsymbol{Q}_{HX})^{-1}\boldsymbol{Q}_{HX}^T\boldsymbol{A}\boldsymbol{\Sigma}_1\boldsymbol{A}\boldsymbol{Q}_{HX}(\boldsymbol{Q}_{HX}^T\boldsymbol{A}\boldsymbol{Q}_{HX})^{-1}+o_P(1)\end{aligned}$$

记

$$\boldsymbol{\Omega}_1=\sigma_0^2(\boldsymbol{Q}_{HX}^T\boldsymbol{A}\boldsymbol{Q}_{HX})^{-1}\boldsymbol{Q}_{HX}^T\boldsymbol{A}\boldsymbol{\Sigma}_1\boldsymbol{A}\boldsymbol{Q}_{HX}(\boldsymbol{Q}_{HX}^T\boldsymbol{A}\boldsymbol{Q}_{HX})^{-1}$$

则

$$\sqrt{n}(\tilde{\boldsymbol{\beta}}-\boldsymbol{\beta}_0)\xrightarrow{D}N(\boldsymbol{0},\ \boldsymbol{\Omega}_1)$$

定理 8.3.2 的证明 类似于科勒建和普拉查（1998）研究中定理 2[①]的证明，只需证明 $\tilde{\boldsymbol{\eta}}_n\xrightarrow{P}\boldsymbol{\eta}_n$，由于

$$\begin{aligned}\tilde{\boldsymbol{\eta}}_n&=\tilde{\boldsymbol{Y}}_n-\tilde{\boldsymbol{X}}_n\tilde{\boldsymbol{\beta}}=(\boldsymbol{I}_n-\boldsymbol{S})\boldsymbol{Y}_n-(\boldsymbol{I}_n-\boldsymbol{S})\boldsymbol{X}_n\tilde{\boldsymbol{\beta}}\\&=(\boldsymbol{I}_n-\boldsymbol{S})(\boldsymbol{X}_n\boldsymbol{\beta}_0+\boldsymbol{m}+\boldsymbol{\eta}_n)-(\boldsymbol{I}_n-\boldsymbol{S})\boldsymbol{X}_n\tilde{\boldsymbol{\beta}}\\&=(\boldsymbol{I}_n-\boldsymbol{S})\boldsymbol{X}_n(\boldsymbol{\beta}_0-\tilde{\boldsymbol{\beta}})+(\boldsymbol{I}_n-\boldsymbol{S})\boldsymbol{m}+(\boldsymbol{I}_n-\boldsymbol{S})\boldsymbol{\eta}_n\end{aligned}$$

从而，

$$\tilde{\boldsymbol{\eta}}_n-\boldsymbol{\eta}_n=(\boldsymbol{I}_n-\boldsymbol{S})\boldsymbol{X}_n(\boldsymbol{\beta}_0-\tilde{\boldsymbol{\beta}})+(\boldsymbol{I}_n-\boldsymbol{S})\boldsymbol{m}-\boldsymbol{S}\boldsymbol{\eta}_n$$

根据引理 8.6.3，有

$$\boldsymbol{s}_z\boldsymbol{\eta}_n=\boldsymbol{s}_z(\boldsymbol{I}_n-\lambda_0\boldsymbol{W}_n)^{-1}\boldsymbol{\varepsilon}_n=O_P\big((nh)^{-1/2}\big)$$

从而，

$$\boldsymbol{S}\boldsymbol{\eta}_n=o_P(\boldsymbol{1})$$

① Kelejian H H, Prucha I R. A Generalized Spatial Two-Stage Least Squares Procedure for Estimating A Spatial Autoregressive Model with Autoregressive Disturbances[J]. Journal of Real Estate Finance and Economics, 1998, 17(1): 99-121.

根据第 7 章定理 7.3.1 的证明可知，

$$(\boldsymbol{I}_n - \boldsymbol{S})\boldsymbol{m} = -\frac{1}{2}h^2\mu_2\boldsymbol{m}'' + O_P(\boldsymbol{h}^4)$$

结合假设 8.2 和引理 8.6.1，可知 $(\boldsymbol{I}_n - \boldsymbol{S})\boldsymbol{X}_n$ 的行元素绝对值的和与列元素绝对值的和一致有界，再由定理 8.3.1 的证明知，$\boldsymbol{\beta}_0 - \tilde{\boldsymbol{\beta}} = O_P(n^{-1/2})$。综合上述证明，得到 $\tilde{\boldsymbol{\eta}}_n - \boldsymbol{\eta}_n \xrightarrow{P} 0$。

定理 8.3.3 的证明 由于

$$\begin{aligned}\hat{\boldsymbol{\beta}} =& \left(\boldsymbol{X}_n^{*T}(\tilde{\lambda})\boldsymbol{H}_n\boldsymbol{A}_r\boldsymbol{H}_n^T\boldsymbol{X}_n^*(\tilde{\lambda})\right)^{-1}\boldsymbol{X}_n^{*T}(\tilde{\lambda})\boldsymbol{H}_n\boldsymbol{A}_r\boldsymbol{H}_n^T\boldsymbol{Y}_n^*(\tilde{\lambda})\\ =& \boldsymbol{\beta}_0 + \left(\boldsymbol{X}_n^{*T}(\tilde{\lambda})\boldsymbol{H}_n\boldsymbol{A}_r\boldsymbol{H}_n^T\boldsymbol{X}_n^*(\tilde{\lambda})\right)^{-1}\boldsymbol{X}_n^{*T}(\tilde{\lambda})\boldsymbol{H}_n\boldsymbol{A}_r\boldsymbol{H}_n^T\boldsymbol{\eta}_n^*(\tilde{\lambda})\end{aligned}$$

其中，

$$\begin{aligned}\boldsymbol{\eta}_n^*(\tilde{\lambda}) &= \boldsymbol{Y}_n^*(\tilde{\lambda}) - \boldsymbol{X}_n^*(\tilde{\lambda})\boldsymbol{\beta}_0\\ &= \tilde{\boldsymbol{Y}}_n - \tilde{\lambda}\boldsymbol{W}_n\tilde{\boldsymbol{Y}}_n - (\tilde{\boldsymbol{X}}_n - \tilde{\lambda}\boldsymbol{W}_n\tilde{\boldsymbol{X}}_n)\boldsymbol{\beta}_0\\ &= \boldsymbol{\eta}_n - \tilde{\lambda}\boldsymbol{W}_n\boldsymbol{\eta}_n\\ &= \boldsymbol{\varepsilon}_n - (\tilde{\lambda} - \lambda_0)\boldsymbol{W}_n\boldsymbol{\eta}_n\end{aligned}$$

从而，

$$\begin{aligned}\sqrt{n}(\hat{\boldsymbol{\beta}} - \boldsymbol{\beta}_0) =& \left(\frac{1}{n}\boldsymbol{X}_n^{*T}(\tilde{\lambda})\boldsymbol{H}_n\boldsymbol{A}_r\boldsymbol{H}_n^T\boldsymbol{X}_n^*(\tilde{\lambda})\right)^{-1} n^{-1/2}\boldsymbol{X}_n^{*T}(\tilde{\lambda})\boldsymbol{H}_n\boldsymbol{A}_r\boldsymbol{H}_n^T\boldsymbol{\varepsilon}_n\\ &- \left(\frac{1}{n}\boldsymbol{X}_n^{*T}(\tilde{\lambda})\boldsymbol{H}_n\boldsymbol{A}_r\boldsymbol{H}_n^T\boldsymbol{X}_n^*(\tilde{\lambda})\right)^{-1}(\tilde{\lambda} - \lambda_0)n^{-1/2}\boldsymbol{X}_n^{*T}(\tilde{\lambda})\\ &\boldsymbol{H}_n\boldsymbol{A}_r\boldsymbol{H}_n^T\boldsymbol{W}_n\boldsymbol{\eta}_n\end{aligned}$$

要证 $\hat{\boldsymbol{\beta}}$ 的渐近正态性，只需证明下列各式成立即可。

$$\frac{1}{n}\boldsymbol{X}_n^{*T}(\tilde{\lambda})\boldsymbol{H}_n\boldsymbol{A}_r\boldsymbol{H}_n^T\boldsymbol{X}_n^*(\tilde{\lambda}) \xrightarrow{P} \bar{\boldsymbol{Q}} \tag{8.21}$$

$$n^{-1/2}\boldsymbol{X}_n^{*T}(\tilde{\lambda})\boldsymbol{H}_n\boldsymbol{A}_r\boldsymbol{H}_n^T\boldsymbol{\varepsilon}_n \xrightarrow{D} N(\boldsymbol{0}，\sigma_0^2\bar{\boldsymbol{Q}}) \tag{8.22}$$

$$(\tilde{\lambda} - \lambda_0)n^{-1/2}\boldsymbol{X}_n^{*T}(\tilde{\lambda})\boldsymbol{H}_n\boldsymbol{A}_r\boldsymbol{H}_n^T\boldsymbol{W}_n\boldsymbol{\eta}_n \xrightarrow{P} 0 \tag{8.23}$$

首先，证明式 (8.21)。由于

$$\begin{aligned}
&\frac{1}{n}\boldsymbol{X}_n^{*T}(\tilde{\lambda})\boldsymbol{H}_n\boldsymbol{A}_r\boldsymbol{H}_n^T\boldsymbol{X}_n^*(\tilde{\lambda})\\
=&\frac{1}{n}(\tilde{\boldsymbol{X}}_n-\tilde{\lambda}\boldsymbol{W}_n\tilde{\boldsymbol{X}}_n)^T\boldsymbol{H}_n\boldsymbol{A}_r\boldsymbol{H}_n^T(\tilde{\boldsymbol{X}}_n-\tilde{\lambda}\boldsymbol{W}_n\tilde{\boldsymbol{X}}_n)\\
=&\frac{1}{n}\big((\boldsymbol{I}_n-\boldsymbol{S})\boldsymbol{X}_n-\tilde{\lambda}\boldsymbol{W}_n(\boldsymbol{I}_n-\boldsymbol{S})\boldsymbol{X}_n\big)^T\boldsymbol{H}_n\boldsymbol{A}_r\boldsymbol{H}_n^T\\
&\big((\boldsymbol{I}_n-\boldsymbol{S})\boldsymbol{X}_n-\tilde{\lambda}\boldsymbol{W}_n(\boldsymbol{I}_n-\boldsymbol{S})\boldsymbol{X}_n\big)
\end{aligned}$$

当 $\boldsymbol{A}_r=\left(\frac{1}{n}\boldsymbol{H}_n^T\boldsymbol{H}_n\right)^{-1}$ 时，

$$\begin{aligned}
&\frac{1}{n}\boldsymbol{X}_n^{*T}(\tilde{\lambda})\boldsymbol{H}_n\boldsymbol{A}_r\boldsymbol{H}_n^T\boldsymbol{X}_n^*(\tilde{\lambda})\\
=&\left(\frac{1}{n}\boldsymbol{H}_n^T(\boldsymbol{I}_n-\boldsymbol{S})\boldsymbol{X}_n-\frac{1}{n}\tilde{\lambda}\boldsymbol{H}_n^T\boldsymbol{W}_n(\boldsymbol{I}_n-\boldsymbol{S})\boldsymbol{X}_n\right)^T\\
&\cdot\left(\frac{1}{n}\boldsymbol{H}_n^T\boldsymbol{H}_n\right)^{-1}\left(\frac{1}{n}\boldsymbol{H}_n^T(\boldsymbol{I}_n-\boldsymbol{S})\boldsymbol{X}_n-\frac{1}{n}\tilde{\lambda}\boldsymbol{H}_n^T\boldsymbol{W}_n(\boldsymbol{I}_n-\boldsymbol{S})\boldsymbol{X}_n\right)
\end{aligned}$$

从而，根据假设 8.4 和定理 8.3.2 的结论，有

$$\frac{1}{n}\boldsymbol{X}_n^{*T}(\tilde{\lambda})\boldsymbol{H}_n\boldsymbol{A}_r\boldsymbol{H}_n^T\boldsymbol{X}_n^*(\tilde{\lambda})=\bar{\boldsymbol{Q}}+o_P(1)$$

其中，$\bar{\boldsymbol{Q}}=(\boldsymbol{Q}_{HX}-\lambda_0\boldsymbol{Q}_{HWX})^T\boldsymbol{Q}_{HH}^{-1}(\boldsymbol{Q}_{HX}-\lambda_0\boldsymbol{Q}_{HWX})$。

其次，证明式 (8.22)。由于

$$\begin{aligned}
&n^{-1/2}\boldsymbol{X}_n^{*T}(\tilde{\lambda})\boldsymbol{H}_n\boldsymbol{A}_r\boldsymbol{H}_n^T\boldsymbol{\varepsilon}_n\\
=&n^{-1/2}(\tilde{\boldsymbol{X}}_n-\tilde{\lambda}\boldsymbol{W}_n\tilde{\boldsymbol{X}}_n)^T\boldsymbol{H}_n\boldsymbol{A}_r\boldsymbol{H}_n^T\boldsymbol{\varepsilon}_n\\
=&\left(\frac{1}{n}\boldsymbol{H}_n^T(\boldsymbol{I}_n-\boldsymbol{S})\boldsymbol{X}_n-\frac{1}{n}\tilde{\lambda}\boldsymbol{H}_n^T\boldsymbol{W}_n(\boldsymbol{I}_n-\boldsymbol{S})\boldsymbol{X}_n\right)^T\\
&\left(\frac{1}{n}\boldsymbol{H}_n^T\boldsymbol{H}_n\right)^{-1}(n^{-1/2}\boldsymbol{H}_n^T\boldsymbol{\varepsilon}_n)
\end{aligned}$$

由假设 8.2 和假设 8.4 知，$n^{-1/2}\boldsymbol{H}_n^T\boldsymbol{\varepsilon}_n\xrightarrow{D}N(\boldsymbol{0},\ \sigma_0^2\boldsymbol{Q}_{HH})$，从而，结合式 (8.21) 的证明，有

$$n^{-1/2}\boldsymbol{X}_n^{*T}(\tilde{\lambda})\boldsymbol{H}_n\boldsymbol{A}_r\boldsymbol{H}_n^T\boldsymbol{\varepsilon}_n\xrightarrow{D}N(\boldsymbol{0},\ \sigma_0^2\bar{\boldsymbol{Q}})$$

最后，证明式 (8.23)。由于

$$
\begin{aligned}
&(\tilde{\lambda}-\lambda_0)n^{-1/2}\boldsymbol{X}_n^{*T}(\tilde{\lambda})\boldsymbol{H}_n\boldsymbol{A}_r\boldsymbol{H}_n^T\boldsymbol{W}_n\boldsymbol{\eta}_n \\
=&(\tilde{\lambda}-\lambda_0)n^{-1/2}\big((\boldsymbol{I}_n-\boldsymbol{S})\boldsymbol{X}_n-\tilde{\lambda}\boldsymbol{W}_n(\boldsymbol{I}_n-\boldsymbol{S})\boldsymbol{X}_n\big)^T\boldsymbol{H}_n\boldsymbol{A}_r\boldsymbol{H}_n^T\boldsymbol{W}_n\boldsymbol{\eta}_n \\
=&(\tilde{\lambda}-\lambda_0)\left(\frac{1}{n}\boldsymbol{H}_n^T(\boldsymbol{I}_n-\boldsymbol{S})\boldsymbol{X}_n-\frac{1}{n}\tilde{\lambda}\boldsymbol{H}_n^T\boldsymbol{W}_n(\boldsymbol{I}_n-\boldsymbol{S})\boldsymbol{X}_n\right)^T \\
&\left(\frac{1}{n}\boldsymbol{H}_n^T\boldsymbol{H}_n\right)^{-1}n^{-1/2}\boldsymbol{H}_n^T\boldsymbol{W}_n\boldsymbol{\eta}_n
\end{aligned}
$$

根据假设 8.1 和假设 8.2，有

$$\mathrm{E}(n^{-1/2}\boldsymbol{H}_n^T\boldsymbol{W}_n\boldsymbol{\eta}_n)=0$$

$$\mathrm{E}(n^{-1}\boldsymbol{H}_n^T\boldsymbol{W}_n\boldsymbol{\eta}_n\boldsymbol{\eta}_n^T\boldsymbol{W}_n^T\boldsymbol{H}_n)=\frac{\sigma_0^2}{n}\boldsymbol{H}_n^T\boldsymbol{W}_n(\boldsymbol{I}_n-\lambda_0\boldsymbol{W}_n)^{-1}(\boldsymbol{I}_n-\lambda_0\boldsymbol{W}_n^T)^{-1}\boldsymbol{W}_n^T\boldsymbol{H}_n$$

再结合假设 8.1 和假设 8.2 可以得到 $\mathrm{E}(n^{-1}\boldsymbol{H}_n^T\boldsymbol{W}_n\boldsymbol{\eta}_n\boldsymbol{\eta}_n^T\boldsymbol{W}_n^T\boldsymbol{H}_n)$ 有界，也就是

$$\frac{\sigma_0^2}{n}\boldsymbol{H}_n^T\boldsymbol{W}_n(\boldsymbol{I}_n-\lambda_0\boldsymbol{W}_n)^{-1}(\boldsymbol{I}_n-\lambda_0\boldsymbol{W}_n^T)^{-1}\boldsymbol{W}_n^T\boldsymbol{H}_n$$

有界。因此，可以得到

$$n^{-1}\boldsymbol{H}_n^T\boldsymbol{W}_n\boldsymbol{\eta}_n\boldsymbol{\eta}_n^T\boldsymbol{W}_n^T\boldsymbol{H}_n=O_P(1)$$

根据式 (8.21) 的证明可知，

$$(\tilde{\lambda}-\lambda_0)n^{-1/2}\boldsymbol{X}_n^{*T}(\tilde{\lambda})\boldsymbol{H}_n\boldsymbol{A}_r\boldsymbol{H}_n^T\boldsymbol{W}_n\boldsymbol{\eta}_n\xrightarrow{P}0$$

结合式 (8.21) 至式 (8.23)，有

$$\sqrt{n}(\hat{\boldsymbol{\beta}}-\boldsymbol{\beta}_0)\xrightarrow{D}N(\boldsymbol{0},\ \sigma^2\bar{\boldsymbol{Q}}^{-1})$$

定理 8.3.4 的证明 由于

$$\tilde{m}(z)=\boldsymbol{s}_z(\boldsymbol{Y}_n-\boldsymbol{X}_n\boldsymbol{\beta})=\boldsymbol{s}_z(\boldsymbol{X}_n\boldsymbol{\beta}_0+\boldsymbol{m}+\boldsymbol{\eta}_n-\boldsymbol{X}_n\boldsymbol{\beta})=\boldsymbol{s}_z\boldsymbol{m}+\boldsymbol{s}_z\boldsymbol{\eta}_n+\boldsymbol{s}_z\boldsymbol{X}_n(\boldsymbol{\beta}_0-\boldsymbol{\beta})$$

因此，有

$$\sqrt{nh}\big(\tilde{m}(z)-m(z)\big)=\sqrt{nh}\big(\boldsymbol{s}_z\boldsymbol{m}-m(z)\big)+\sqrt{nh}\boldsymbol{s}_z\boldsymbol{\eta}_n+\sqrt{nh}\boldsymbol{s}_z\boldsymbol{X}_n(\boldsymbol{\beta}_0-\boldsymbol{\beta})\tag{8.24}$$

根据定理 8.3.1 的证明，可知

$$\sqrt{nh}\big(\boldsymbol{s}_z\boldsymbol{m}-m(z)\big)=\sqrt{nh}\left(\frac{1}{2}h^2\mu_2m''(z)+o_P(h^2)\right)=O_P(n^{1/2}h^{5/2})=o_P(1)\tag{8.25}$$

由定理 8.3.1 可知，$\tilde{\boldsymbol{\beta}} - \boldsymbol{\beta}_0 = O(n^{-1/2})$，从而有 $\boldsymbol{\beta} = \boldsymbol{\beta}_0 + O(n^{-1/2})$，再结合假设 8.2 与引理 8.6.1，有

$$\sqrt{nh}\boldsymbol{s}_z \boldsymbol{X}_n(\boldsymbol{\beta}_0 - \boldsymbol{\beta}) = o_P(1) \tag{8.26}$$

又由于

$$\begin{aligned}\sqrt{nh}\boldsymbol{s}_z\boldsymbol{\eta}_n =& \sqrt{nh}\boldsymbol{s}_z(\boldsymbol{I}_n - \lambda_0\boldsymbol{W}_n)^{-1}\boldsymbol{\varepsilon}_n \\ =& \boldsymbol{e}_1^T\left(\frac{1}{n}\boldsymbol{Z}^T\boldsymbol{K}\boldsymbol{Z}\right)^{-1}\sqrt{h/n}\boldsymbol{Z}^T\boldsymbol{K}(\boldsymbol{I}_n - \lambda_0\boldsymbol{W}_n)^{-1}\boldsymbol{\varepsilon}_n\end{aligned} \tag{8.27}$$

令 $\boldsymbol{e}_n = \sqrt{h/n}\boldsymbol{Z}^T\boldsymbol{K}(\boldsymbol{I}_n - \lambda_0\boldsymbol{W}_n)^{-1}\boldsymbol{\varepsilon}_n$，类似于第 7 章定理 7.3.2 的证明，下面证明 $\boldsymbol{e}_n \xrightarrow{D} N(\boldsymbol{0},\ \boldsymbol{\Gamma})$，其中，$\boldsymbol{\Gamma} = \dfrac{h\sigma_0^2}{n}\boldsymbol{Z}^T\boldsymbol{K}(\boldsymbol{I}_n - \lambda_0\boldsymbol{W}_n)^{-1}(\boldsymbol{I}_n - \lambda_0\boldsymbol{W}_n^T)^{-1}\boldsymbol{K}\boldsymbol{Z}$。

根据 Cramér-Wold 定理，要证 $\boldsymbol{e}_n \xrightarrow{D} N(\boldsymbol{0},\ \boldsymbol{\Gamma})$，只需证明对任意的 2×1 阶向量 $\boldsymbol{c}_1$，且 $\|\boldsymbol{c}_1\| = 1$，都有 $\boldsymbol{c}_1^T\boldsymbol{e}_n \xrightarrow{D} N(0,\ \boldsymbol{c}_1^T\boldsymbol{\Gamma}\boldsymbol{c}_1)$ 成立。显然 $\mathrm{E}(\boldsymbol{c}_1^T\boldsymbol{e}_n) = 0$，令 $s_1^2 = \mathrm{E}(\boldsymbol{c}_1^T\boldsymbol{e}_n)^2$，$\tilde{e}_n = \dfrac{\boldsymbol{c}_1^T\boldsymbol{e}_n}{s_1}$，则有，$\mathrm{E}(\tilde{e}_n) = 0$，$\mathrm{E}(\tilde{e}_n^2) = 1$。记

$$(\boldsymbol{I}_n - \lambda_0\boldsymbol{W}_n)^{-1} = \boldsymbol{T}_n = (t_{n,ij})_{n\times n}$$

$$\begin{aligned}\tilde{e}_n =& \frac{\boldsymbol{c}_1^T\boldsymbol{e}_n}{s_1} = \sqrt{h/n}\boldsymbol{c}_1^T\boldsymbol{Z}^T\boldsymbol{K}(\boldsymbol{I}_n - \lambda_0\boldsymbol{W}_n)^{-1}\boldsymbol{\varepsilon}_n/s_1 \\ =& \sqrt{h/n}\sum_{i=1}^n\sum_{j=1}^n\sum_{k=1}^2 c_{1,k}z_{n,ki}k_h(z_{n,i} - z)t_{n,ij}\varepsilon_{n,j}/s_1 \\ =& \sum_{j=1}^n \tilde{\varepsilon}_{n,j}\end{aligned}$$

其中，$\tilde{\varepsilon}_{n,j} = \sqrt{h/n}\sum\limits_{i=1}^n\sum\limits_{k=1}^2 c_{1,k}z_{n,ki}k_h(z_{n,i} - z)t_{n,ij}\varepsilon_{n,j}/s_1$。

要证明 $\tilde{e}_n \xrightarrow{D} N(0,\ 1)$，根据戴维森 (1994) 研究中定理 23.6 与定理 23.11①，只需证明对任意小的 $\delta > 0$，都有 $\sum\limits_{j=1}^n \mathrm{E}|\tilde{\varepsilon}_{n,\ j}|^{2+\delta} = o(1)$ 成立。根据假设 8.1②和假设8.2，有

① Davidson J. Stochastic limit theory: an introduction for econometricians[M]. Oxford: Oxford University Press，1994，P369，P372.

② 由假设 8.1 可知，$(\boldsymbol{I}_n - \lambda_0\boldsymbol{W}_n)^{-1}$ 是行元素绝对值的和与列元素绝对值的和一致有界，因此存在某个常数 c_t，使得 $\sum\limits_{i=1}^n |t_{n,ij}| < c_t$。

$$
\begin{aligned}
&\sum_{j=1}^{n} \mathrm{E}|\tilde{\varepsilon}_{n,j}|^{2+\delta} \\
&= \frac{1}{s_1^{2+\delta}} \frac{h^{(2+\delta)/2}}{n^{(2+\delta)/2}} \sum_{j=1}^{n} \left| \sum_{i=1}^{n} \sum_{k=1}^{2} c_{1,k} z_{n,ki} k_h(z_{n,i}-z) t_{n,ij} \right|^{2+\delta} \mathrm{E}\left|\varepsilon_{n,j}\right|^{2+\delta} \\
&= \frac{c_\delta}{s_1^{2+\delta}} \frac{h^{(2+\delta)/2}}{n^{(2+\delta)/2}} \sum_{j=1}^{n} \left| \sum_{i=1}^{n} \sum_{k=1}^{2} c_{1,k} z_{n,ki} k_h(z_{n,i}-z) t_{n,ij} \right|^{2+\delta} \\
&\leqslant \frac{c_\delta}{s_1^{2+\delta}} \frac{h^{(2+\delta)/2}}{n^{(2+\delta)/2}} \sum_{j=1}^{n} \left| \sum_{k=1}^{2} c_{1,k} z_{n,ki} k_h(z_{n,i}-z) \right|^{2+\delta} \sum_{i=1}^{n} |t_{n,ij}|^{2+\delta} \\
&\leqslant \frac{c_\delta c_t^{2+\delta}}{s_1^{2+\delta}} \frac{h^{(2+\delta)/2}}{n^{(2+\delta)/2}} \sum_{j=1}^{n} \left| \sum_{k=1}^{2} c_{1,k} z_{n,ki} k_h(z_{n,i}-z) \right|^{2+\delta} \\
&= O\big((nh)^{-\delta/2}\big) \\
&= o(1)
\end{aligned}
$$

其中，$c_t = sup_{i\leqslant j\leqslant n} \sum\limits_{i=1}^{n} |t_{n,ij}|$。

又由于

$$
s_1^2 = \mathrm{E}(c^T \boldsymbol{e}_n)^2 = \frac{h\sigma_0^2}{n} \boldsymbol{c}_1^T \boldsymbol{Z}^T \boldsymbol{K} (\boldsymbol{I}_n - \lambda_0 \boldsymbol{W}_n)^{-1} (\boldsymbol{I}_n - \lambda_0 \boldsymbol{W}_n^T)^{-1} \boldsymbol{K} \boldsymbol{Z} \boldsymbol{c}_1 \xrightarrow{D} \boldsymbol{c}_1^T \boldsymbol{\Gamma} \boldsymbol{c}_1
$$

从而有 $\boldsymbol{e}_n \xrightarrow{D} N(\mathbf{0},\ \boldsymbol{\Gamma})$。根据式 (8.27) 和引理 8.6.2，有

$$
\sqrt{nh} \boldsymbol{s}_z \boldsymbol{\eta}_n \xrightarrow{D} N\big(0,\ f^{-2}(z)\Gamma_{11}\big) \tag{8.28}
$$

其中，Γ_{11} 是 $\boldsymbol{\Gamma}$ 的第一行第一列元素。从而，结合式 (8.24) 至式 (8.28)，有

$$
\sqrt{nh}(\tilde{m}(z) - m(z)) \xrightarrow{D} N\Big(0,\ f^{-2}(z)\Gamma_{11}\Big)
$$

定理 8.3.5 的证明　由于

$$
\begin{aligned}
\tilde{\boldsymbol{\beta}} &= \big(\bar{\boldsymbol{X}}_n^T \boldsymbol{H}_n \boldsymbol{A}_r \boldsymbol{H}_n^T \bar{\boldsymbol{X}}_n\big)^{-1} \bar{\boldsymbol{X}}_n^T \boldsymbol{H}_n \boldsymbol{A}_r \boldsymbol{H}_n^T \bar{\boldsymbol{Y}}_n \\
&= \big(\bar{\boldsymbol{X}}_n^T \boldsymbol{H}_n \boldsymbol{A}_r \boldsymbol{H}_n^T \bar{\boldsymbol{X}}_n\big)^{-1} \bar{\boldsymbol{X}}_n^T \boldsymbol{H}_n \boldsymbol{A}_r \boldsymbol{H}_n^T (\boldsymbol{I}_n - \boldsymbol{F}_n) \boldsymbol{Y}_n \\
&= \big(\bar{\boldsymbol{X}}_n^T \boldsymbol{H}_n \boldsymbol{A}_r \boldsymbol{H}_n^T \bar{\boldsymbol{X}}_n\big)^{-1} \bar{\boldsymbol{X}}_n^T \boldsymbol{H}_n \boldsymbol{A}_r \boldsymbol{H}_n^T (\boldsymbol{I}_n - \boldsymbol{F}_n)
\end{aligned}
$$

$$
\begin{aligned}
&\left(\boldsymbol{X}_n\boldsymbol{\beta}_0+\boldsymbol{m}_+ + (\boldsymbol{I}_n-\lambda_0\boldsymbol{W}_n)^{-1}\boldsymbol{\varepsilon}_n\right)\\
=&\boldsymbol{\beta}_0+\left(\bar{\boldsymbol{X}}_n^T\boldsymbol{H}_n\boldsymbol{A}_r\boldsymbol{H}_n^T\bar{\boldsymbol{X}}_n\right)^{-1}\bar{\boldsymbol{X}}_n^T\boldsymbol{H}_n\boldsymbol{A}_r\boldsymbol{H}_n^T(\boldsymbol{I}_n-\boldsymbol{F}_n)\boldsymbol{m}_+\\
&+\left(\bar{\boldsymbol{X}}_n^T\boldsymbol{H}_n\boldsymbol{A}_r\boldsymbol{H}_n^T\bar{\boldsymbol{X}}_n\right)^{-1}\bar{\boldsymbol{X}}_n^T\boldsymbol{H}_n\boldsymbol{A}_r\boldsymbol{H}_n^T(\boldsymbol{I}_n-\boldsymbol{F}_n)(\boldsymbol{I}_n-\lambda_0\boldsymbol{W}_n)^{-1}\boldsymbol{\varepsilon}_n
\end{aligned}
$$

与定理 8.3.1 的证明类似，我们可以得到

$$
\boldsymbol{S}_j\boldsymbol{m}_j=\boldsymbol{m}_j+\frac{1}{2}\boldsymbol{Q}_j+o(\boldsymbol{h}_j^2)
$$

其中，$\boldsymbol{Q}_j=\begin{pmatrix}\boldsymbol{s}_{j,z_{n,1j}}\boldsymbol{Q}_{m_j}(z_{n,1j})\\ \vdots\\ \boldsymbol{s}_{j,z_{n,nj}}\boldsymbol{Q}_{m_j}(z_{n,nj})\end{pmatrix}$，$\boldsymbol{Q}_{m_j}(z_j)=\begin{pmatrix}(z_{n,1j}-z_j)^2\\ \vdots\\ (z_{n,nj-z_j})^2\end{pmatrix}D^2\boldsymbol{m}_j$，$D^2\boldsymbol{m}_j=\begin{pmatrix}m_j''(z_{n,1j})\\ \vdots\\ m_j''(z_{n,nj})\end{pmatrix}$。

根据矩阵 $\boldsymbol{S}_j^*$ 的定义，可得

$$
\begin{aligned}
(\boldsymbol{I}_n-\boldsymbol{S}_j^*)\boldsymbol{m}_j&=\left(\boldsymbol{I}_n-\left(\boldsymbol{I}_n-\frac{\boldsymbol{1}\boldsymbol{1}^T}{n}\right)\boldsymbol{S}_j\right)\boldsymbol{m}_j\\
&=\boldsymbol{m}_j-\left(\boldsymbol{I}_n-\frac{\boldsymbol{1}\boldsymbol{1}^T}{n}\right)\boldsymbol{S}_j\boldsymbol{m}_j\\
&=\boldsymbol{m}_j-\left(\boldsymbol{I}_n-\frac{\boldsymbol{1}\boldsymbol{1}^T}{n}\right)\left(\boldsymbol{m}_j+\frac{1}{2}\boldsymbol{Q}_j+o(\boldsymbol{h}_j^2)\right)\\
&=\bar{\boldsymbol{m}}_j-\frac{1}{2}\boldsymbol{Q}_j^*+o(\boldsymbol{h}_j^2)
\end{aligned}
$$

其中，$\boldsymbol{Q}_j^*=\left(\boldsymbol{I}_n-\dfrac{\boldsymbol{1}\boldsymbol{1}^T}{n}\right)\boldsymbol{Q}_j$。结合引理 8.6.4，易得

$$
\begin{aligned}
(\boldsymbol{I}_n-\boldsymbol{F}_j)\boldsymbol{m}_j&=\left(\boldsymbol{I}_n-\boldsymbol{S}_j^*\boldsymbol{F}_n^{[-j]}\right)^{-1}(\boldsymbol{I}_n-\boldsymbol{S}_j^*)\boldsymbol{m}_j\\
&=\left(\boldsymbol{I}_n-\boldsymbol{S}_j^*\boldsymbol{F}_n^{[-j]}\right)^{-1}\left(\bar{\boldsymbol{m}}_j-\frac{1}{2}\boldsymbol{Q}_j^*+o(\boldsymbol{h}_j^2)\right)\\
&=\bar{\boldsymbol{m}}_j-\frac{1}{2}\left(\boldsymbol{I}_n-\boldsymbol{S}_j^*\boldsymbol{F}_n^{[-j]}\right)^{-1}\boldsymbol{Q}_j^*+o(\boldsymbol{h}_j^2)
\end{aligned}
$$

定义 $\boldsymbol{m}_{(-j)}=\boldsymbol{m}_1+\cdots+\boldsymbol{m}_{j-1}+\boldsymbol{m}_{j+1}+\cdots+\boldsymbol{m}_d$，因此 $\boldsymbol{m}_+=\boldsymbol{m}_j+\boldsymbol{m}_{(-j)}$。更

进一步，我们得到

$$\begin{aligned}(\boldsymbol{I}_n-\boldsymbol{F}_j)\boldsymbol{m}_{(-j)}&=\left(\boldsymbol{I}_n-\boldsymbol{S}_j^*\boldsymbol{F}_n^{[-j]}\right)^{-1}(\boldsymbol{I}_n-\boldsymbol{S}_j^*)\boldsymbol{m}_{(-j)}\\&=\left(\boldsymbol{I}_n-\boldsymbol{S}_j^*\boldsymbol{F}_n^{[-j]}\right)^{-1}(\boldsymbol{I}_n-\boldsymbol{S}_j^*\boldsymbol{F}_n^{[-j]}+\boldsymbol{S}_j^*\boldsymbol{F}_n^{[-j]}-\boldsymbol{S}_j^*)\boldsymbol{m}_{(-j)}\\&=\boldsymbol{m}_{(-j)}+\left(\boldsymbol{I}_n-\boldsymbol{S}_j^*\boldsymbol{F}_n^{[-j]}\right)^{-1}\boldsymbol{S}_j^*\boldsymbol{B}_{-j}\end{aligned}$$

其中，$\boldsymbol{B}_{-j}=(\boldsymbol{F}_n^{[-j]}-\boldsymbol{I}_n)\boldsymbol{m}_{(-j)}$。因此，我们得到

$$\begin{aligned}\boldsymbol{F}_j\boldsymbol{m}_+&=\boldsymbol{F}_j\boldsymbol{m}_j+\boldsymbol{F}_j\boldsymbol{m}_{(-j)}\\&=\boldsymbol{m}_j-\bar{\boldsymbol{m}}_j+\left(\boldsymbol{I}_n-\boldsymbol{S}_j^*\boldsymbol{F}_n^{[-j]}\right)^{-1}\left(\frac{1}{2}\boldsymbol{Q}_j^*-\boldsymbol{S}_j^*\boldsymbol{B}_{-j}\right)+o(\boldsymbol{h}_j^2)\end{aligned}$$

由奥普索默和鲁珀特（1999）研究中定理 2[①]与范和蒋（2005）研究中引理 5[②]，可以得到

$$\begin{aligned}&(\boldsymbol{I}_n-\boldsymbol{F}_n)\boldsymbol{m}_+\\&=\boldsymbol{m}_+-\sum_{j=1}^{d}\boldsymbol{F}_j\boldsymbol{m}_+\\&=\boldsymbol{m}_+-\sum_{j=1}^{d}\left(\boldsymbol{m}_j-\bar{\boldsymbol{m}}_j+\left(\boldsymbol{I}_n-\boldsymbol{S}_j^*\boldsymbol{F}_n^{[-j]}\right)^{-1}\left(\frac{1}{2}\boldsymbol{Q}_j^*-\boldsymbol{S}_j^*\boldsymbol{B}_{-j}\right)+o(\boldsymbol{h}_j^2)\right)\\&=\sum_{j=1}^{d}\bar{\boldsymbol{m}}_j+O\sum_{j=1}^{d}(\boldsymbol{h}_j^2)\end{aligned}$$

再根据奥普索默和鲁珀特（1997）研究中定理 4.1[③]，可得 $\sum\limits_{j=1}^{d}\bar{\boldsymbol{m}}_j=O_P(n^{-1/2})$。结合假设 8.4，有

$$\frac{1}{n}\boldsymbol{H}_n^T(\boldsymbol{I}_n-\boldsymbol{F}_n)\boldsymbol{m}_+=O_P\left(\sum_{j=1}^{d}h_j^2+n^{-3/2}\right)$$

① Opsomer J D，Ruppert D. A root n consistent backfitting estimators for semiparametric additive modeling[J]. Journal of Computational and Graphical Statistics，1999，8(4): 715-732.

② Fan J，Jiang J. Nonparametric inferences for additive models[J]. Journal of the American Statistical Association，2005，100(471): 890-907.

③ Opsomer J D，Ruppert D. Fitting a bivariate additive model by local polynomial regression[J]. The annals of Statistics，1997，25(1): 186-211.

令 $\mathcal{D}=\boldsymbol{H}_n^T(\boldsymbol{I}_n-\boldsymbol{F}_n)(\boldsymbol{I}_n-\lambda_0\boldsymbol{W}_n)^{-1}$，结合假设 8.1、假设 8.2 和引理 8.6.4，有

$$\mathrm{E}\big(\boldsymbol{H}_n^T(\boldsymbol{I}_n-\boldsymbol{F}_n)(\boldsymbol{I}_n-\lambda_0\boldsymbol{W}_n)^{-1}\boldsymbol{\varepsilon}_n\big)=0$$

$$\mathrm{Var}\big(\boldsymbol{H}_n^T(\boldsymbol{I}_n-\boldsymbol{F}_n)(\boldsymbol{I}_n-\lambda_0\boldsymbol{W}_n)^{-1}\boldsymbol{\varepsilon}_n\big)=\sigma^2\mathcal{D}\mathcal{D}^T$$

再利用假设 8.4′，并结合定理 8.3.1 的证明，有

$$\mathrm{E}(\tilde{\boldsymbol{\beta}}-\boldsymbol{\beta}_0)=(\boldsymbol{R}_{HX}^T\boldsymbol{A}\boldsymbol{R}_{HX})^{-1}\boldsymbol{R}_{HX}^T\boldsymbol{A}O_P\left(\sum_{j=1}^d h_j^2+n^{-3/2}\right)=O_P\left(\sum_{j=1}^d h_j^2+n^{-3/2}\right)$$

$$\mathrm{Var}(\tilde{\boldsymbol{\beta}}-\boldsymbol{\beta}_0)=\frac{\sigma^2}{n}(\boldsymbol{R}_{HX}^T\boldsymbol{A}\boldsymbol{R}_{HX})^{-1}\boldsymbol{R}_{HX}^T\boldsymbol{A}\boldsymbol{\Sigma}_2\boldsymbol{A}\boldsymbol{R}_{HX}(\boldsymbol{R}_{HX}^T\boldsymbol{A}\boldsymbol{R}_{HX})^{-1}$$

因此，$\sqrt{n}(\tilde{\boldsymbol{\beta}}-\boldsymbol{\beta}_0)\xrightarrow{D}N(\boldsymbol{0},\ \boldsymbol{\Omega}_2)$，其中，$\boldsymbol{\Omega}_2=\sigma^2(\boldsymbol{R}_{HX}^T\boldsymbol{A}\boldsymbol{R}_{HX})^{-1}\boldsymbol{R}_{HX}^T\boldsymbol{A}\boldsymbol{\Sigma}_2\boldsymbol{A}\boldsymbol{R}_{HX}(\boldsymbol{R}_{HX}^T\boldsymbol{A}\boldsymbol{R}_{HX})^{-1}$。

定理 8.3.6 的证明 类似于定理 8.3.2 的证明，只需证 $\tilde{\boldsymbol{\eta}}_n\xrightarrow{P}\boldsymbol{\eta}_n$，由于

$$\begin{aligned}\tilde{\boldsymbol{\eta}}_n&=\bar{\boldsymbol{Y}}_n-\bar{\boldsymbol{X}}_n\tilde{\boldsymbol{\beta}}=(\boldsymbol{I}_n-\boldsymbol{F}_n)\boldsymbol{Y}_n-(\boldsymbol{I}_n-\boldsymbol{F}_n)\boldsymbol{X}_n\tilde{\boldsymbol{\beta}}\\&=(\boldsymbol{I}_n-\boldsymbol{F}_n)(\boldsymbol{X}_n\boldsymbol{\beta}_0+\boldsymbol{m}_++\boldsymbol{\eta}_n)-(\boldsymbol{I}_n-\boldsymbol{F}_n)\boldsymbol{X}_n\tilde{\boldsymbol{\beta}}\\&=(\boldsymbol{I}_n-\boldsymbol{F}_n)\boldsymbol{X}_n(\boldsymbol{\beta}_0-\tilde{\boldsymbol{\beta}})+(\boldsymbol{I}_n-\boldsymbol{F}_n)\boldsymbol{m}_++(\boldsymbol{I}_n-\boldsymbol{F}_n)\boldsymbol{\eta}_n\end{aligned}$$

从而，$\tilde{\boldsymbol{\eta}}_n-\boldsymbol{\eta}_n=(\boldsymbol{I}_n-\boldsymbol{F}_n)\boldsymbol{X}_n(\boldsymbol{\beta}_0-\tilde{\boldsymbol{\beta}})+(\boldsymbol{I}_n-\boldsymbol{F}_n)\boldsymbol{m}_+-\boldsymbol{F}_n\boldsymbol{\eta}_n$。

由定理 8.3.5 及奥普索默和鲁珀特（1997）研究中定理 4.1[①]的证明，可知

$$\begin{aligned}(\boldsymbol{I}_n-\boldsymbol{F}_n)\boldsymbol{m}_+&=\sum_{j=1}^d\bar{\boldsymbol{m}}_j+O\left(\sum_{j=1}^d h_j^2\right)\\&=O_P(n^{-1/2})+O\left(\sum_{j=1}^d h_j^2\right)\\&=O_P\left(n^{-1/2}+\sum_{j=1}^d h_j^2\right)\end{aligned}$$

再结合假设 8.2、定理 8.3.5 与引理 8.6.4，有 $(\boldsymbol{I}_n-\boldsymbol{F}_n)\boldsymbol{X}_n(\boldsymbol{\beta}_0-\tilde{\boldsymbol{\beta}})=O_P(1)$，又根据假设 8.1 和引理 8.6.4，可得

① Opsomer J D, Ruppert D. Fitting a bivariate additive model by local polynomial regression[J]. The annals of Statistics, 1997, 25(1): 186-211.

$$\mathrm{E}\big((\boldsymbol{I}_n-\boldsymbol{F}_n)\boldsymbol{\eta}_n\big)=\mathrm{E}\big((\boldsymbol{I}_n-\boldsymbol{F}_n)(\boldsymbol{I}_n-\lambda_0\boldsymbol{W}_n)^{-1}\boldsymbol{\varepsilon}_n\big)=0$$

$$\mathrm{Var}\big((\boldsymbol{I}_n-\boldsymbol{F}_n)\boldsymbol{\eta}_n\big)=\sigma^2(\boldsymbol{I}_n-\boldsymbol{F}_n)(\boldsymbol{I}_n-\lambda_0\boldsymbol{W}_n)^{-1}(\boldsymbol{I}_n-\lambda_0\boldsymbol{W}_n^T)^{-1}(\boldsymbol{I}_n-\boldsymbol{F}_n)^T$$

由假设 8.1 和引理 8.6.4可知 $\mathrm{Var}\big((\boldsymbol{I}_n-\boldsymbol{F}_n)\boldsymbol{\eta}_n\big)$ 是有界的，从而，根据 Chebyshev 大数定律，有 $(\boldsymbol{I}_n-\boldsymbol{F}_n)\boldsymbol{\eta}_n\xrightarrow{P}0$，综合上述证明，得到 $\tilde{\boldsymbol{\eta}}_n-\boldsymbol{\eta}_n\xrightarrow{P}0$。

定理 8.3.7 的证明　首先，类似于定理 8.3.3 的证明，由于

$$\begin{aligned}\hat{\boldsymbol{\beta}}=&\big(\boldsymbol{X}_n^{*T}(\tilde{\lambda})\boldsymbol{H}_n\boldsymbol{A}_r\boldsymbol{H}_n^T\boldsymbol{X}_n^*(\tilde{\lambda})\big)^{-1}\boldsymbol{X}_n^{*T}(\tilde{\lambda})\boldsymbol{H}_n\boldsymbol{A}_r\boldsymbol{H}_n^T\boldsymbol{Y}_n^*(\tilde{\lambda})\\=&\boldsymbol{\beta}_0+\big(\boldsymbol{X}_n^{*T}(\tilde{\lambda})\boldsymbol{H}_n\boldsymbol{A}_r\boldsymbol{H}_n^T\boldsymbol{X}_n^*(\tilde{\lambda})\big)^{-1}\boldsymbol{X}_n^{*T}(\tilde{\lambda})\boldsymbol{H}_n\boldsymbol{A}_r\boldsymbol{H}_n^T\boldsymbol{\zeta}_n^*(\tilde{\lambda})\end{aligned}$$

其中，

$$\begin{aligned}\boldsymbol{\zeta}_n^*(\tilde{\lambda})&=\boldsymbol{Y}_n^*(\tilde{\lambda})-\boldsymbol{X}_n^*(\tilde{\lambda})\boldsymbol{\beta}_0\\&=\bar{\boldsymbol{Y}}_n-\tilde{\lambda}\boldsymbol{W}_n\bar{\boldsymbol{Y}}_n-(\bar{\boldsymbol{X}}_n-\tilde{\lambda}\boldsymbol{W}_n\bar{\boldsymbol{X}}_n)\boldsymbol{\beta}_0\\&=\boldsymbol{\eta}_n-\tilde{\lambda}\boldsymbol{W}_n\boldsymbol{\eta}_n\\&=\boldsymbol{\varepsilon}_n-(\tilde{\lambda}-\lambda_0)\boldsymbol{W}_n\boldsymbol{\eta}_n\end{aligned}$$

从而，

$$\begin{aligned}&\sqrt{n}(\hat{\boldsymbol{\beta}}-\boldsymbol{\beta}_0)\\=&\left(\frac{1}{n}\boldsymbol{X}_n^{*T}(\tilde{\lambda})\boldsymbol{H}_n\boldsymbol{A}_r\boldsymbol{H}_n^T\boldsymbol{X}_n^*(\tilde{\lambda})\right)^{-1}n^{-1/2}\boldsymbol{X}_n^{*T}(\tilde{\lambda})\boldsymbol{H}_n\boldsymbol{A}_r\boldsymbol{H}_n^T\boldsymbol{\varepsilon}_n\\&+\left(\frac{1}{n}\boldsymbol{X}_n^{*T}(\tilde{\lambda})\boldsymbol{H}_n\boldsymbol{A}_r\boldsymbol{H}_n^T\boldsymbol{X}_n^*(\tilde{\lambda})\right)^{-1}(\lambda_0-\tilde{\lambda})n^{-1/2}\boldsymbol{X}_n^{*T}(\tilde{\lambda})\boldsymbol{H}_n\boldsymbol{A}_r\boldsymbol{H}_n^T\boldsymbol{W}_n\boldsymbol{\eta}_n\end{aligned}$$

其中，当 $\boldsymbol{A}_r=\left(\frac{1}{n}\boldsymbol{H}_n^T\boldsymbol{H}_n\right)^{-1}$ 时，

$$\begin{aligned}&\frac{1}{n}\boldsymbol{X}_n^{*T}(\tilde{\lambda})\boldsymbol{H}_n\boldsymbol{A}_r\boldsymbol{H}_n^T\boldsymbol{X}_n^*(\tilde{\lambda})\\=&\frac{1}{n}(\bar{\boldsymbol{X}}_n-\tilde{\lambda}\boldsymbol{W}_n\bar{\boldsymbol{X}}_n)^T\boldsymbol{H}_n\boldsymbol{A}_r\boldsymbol{H}_n^T(\bar{\boldsymbol{X}}_n-\tilde{\lambda}\boldsymbol{W}_n\bar{\boldsymbol{X}}_n)\\=&\frac{1}{n}\big((\boldsymbol{I}_n-\boldsymbol{F}_n)\boldsymbol{X}_n-\tilde{\lambda}\boldsymbol{W}_n(\boldsymbol{I}_n-\boldsymbol{F}_n)\boldsymbol{X}_n\big)^T\boldsymbol{H}_n\boldsymbol{A}_r\boldsymbol{H}_n^T\\&\big((\boldsymbol{I}_n-\boldsymbol{F}_n)\boldsymbol{X}_n-\tilde{\lambda}\boldsymbol{W}_n(\boldsymbol{I}_n-\boldsymbol{F}_n)\boldsymbol{X}_n\big)\end{aligned}$$

$$= \left(\frac{1}{n}\boldsymbol{H}_n^T(\boldsymbol{I}_n - \boldsymbol{F}_n)\boldsymbol{X}_n - \frac{1}{n}\tilde{\lambda}\boldsymbol{H}_n^T\boldsymbol{W}_n(\boldsymbol{I}_n - \boldsymbol{F}_n)\boldsymbol{X}_n\right)^T$$

$$\cdot\left(\frac{1}{n}\boldsymbol{H}_n^T\boldsymbol{H}_n\right)^{-1}\left(\frac{1}{n}\boldsymbol{H}_n^T(\boldsymbol{I}_n - \boldsymbol{F}_n)\boldsymbol{X}_n - \frac{1}{n}\tilde{\lambda}\boldsymbol{H}_n^T\boldsymbol{W}_n(\boldsymbol{I}_n - \boldsymbol{F}_n)\boldsymbol{X}_n\right)$$

从而，根据假设 8.4′ 和定理 8.3.6 的结论，有

$$\frac{1}{n}\boldsymbol{X}_n^{*T}(\tilde{\lambda})\boldsymbol{H}_n\boldsymbol{A}_r\boldsymbol{H}_n^T\boldsymbol{X}_n^*(\tilde{\lambda}) = \bar{\boldsymbol{R}} + o_P(1) \tag{8.29}$$

其中，$\bar{\boldsymbol{R}} = (\boldsymbol{R}_{HX} - \lambda_0\boldsymbol{R}_{HWX})^T\boldsymbol{Q}_{HH}^{-1}(\boldsymbol{R}_{HX} - \lambda_0\boldsymbol{R}_{HWX})$。

其次，由假设 8.2 和假设 8.4′ 可知，$n^{-1/2}\boldsymbol{H}_n^T\boldsymbol{\varepsilon}_n \xrightarrow{D} N(\boldsymbol{0},\ \sigma_0^2\boldsymbol{Q}_{HH})$，结合式 (8.29) 的证明，得到

$$\begin{aligned}
&n^{-1/2}\boldsymbol{X}_n^{*T}(\tilde{\lambda})\boldsymbol{H}_n\boldsymbol{A}_r\boldsymbol{H}_n^T\boldsymbol{\varepsilon}_n \\
&= n^{-1/2}(\bar{\boldsymbol{X}}_n - \tilde{\lambda}\boldsymbol{W}_n\bar{\boldsymbol{X}}_n)^T\boldsymbol{H}_n\boldsymbol{A}_r\boldsymbol{H}_n^T\boldsymbol{\varepsilon}_n \\
&= \left(\frac{1}{n}\boldsymbol{H}_n^T(\boldsymbol{I}_n - \boldsymbol{F}_n)\boldsymbol{X}_n - \frac{1}{n}\tilde{\lambda}\boldsymbol{H}_n^T\boldsymbol{W}_n(\boldsymbol{I}_n - \boldsymbol{F}_n)\boldsymbol{X}_n\right)^T\left(\frac{1}{n}\boldsymbol{H}_n^T\boldsymbol{H}_n\right)^{-1} \\
&\quad (n^{-1/2}\boldsymbol{H}_n^T\boldsymbol{\varepsilon}_n) \xrightarrow{D} N(\boldsymbol{0},\ \sigma_0^2\bar{\boldsymbol{R}})
\end{aligned} \tag{8.30}$$

最后，结合定理 8.3.3 的证明，

$$\mathrm{E}(n^{-1/2}\boldsymbol{H}_n^T\boldsymbol{W}_n\boldsymbol{\eta}_n) = 0$$

$$\mathrm{E}(n^{-1}\boldsymbol{H}_n^T\boldsymbol{W}_n\boldsymbol{\eta}_n\boldsymbol{\eta}_n^T\boldsymbol{W}_n^T\boldsymbol{H}_n) = \frac{\sigma_0^2}{n}\boldsymbol{H}_n^T\boldsymbol{W}_n(\boldsymbol{I}_n - \lambda_0\boldsymbol{W}_n)^{-1}(\boldsymbol{I}_n - \lambda_0\boldsymbol{W}_n^T)^{-1}\boldsymbol{W}_n^T\boldsymbol{H}_n$$

再结合假设 8.1 和假设 8.2可知，

$$\boldsymbol{H}_n^T\boldsymbol{W}_n(\boldsymbol{I}_n - \lambda_0\boldsymbol{W}_n)^{-1}(\boldsymbol{I}_n - \lambda_0\boldsymbol{W}_n^T)^{-1}\boldsymbol{W}_n^T\boldsymbol{H}_n$$

有界，从而，

$$n^{-1}\boldsymbol{H}_n^T\boldsymbol{W}_n\boldsymbol{\eta}_n\boldsymbol{\eta}_n^T\boldsymbol{W}_n^T\boldsymbol{H}_n = O(1)$$

因此，

$$n^{-1/2}\boldsymbol{H}_n^T\boldsymbol{W}_n\boldsymbol{\eta}_n = O_P(1)$$

故

$$(\tilde{\lambda} - \lambda_0)n^{-1/2}\boldsymbol{X}_n^{*T}(\tilde{\lambda})\boldsymbol{H}_n\boldsymbol{A}_r\boldsymbol{H}_n^T\boldsymbol{W}_n\boldsymbol{\eta}_n$$

$$
\begin{aligned}
&= (\tilde{\lambda}-\lambda_0)n^{-1/2}\big((\boldsymbol{I}_n-\boldsymbol{F}_n)\boldsymbol{X}_n-\tilde{\lambda}\boldsymbol{W}_n(\boldsymbol{I}_n-\boldsymbol{F}_n)\boldsymbol{X}_n\big)^T\boldsymbol{H}_n\boldsymbol{A}_r\boldsymbol{H}_n^T\boldsymbol{W}_n\boldsymbol{\eta}_n\\
&= (\tilde{\lambda}-\lambda_0)\left(\frac{1}{n}\boldsymbol{H}_n^T(\boldsymbol{I}_n-\boldsymbol{F}_n)\boldsymbol{X}_n-\frac{1}{n}\tilde{\lambda}\boldsymbol{H}_n^T\boldsymbol{W}_n(\boldsymbol{I}_n-\boldsymbol{F}_n)\boldsymbol{X}_n\right)^T \qquad (8.31)\\
&\left(\frac{1}{n}\boldsymbol{H}_n^T\boldsymbol{H}_n\right)^{-1}n^{-1/2}\boldsymbol{H}_n^T\boldsymbol{W}_n\boldsymbol{\eta}_n\xrightarrow{P}0
\end{aligned}
$$

因此，结合式 (8.29) 至式 (8.31)，有 $\sqrt{n}(\hat{\boldsymbol{\beta}}-\boldsymbol{\beta}_0)\xrightarrow{D}N(\boldsymbol{0},\ \sigma_0^2\bar{\boldsymbol{R}}^{-1})$。

定理 8.3.8 的证明 由于

$$
\begin{aligned}
\tilde{\boldsymbol{m}}_j &= \boldsymbol{F}_j(\boldsymbol{Y}_n-\boldsymbol{X}_n\boldsymbol{\beta})=\boldsymbol{F}_j(\boldsymbol{X}_n\boldsymbol{\beta}_0+\boldsymbol{m}_++\boldsymbol{\eta}_n-\boldsymbol{X}_n\boldsymbol{\beta})\\
&= \boldsymbol{F}_j\boldsymbol{X}_n(\boldsymbol{\beta}_0-\boldsymbol{\beta})+\boldsymbol{F}_j\boldsymbol{m}_++\boldsymbol{F}_j\boldsymbol{\eta}_n
\end{aligned}
$$

由定理 8.3.7 的证明可知，$\tilde{\boldsymbol{\beta}}-\boldsymbol{\beta}_0=O(n^{-1/2})$，从而，$\boldsymbol{\beta}=\boldsymbol{\beta}_0+O(n^{-1/2})$，再结合假设 8.2 和引理 8.6.4，有

$$
\boldsymbol{F}_j\boldsymbol{X}_n(\boldsymbol{\beta}_0-\boldsymbol{\beta})=\boldsymbol{F}_j\boldsymbol{X}_nO(n^{-1/2})=O(n^{-1/2})
$$

又由定理 8.3.5 的证明可知

$$
\boldsymbol{F}_j\boldsymbol{m}_+=\boldsymbol{m}_j-\bar{\boldsymbol{m}}_j+\big(\boldsymbol{I}_n-\boldsymbol{S}_j^*\boldsymbol{F}_n^{[-j]}\big)^{-1}\left(\frac{1}{2}\boldsymbol{Q}_j^*-\boldsymbol{S}_j^*\boldsymbol{B}_{-j}\right)+o_P(\boldsymbol{h}_j^2)
$$

其中，$\boldsymbol{Q}_j^*$ 和 $\boldsymbol{B}_{-j}$ 的定义详见第 7 章。

结合假设 8.1 与引理 8.6.4，有

$$
\mathrm{E}(\boldsymbol{F}_j\boldsymbol{\eta}_n)=\mathrm{E}\big(\boldsymbol{F}_j(\boldsymbol{I}_n-\lambda_0\boldsymbol{W}_n)^{-1}\boldsymbol{\varepsilon}_n\big)=0
$$

$$
\mathrm{Var}(\boldsymbol{F}_j\boldsymbol{\eta}_n)=\mathrm{Var}\big(\boldsymbol{F}_j(\boldsymbol{I}_n-\lambda_0\boldsymbol{W}_n)^{-1}\boldsymbol{\varepsilon}_n\big)=\sigma^2\boldsymbol{F}_j(\boldsymbol{I}_n-\lambda_0\boldsymbol{W}_n)^{-1}(\boldsymbol{I}_n-\lambda_0\boldsymbol{W}_n^T)^{-1}\boldsymbol{F}_j^T
$$

综合上述证明，可得

$$
\mathrm{E}(\tilde{\boldsymbol{m}}_j-\boldsymbol{m}_j)=-\bar{\boldsymbol{m}}_j+\big(\boldsymbol{I}_n-\boldsymbol{S}_j^*\boldsymbol{F}_n^{[-j]}\big)^{-1}\left(\frac{1}{2}\boldsymbol{Q}_j^*-\boldsymbol{S}_j^*\boldsymbol{B}_{-j}\right)+o_P(\boldsymbol{h}_j^2)
$$

再结合定理 8.3.1 及奥普索默和鲁珀特（1997）研究中定理 4.1[①]的证明，可知

$$
\mathrm{E}(\tilde{\boldsymbol{m}}_j-\boldsymbol{m}_j)=\frac{1}{2}h_j^2\mu_2^j\big(\boldsymbol{m}_j''-\mathrm{E}(\boldsymbol{m}_j'')\big)-\boldsymbol{S}_j^*\boldsymbol{B}_{-j}+O_P(n^{-1/2})+o_P(h_j^2)
$$

$$
\mathrm{Var}(\tilde{\boldsymbol{m}}_j-\boldsymbol{m}_j)=\sigma^2\boldsymbol{F}_j(\boldsymbol{I}_n-\lambda_0\boldsymbol{W}_n)^{-1}(\boldsymbol{I}_n-\lambda_0\boldsymbol{W}_n^T)^{-1}\boldsymbol{F}_j^T
$$

① Opsomer J D, Ruppert D. Fitting a bivariate additive model by local polynomial regression[J]. The annals of Statistics, 1997, 25(1): 186-211.

参 考 文 献

[1] 陈建宝，乔宁宁. 半参数变系数空间误差回归模型的估计 [J]. 数量经济技术经济研究，2017，4: 129-146.

[2] 陈建宝，孙林. 随机效应空间滞后单指数面板模型 [J]. 统计研究，2015，32(1): 95-101.

[3] 陈建宝，孙林. 随机效应变系数空间自回归面板模型的估计 [J]. 统计研究，2017，34(5): 118-128.

[4] 陈建宝，孙林. 面板数据半参数空间滞后计量模型的理论和应用 [M]. 北京: 科学出版社，2018.

[5] 丁飞鹏，陈建宝. 固定效应部分线性可加动态面板模型的惩罚二次推断函数估计 [J]. 高校应用数学学报，2018，33(1): 21-35.

[6] 丁飞鹏，陈建宝. 固定效应部分线性单指数面板模型的快速有效估计及应用 [J]. 高校应用数学学报，2019，34(2): 127-141.

[7] 李坤明，陈建宝. 半参数变系数空间滞后模型的截面极大似然估计 [J]. 数量经济技术经济研究，2013，4: 85-98.

[8] [美] 莱塞奇，佩斯. 空间计量经济学导论 [M]. 肖光恩，等译. 北京: 北京大学出版社，2014.

[9] 李新忠，汪同三. 空间计量经济学的理论与实践 [M]. 北京: 社会科学文献出版社，2015.

[10] 龙志和，欧变玲，林光平. 应用 Bootstrap 方法的空间相关性检验: 数理证明与模拟分析 [M]. 北京: 科学出版社，2011.

[11] 孙志华，尹俊平，陈菲菲，叶雪. 非参数与半参数统计 [M]. 北京: 清华大学出版社，2016.

[12] 王远飞，何洪林. 空间数据分析方法 [M]. 北京: 科学出版社，2007.

[13] 魏传华. 半参数模型的理论与应用 [M]. 北京: 科学出版社，2013.

[14] 肖光恩，刘锦学，谭赛月明. 空间计量经济学: 基于 Matlab 的应用分析 [M]. 北京: 北京大学出版社，2018.

[15] 谢琍，刘磊，曹瑞元. 一种新的空间计量模型: 部分线性可加自回归模型及其应用 [J]. 数理统计与管理，2018，37(2): 235-242.

[16] 徐礼文. 复杂数据的 bootstrap 统计推断及其应用 [M]. 北京: 科学出版社，2016.

[17] 谢中华. Matlab 统计分析与应用: 40 个案例分析 [M]. 北京: 北京航空航天大学出版社，2010.

[18] 薛留根. 现代统计模型 [M]. 北京: 科学出版社，2012.

[19] 薛留根，朱力行. 纵向数据下部分线性模型的经验似然推断 [J]. 中国科学，A 辑，2007，1: 31-44.

[20] 张征宇，朱平芳. 地方环境支出的实证研究 [J]. 经济研究，2010，5: 82-94.

[21] 邹清明，朱仲义. 部分线性单指标模型的两步 M 估计的大样本性质 [J]. 应用数学学报，2014，37(2): 218-233.

[22] 邹清明，朱仲义. 部分线性单指标模型的 M 估计 [J]. 系统科学与数学，2016，36(11): 2099-2117.

[23] Anselin L. Spatial Econometrics: Methods and Models[M]. Netherlands: Kluwer Academic Publishers，1988.

[24] Anselin L. Spatial Externalities[J]. International Regional Science Review，2003，26(2): 147-152.

[25] Anselin L，Bera A K. Spatial Dependence in Linear Regression Models with an Introduction to Spatial Econometrics. // Ullah A，Giles DEA(Eds)，Handbook of Applied Economics Statistics[M]. New York: Marcel Dekker，1998.

[26] Baltagi B H. Random Effects and Spatial Autocorrelation with Equal Weights[J]. Econometric Theory，2006，22: 973-984.

[27] Baltagi B H，Pirotte A. Seeming Unrelated Regressions with Spatial Error Component[J]. Empirical Economics，2011，40(1): 5-49.

[28] Baltagi B H，Song S H，Jung B C，Koh W. Testing for Serial Correlation，Spatial Autocorrelation and Random Effects Using Panel Data[J]. Journal of Econometrics，2007，140: 5-51.

[29] Basile R. Regional Economic Growth in Europe: a Semiparametric Spatial Dependence Approach[J]. Papers in Regional Science，2008，87(4): 527-544.

[30] Buja A，Hastie T，Tibshirani R. Linear Smoothers and Additive Models[J]. The Annals of Statistics，1989，17(2): 453-510.

[31] Cai J，Fan J，Zhou H，et al. Marginal Hazard Models with Varying-Coefficients for Multivariate Failure Time Data[J]. The Annals of Statistics，2007，35(1): 324-354.

[32] Cai Z. Two-Step Likelihood Estimation Procedure for Varying-Coefficient Models[J]. Journal of Multivariate Analysis，2002，82(1): 189-209.

[33] Cai Z，Fan J，Li Y. Efficient Estimation and Inferences for Varying-Coefficient Models[J]. Journal of the American Statistical Association，2000，95(451): 888-902.

[34] Cai Z，Fan J，Yao Q. Functional-Coefficient Regression Models for Nonlinear Time series[J]. Journal of the American Statistical Association，2000，95: 941-956.

[35] Cai Z，Li Q. Nonparametric Estimation of Varying Coefficient Dynamic Panel Data Models[J]. Econometric Theory，2008，24: 1321-1342.

[36] Cardot H, Crambes C, Kneip A, et al. Smoothing Splines Estimators in Functional Linear Regression with Errors-in-Variables[J]. Computational Statistics & Data Analysis, 2007, 51: 4832-4848.

[37] Carroll R J, Fan J, Gijbels I, et al. Generalized Partially Linear Single-Index Models[J]. Journal of the American Statistical Association, 1997, 92(438): 477-489.

[38] Carroll R J, Ruppert D, Stefanski L A. Measurement Error in Nonlinear Models[M]. New York: Chapman & Hall, 1995.

[39] Case A C. Spatial Patterns in Household Demand[J]. Econometrica, 1991, 59(4): 953-965.

[40] Case A C, Rosen H S. Budget Spillovers and Fiscal Policy Interdependence: Evidence from the States[J]. Journal of Public Economics, 1993, 52: 285-307.

[41] Cheng S, Chen J. Estimation of Partially Linear Single-Index Spatial Autoregressive Model[J]. Statistical Papers, 2021, 62(1):495-531.

[42] Cheng S, Chen J, Liu X. GMM Estimation of Partially Linear Single-Index Spatial Autoregressive Model[J]. Spatial Statistics, 2019, 31: 100354.

[43] Cliff A D, Ord J K. Spatial Auto-Correlation[M]. London: International Biometric Society Publishers, 1973.

[44] Cliff A D, Ord J K. Spatial Processes: Models and Applications[M]. London: International Biometric Society Publishers, 1981.

[45] Cochrane D, Orcutt G H. Application of Least Squares Regression to Relationships Containing Auto-Correlated Error Terms[J]. Journal of the American Statistical Association, 1949, 44(245): 32-61.

[46] Cressie N. Statistics for Spatial Data[M]. New York: John Wiley & Sons Publishers, 1993.

[47] Cui X, Härdle W, Zhu L. The EFM Approach for Single-Index Models[J]. The Annals of Statistics, 2011, 39(3): 1658-1688.

[48] Davidson J. Stochastic Limit Theory: an Introduction for Econometricians[M]. Oxford: Oxford University Press, 1994.

[49] Delecroix M, Härdle W, Hristache M. Efficient Estimation in Conditional Single-Index Regression[J]. Journal of Multivariate Analysis, 2003, 86(2): 213–226.

[50] Diggle P J, Heagerty P, Liang K, et al. Analysis of Longitudinal Data[M]. New York: Oxford University Press, 2002.

[51] Du J, Sun X, Cao R, et al. Statistical Inference for Partially Linear Additive Spatial Autoregressive Models[J]. Spatial Statistics, 2018, 25: 52-67.

[52] Efron B. Bootstrap Methods: Another Look at the Jackknife[J]. The Annals of Statistics, 1979, 7(1): 1-26.

[53] Efron B. Censored Data And The Bootstrap[J]. Journal of the American Statistical Association, 1981, 76(374): 321-319.

[54] Efron B. Better Bootstrap Confidence Intervals[J]. Journal of the American Statistical Association, 1987, 82(397): 171-185.

[55] Efron B. More Efficient Bootstrap Computations[J]. Journal of the American Statistical Association, 1990, 85(409): 79-89.

[56] Efron B, Hastie T, Johnstone I, et al. Least Angle Regression[J]. The Annals of Statistics, 2004, 32: 407-489.

[57] Elhorst J P. Spatial Econometrics: from Cross-Sectional Data to Spatial Panels[M]. Heidelberg: Spinger, 2014.

[58] Fan J, Gijbels I. Local Polynomial Modelling and Its Application[M]. London: Chapman & Hall, 1996.

[59] Fan J, Huang T. Profile Likelihood Inferences on Semiparametric Varying-Coefficient Partially Linear Models[J]. Bernoulli, 2005, 11: 1031-1057.

[60] Fan J, Huang T, Li R. Analysis of Longitudinal Data with Semiparametric Estimation of Covariance Function[J]. Journal of the American Statistical Association, 2007, 102(478): 632-641.

[61] Fan J, Jiang J. Nonparametric Inferences for Additive Models[J]. Journal of the American Statistical Association, 2005, 100(471): 890-907.

[62] Fan J, Li R. New Estimation and Model Selection Procedures for Semiparametric Modeling in Longitudinal Data Analysis[J]. Journal of the American Statistical Association, 2004, 99: 710-723.

[63] Fan J, Wu Y. Semiparametric Estimation of Covariance Matrices for Longitudinal Data[J]. Journal of the American Statistical Association, 2008, 103(484): 1520-1533.

[64] Fan J, Zhang J. Two-Step Estimation of Functional Linear Models with Applications to Longitudinal Data[J]. Journal of the Royal Statistical Society: Series B, 2000, 62: 303-322.

[65] Fan J, Zhang J. Sieve Empirical Likelihood Ratio Test for Nonparametric Function[J]. The Annals of Statistics, 2004, 32: 1858-1907.

[66] Fan J, Zhang W. Statistical Estimation in Varying Coefficient Models[J]. The Annals of Statistics, 1999, 27: 1491-1518.

[67] Fan J, Zhang W. Simultaneous Confidence Bands and Hypothesis Testing in Varying-Coefficient Models[J]. Scandinavian Journal of Statistics, 2000, 27: 715-731.

[68] Friedman J H, Stuetzle W. Projection Pursuit Regression[J]. Journal of the American Statistical Association, 1981, 76(376): 817-823.

[69] Fuller W A. Measurement Error Models[M]. New York: John Wiley & Sons，1987.

[70] Gong G，Samaniego F J. Pseudo Maximum Likelihood Estimation: Theory and Applications[J]. The Annals of Statistics，1981，9(4): 861-869.

[71] Hansen B E. Econometrics[M]. University of Wisconsin. Draft，2014.

[72] Hansen L P. Large Sample Properties of Generalized Method of Moments Estimators[J]. Econometrica，1982，50(4): 1029-1054.

[73] Härdle W. On the Backfitting Algorithm for Additive Regression Models[J]. Statistica Neerlandica，1993，47(1): 43-57.

[74] Härdle W，Hall P，Ichimura H. Optimal Smoothing in Single-Index Models[J]. The Annals of Statistics，1993，21(1): 157-178.

[75] Härdle W，Stoker T M. Investigating Smooth Multiple Regression by The Method of Average Derivatives[J]. Journal of the American Statistical Association，1989，84(408): 986-995.

[76] Harrison D，Rubinfeld D L. Hedonic Housing Prices and the Demand for Clean Air[J]. Journal of Environmental Economics and Management，1978，5: 82-102.

[77] Hastie T J，Tibshirani R J. Generalized Additive Models[M]. London: Chapman & Hall，1990.

[78] He X，Shi P. Convergence Rate of B-Spline Estimators of Nonparametric Conditional Quantile Functions[J]. Journal of Nonparametric Statistics，1994，3: 299-308.

[79] He X，Zhu Z，Fung W K. Estimation in a Semiparametric Model for Longitudinal Data with Unspecified Dependence Structure[J]. Biometrika，2002，89: 579-590.

[80] Hoover D R，Rice J A，Wu C O，et al. Nonparametric Smoothing Estimates of Time-Varying Coefficient Models with Longitudinal Data[J]. Biometrika，1998，85: 809-822.

[81] Hoshino T. Quantile Regression Estimation of Partially Linear Additive Models[J]. Journal of Nonparametric Statistics，2014，26(3): 509-536.

[82] Hu J，Liu F，You J. Panel Data Partially Linear Model with Fixed Effects，Spatial Autoregressive Error Components and Unspecified Intertemporal Correlation[J]. Journal of Multivariate Analysis，2014，130: 64-89.

[83] Hu T，Cui H J，Tong X W. Efficient Estimation for Semiparametric Varying-Coefficient Partially Linear Regression Models with Current Status Data[J]. Acta Mathematicae Applicatae Sinica (English Series)，2009，25: 195-204.

[84] Hu X，Wang Z，Zhao Z. Empirical Likelihood Inference on Semiparametric Varying-Coefficient Partially Linear Errors-in-Variables Models[J]. Statistics & Probability Letters，2009，79: 1044-1052.

[85] Huang J, Wu C O, Zhou L. Varying-Coefficient Models and Basis Function Approximations for the Analysis of Repeated Measurements[J]. Biometrika, 2002, 89: 111-128.

[86] Huang Z, Zhang R. Empirical Likelihood for Nonparametric Parts in Semiparametric Varying-Coefficient Partially Linear Models[J]. Statistics & Probability Letters, 2009, 79: 1798-1808.

[87] Huang Z, Zhang R. Efficient Estimation of Adaptive Varying-Coefficient Partially Linear Regression Model[J]. Statistics & Probability Letters, 2009, 79: 943-952.

[88] Ichimura H. Semiparametric Least Squares (SLS) and Weighted SLS Estimation of Single-Index Models[J]. Journal of Econometrics, 1993, 58: 71-120.

[89] Kapoor M, Kelejian H H, Prucha I R. Panel Data Models with Spatially Correlated Error Components[J]. Journal of Econometrics, 2007, 140: 97-130.

[90] Kelejian H H, Prucha I R. A Generalized Spatial Two-Stage Least Squares Procedure for Estimating a Spatial Autoregressive Model with Autoregressive Disturbances[J]. Journal of Real Estate Finance and Economics, 1998, 17(1): 99-121.

[91] Kelejian H H, Prucha I R. A Generalized Moments Estimator for the Autoregressive Parameter in a Spatial Model[J]. International Economic Review, 1999, 40(2): 509-533.

[92] Kelejian H H, Prucha I R. Estimation of Simultaneous Systems of Spatially Interrelated Cross Sectional Equations[J]. Journal of Econometrics, 2004, 118: 27-50.

[93] Kelejian H H, Prucha I R. Specification and Estimation of Spatial Autoregressive Models with Autoregressive and Heteroskedastic Disturbances[J]. Journal of Econometrics, 2010, 157: 53-67.

[94] Kelejian H H, Robinson D P. A Suggested Method of Estimation for Spatial Interdependent Models with Autocorrelated Errors, and an Application to a County Expenditure Model[J]. Papers in Regional Science, 1993, 72(3): 297-312.

[95] Lee L. Best Spatial Two-Stage Least Squares Estimators for a Spatial Autoregressive Model with Autoregressive Disturbances[J]. Econometric Reviews, 2003, 22(4): 307-335.

[96] Lee L. Asymptotic Distributions of Quasi-Maximum Likelihood Estimators for Spatial Autoregressive Models[J]. Econometrica, 2004, 72(6): 1899-1925.

[97] Lee L. GMM and 2SLS Estimation of Mixed Regressive, Spatial Autoregressive Models[J]. Journal of Econometrics, 2007a, 137: 489-514.

[98] Lee L. The Method of Estimation and Substitution in the GMM Estimation of Mixed Regressive Spatial Autoregressive Models[J]. Journal of Econometrics, 2007b, 140: 155-189.

[99] Lee L, Liu X. Efficient GMM Estimation of High Order Spatial Autoregressive Models with Autoregressive Disturbances[J]. Econometric Theory, 2010, 26: 187-230.

[100] Lee L, Yu J. Efficient GMM Estimation of Spatial Dynamic Panel Data Models with Fixed Effects[J]. Journal of Econometrics, 2014, 180: 174-197.

[101] Lee Y K. Nonparametric Estimation of Bivariate Additive Models[J]. Journal of the Korean Statistical Society, 2017, 46: 339-348.

[102] Lee Y K, Mammen E, Park B U. Backfitting and Smooth Backfitting for Additive Quantile Models[J]. The Annals of Statistics, 2010, 38(5): 2857-2883.

[103] Leng C. A Simple Approach for Varying-Coefficient Model Selection[J]. Journal of Statistical Planning and Inference, 2009, 139: 2138-2146.

[104] LeSage J. Bayesian Estimation of Spatial Auto-Regressive Model[J]. International Regional Science Review, 1997, 20: 113-129.

[105] LeSage J, Pace R K. Introduction to Spatial Econometrics[M]. Boca Raton: CRC Press, 2009.

[106] Leung B, Wong H, Zhang R, et al. Smoothing Spline Estimation for Partially Linear Single-Index Models[J]. Communication in Statistics-Simulation and Computation, 2010, 39(10): 1953-1961.

[107] Li L, Greene T. Varying Coefficients Model with Measurement Error[J]. Biometrics, 2008, 64: 519-526.

[108] Li K C. Sliced inverse regression for dimension reduction[J]. Journal of the American Statistical Association, 1991, 86(414): 316-327.

[109] Li Q, Huang C J, Li D, et al. Semiparametric Smooth Coefficient Models[J]. Journal of Business & Economic Statistics, 2002, 20: 412-422.

[110] Li R, Liang H. Variable Selection in Semiparametric Regression Modeling[J]. The Annals of Statistics, 2008, 36: 261-286.

[111] Liang H, Härdle W, Carroll R J. Estimation in a Semiparametric Partially Linear Errors-in-Variables Model[J]. The Annals of Statistics, 1999, 27: 1519-1535.

[112] Liang H, Liu X, Li R, et al. Estimation and Testing for Partially Linear Single-Index Models[J]. The Annals of Statistics, 2010, 38(6): 3811-3836.

[113] Liang H, Su H, Thurston S W, et al. Empirical Likelihood Based Inference for Additive Partial Linear Measurement Error Models[J]. Statistics and Its Interface, 2009, 2(1): 83-90.

[114] Liang H, Wang S J, Carroll R J. Partially Linear Models with Missing Response Variables and Error-Prone Covariates[J]. Biometrika, 2007, 94: 185-198.

[115] Lin D Y, Ying Z. Semiparametric and Nonparametric Regression Analysis of Longitudinal Data[J]. Journal of the American Statistical Association, 2001, 96: 103-126.

[116] Lin X, Carroll R J. Nonparametric Function Estimation for Clustered Data When the Predictor Is Measured without/with Error[J]. Journal of the American Statistical Association, 2000, 95(450): 520-534.

[117] Lin X, Carroll R J. Semiparametric Regression for Clustered Data Using Generalized Estimating Equations[J]. Journal of the American Statistical Association, 2001, 96: 1045-1056.

[118] Linton O B. Efficient Estimation of Additive Nonparametric Regression Models[J]. Biometrika, 1997, 84(2): 469-473.

[119] Linton O B, Härdle W. Estimating of Additive Regression Models with Known Links[J]. Biometrika, 1996, 83(3): 529-540.

[120] Linton O B, Nielsen J P. A Kernel Method of Estimating Structured Nonparametric Regression Based on Marginal Integration[J]. Biometrika, 1995, 82(1): 93-101.

[121] Liu R, Härdle W K, Zhang G. Statistical Inference for Generalized Additive Partially Linear Models[J]. Journal of Multivariate Analysis, 2017, 162: 1-15.

[122] Liu X, Chen J, Cheng S. A Penalized Quasi-Maximum Likelihood Method for Variable Selection in Spatial Autoregressive Model[J]. Spatial Statistics, 2018, 25: 86-104.

[123] Liu X, Wang L, Liang H. Estimation and Variable Selection for Semiparametric Additive Partial Linear Models[J]. Statistica Sinica, 2011, 21: 1225-1248.

[124] Lou Y, Bien J, Caruana R, et al. Sparse Partially Linear Additive Models[J]. Journal of Computational and Graphical Statistics, 2016, 25(4): 1126-1140.

[125] Lv Y, Zhang R, Zhao W, et al. Quantile Regression and Variable Selection of Partial Linear Single-Index Model[J]. Annals of the Institute of Statistical Mathematics, 2015, 67(2): 375-409.

[126] Ma S, Yang L. Spline-Backfitted Kernel Smoothing of Partially Linear Additive Model[J]. Journal of Statistical Planning and Inference, 2011, 141(1): 204-219.

[127] Mack Y P, Silverman B W. Weak and Strong Uniform Consistency of Kernel Regression Estimates[J]. Zeitschrift Wahrscheinlichkeitstheorie Verwandte Gebiete, 1982, 61: 405-415.

[128] Manghi R F, Cysneiros F J, Paula G A. Generalized Additive Partial Linear Models for Analyzing Correlated Data[J]. Computational Statistics and Data Analysis, 2019, 129: 47-60.

[129] Manzan S, Zerom D. Kernel Estimation of a Partially Linear Additive Model[J]. Statistics & Probability Letters, 2005, 72: 313-322.

[130] Opsomer J D. Asymptotic Properties of Backfitting Estimators[J]. Journal of Multivariate Analysi, 2000, 73: 166-179.

[131] Opsomer J D, Ruppert D. Fitting a Bivariate Additive Model by Local Polynomial Regression[J]. The Annals of Statistics, 1997, 25(1): 186-211.

[132] Opsomer J D, Ruppert D. A Root-N Consistent Backfitting Estimator for Semiparametric Additive Modeling[J]. Journal of Computational and Graphical Statistics, 1999, 8(4): 715-732.

[133] Ord J K. Estimation Methods for Models of Spatial Interaction[J]. Journal of the American Statistical Association, 1975, 70(349): 120-126.

[134] Ortega J M, Rheinboldt W C. Iterative Solution of Nonlinear Equations in Several Variables[J]. New York: Academic Press. 1973.

[135] Owen A. Empirical Likelihood Ratio Confidence Intervals for a Single Functional[J]. Biometrika, 1988, 74: 237-249.

[136] Owen A. Empirical Likelihood[M]. New York: Chapman & Hall/CRC, 2001.

[137] Owen A. Empirical Likelihood Confidence Regions[J]. The Annals of Statistics, 1990, 18: 90-120.

[138] Owen A. Empirical Likelihood for Linear Models[J]. The Annals of Statistics, 1991, 19: 1725-1747.

[139] Qin J, Lawless J. Empirical Likelihood and General Estimating Equations[J]. The Annals of Statistics, 1994, 22: 300-325.

[140] Qin Y, Li L, Lei Q. Empirical Likelihood for Linear Regression Models with Missing Responses[J]. Statistics & Probability Letters, 2009, 79: 1391-1396.

[141] Robinson P M. Efficient Estimation of the Semiparametric Spatial Autoregressive Model[J]. Journal of Econometrics, 2010, 157: 6-17.

[142] Robinson P M. Asymptotic Theory for Nonparametric Regression with Spatial Data[J]. Journal of Econometrics, 2011, 165: 5-19.

[143] Schumaker L L. Spline Functions[M]. New York: Wiley, 1981.

[144] Stoker T M. Consistent Estimation of Scaled Coefficients[J]. Econometrica, 1986, 54(6): 1461-1481.

[145] Stone C J. Additive Regression and Other Nonparametric Models[J]. The Annals of Statistics, 1985, 13(2): 689-705.

[146] Su L. Semiparametric GMM Estimation of Spatial Autoregressive Models[J]. Journal of Econometrics, 2012, 167: 543-560.

[147] Su L, Jin S. Profile Quasi-Maximum Likelihood Estimation of Partially Linear Spatial Autoregressive Models[J]. Journal of Econometrics, 2010, 157: 18-33.

[148] Su L, Yang Z. QML Estimation of Dynamic Panel Data Models with Spatial Errors[J]. Journal of Econometrics, 2015, 185: 230-258.

[149] Sun Y. Estimation of Single-Index Model with Spatial Interaction[J]. Regional Science and Urban Economics, 2017, 62: 36-45.

[150] Sun Y, Wu Y. Estimation and Testing for a Partially Linear Single-Index Spatial Regression Model[J]. Spatial Economic Analysis, 2018, 13(2): 473-489.

[151] Tjøtheim D, Auestad B H. Nonparametric Identification of Nonlinear Time Series: Projections[J]. Journal of the American Statistical Association, 1994, 89(428): 1398-1409.

[152] Wang H, Zhu Z, Zhou J. Quantile Regression in Partially Linear Varying Coefficient Models[J]. The Annals of Statistics, 2009, 37(6): 3841-3866.

[153] Wang J, Xue L, Zhu L, et al. Estimation for a Partial Linear Single-Index Model[J]. The Annals of Statistics, 2010, 38(1): 246-274.

[154] Wang L, Liang H, Huang J. Variable Selection in Nonparametric Varying-Coefficient Models for Analysis of Repeated Measurements[J]. Journal of American Statistical Association, 2008, 103: 1556-1569.

[155] Wang W, Lee L, Bao Y. GMM Estimation of the Spatial Autoregressive Model in a System of Interrelated Networks[J]. Regional Science and Urban Economic, 2018, 69: 167-198.

[156] Wang L, Liu X, Liang H, et al. Estimation and Variable Selection for Generalized Additive Partial Linear Models[J]. The Annals of Statistics, 2011, 39(4): 1827-1851.

[157] Wang L, Tang H, Wu Y. Simulation of Wave-Body Interaction: a Desingularized Method Coupled with Acceleration Potential[J]. Journal of Fluids and Structures, 2015, 52: 37-48.

[158] Wang N Y, Carrol R J, Lin X. Efficient Semiparametric Marginal Estimation for Longitudinal/Clustered Data[J]. Journal of the American Statistical Association, 2005, 100(469): 147-157.

[159] Wang Q H, Jing B Y. Empirical Likelihood for Partially Linear Models with Fixed Design[J]. Statist. Statistics & Probability Letters, 1999, 41: 425-433.

[160] Wang Q H, Linton O, Hӓrdle W. Semiparametric Regression Analysis with Missing Response at Random[J]. Journal of the American Statistical Association, 2004, 99: 334-345.

[161] Wang Q H, Rao J. Empirical Likelihood for Linear Regression Models under Imputation for Missing Responses[J]. The Canadian Journal of Statistics, 2001, 29: 597-608.

[162] Wang Q H, Rao J. Empirical Likelihood-Based Inference in Linear Models with Missing Data[J]. Scandinavian Journal of Statistics, 2002, 29: 563-576.

[163] Wang Q H, Sun Z. Estimation in Partially Linear Models with Missing Responses at Random[J]. Journal of Multivariate Analysis, 2007, 98: 1470-1493.

[164] Wang Q H, Yu K. Likelihood-Based Kernel Estimation in Semiparametric Errors-in-Covariables Models with Validation Data[J]. Journal of Multivariate Analysis, 2007, 98: 455-480.

[165] Wang Q H, Zhang R. Statistical Estimation in Varying Coefficient Models with Surrogate Data and Validation Sampling[J]. Journal of Multivariate Analysis, 2009, 100: 2389-2405.

[166] Wei C, Luo Y, Wu X. Empirical Likelihood for Partially Linear Additive Errors-in-Variables Models[J]. Statistical Papers, 2012, 53: 485-496.

[167] Wei C, Wu X. Asymptotic Normality of Estimators in Partially Linear Varying Coefficient Models[J]. Journal of Mathematical Research & Exposition, 2008, 28: 877-885.

[168] Wu C, Chiang C, Hoover D R. Asymptotic Confidence Regions for Kernel Smoothing of a Varying-Coefficient Model with Longitudinal Data[J]. Journal of the American Statistical Association, 1998, 93: 1388-1402.

[169] Wu T, Yu K, Yu Y. Single-Index Quantile Regression[J]. Journal of Multivariate Analysis, 2010, 101: 1607-1621.

[170] Xia Y. Asymptotic Distributions for Two Estimators of the Single-Index Model[J]. Econometric Theory, 2006, 22: 1112-1137.

[171] Xia Y, Härdle W. Semi-Parametric Estimation of Partially Linear Single-Index Models[J]. Journal of Multivariate Analysis, 2006, 97(5): 1162-1184.

[172] Xia Y, Tong H, Li W, et al. An Adaptive Estimation of Dimension Reduction Space[J]. Journal of the Royal Statistical Society, Series B, 2002, 643(3): 363-410.

[173] Xu B, Luo L, Lin B. A Dynamic Analysis of Air Pollution Emissions in China: Evidence from Nonparametric Additive Regression Models[J]. Ecological Indicators, 2016, 63: 346-358.

[174] Xue L. Empirical Likelihood for Linear Models with Missing Responses[J]. Journal of Multivariate Analysis, 2009, 100: 1353-1366.

[175] Xue L. Empirical Likelihood Confidence Intervals for Response Mean with Data Missing at Random[J]. Scandinavian Journal of Statistics, 2009, 36: 671-685.

[176] Xue L, Zhu L. Empirical Likelihood for Single-Index Models[J]. Journal of Multivariate Analysis, 2006, 97(6): 1295-1312.

[177] Xue L, Zhu L. Empirical Likelihood for a Varying Coefficient Model With Longitudinal Data[J]. Journal of the American Statistical Association, 2007, 102: 642-654.

[178] Xue L, Zhu L. Empirical Likelihood-Based Inference in a Partially Linear Model for Longitudinal Data[J]. Science in China, Series A, 2008, 51(1): 115-130.

[179] Xue L, Zhu L. Empirical Likelihood Semiparametric Regression Analysis for Longitudinal Data[J]. Biometrika, 2007, 94: 921-937.

[180] Yu K, Lee Y K. Efficient Semiparametric Estimation in Generalized Partially Linear Additive Models[J]. Journal of the Korean Statistical Society, 2010, 39: 299-304.

[181] Yu Y, Ruppert D. Penalized Spline Estimation for Partially Linear Single-Index Models[J]. Journal of the American Statistical Association, 2002, 97(460): 1042-1054.

[182] Yu Y, Ruppert D. Root-N Consistency of Penalized Spline Estimator for Partially Linear Single-Index Models under General Euclidean Space[J]. Statistics Sinica, 2004, 14(2): 449-455.

[183] Yu Y, Wu C, Zhang Y. Penalised Spline Estimation for Generalised Partially Linear Single-Index Models[J]. Statistics and Computing, 2017, 27(2): 571-582.

[184] Yu Z, Yang K, Parmar M. Empirical Likelihood Based Inference for Generalized Additive Partial Linear Models[J]. Applied Mathematics and Computation, 2018, 339: 105-112.

[185] You J, Zhou Y, Chen G. Corrected Local Polynomial Estimation in Varying-Coefficient Models with Measurement Errors[J]. The Canadian Journal of Statistics, 2006, 34: 391-410.

[186] You J, Chen G. Estimation of a Semiparametric Varying-Coefficient Partially Linear Errors-in-Variables Model[J]. Journal of Multivariate Analysis, 2006, 97: 324-341.

[187] You J, Zhou Y. Empirical Likelihood for Semiparametric Varying-Coefficient Partially Linear Regression Models[J]. Statistics & Probability Letters, 2006, 76: 412-422.

[188] You J, Chen G, Zhou Y. Block Empirical Likelihood for Longitudinal Partially Linear Regression Models[J]. The Canadian Journal of Statistics, 2006, 34: 79-96.

[189] Zeger S L, Diggle P J. Semiparametric Models for Longitudinal Data with Application to CD_4 Cell Numbers in HIV Seroconverters[J]. Biometrics, 1994, 50: 689-699.

[190] Zhang J, Lian H. Partially Linear Additive Models with Unknown Link Fucntions[J]. Scandinavian Journal of Statistics, 2018, 45: 255-282.

[191] Zhang R, Huang Z. Statistical Inference on Parametric Part for Partially Linear Single-Index Model[J]. Science in China Series A: Mathematics, 2009, 52(10): 2227-2242.

[192] Zhang W, Lee S, Song X. Local Polynomial Fitting in Semivarying Coefficient Model[J]. Journal of Multivariate Analysis, 2002, 82: 166-188.

[193] Zhang X, Liang H. Focused Information Criterion and Model Averaging for Generalized Additive Partial Linear Models[J]. The Annals of Statistics, 2011, 39(1): 174-200.

[194] Zhao P, Xue L. Variable Selection for Semiparametric Varying Coefficient Partially Linear Models[J]. Statistics & Probability Letters, 2009, 79: 2148-2157.

[195] Zhao P, Xue L. Empirical Likelihood Inferences for Semiparametric Varying-Coefficient Partially Linear Errors-in-Variables Models with Longitudinal Data[J]. Journal of Nonparametric Statistics, 2009, 21: 907-923.

[196] Zhou X, You J. Wavelet Estimation in Varying-Coefficient Partially Linear Regression Models[J]. Statistics & Probability Letters, 2004, 68: 91-104.

[197] Zhou Y, Liang H. Statistical Inference for Semiparametric Varying-Coefficient Partially Linear Models with Error-Prone Linear Covariates[J]. The Annals of Statistics, 2009, 37: 427-458.

[198] Zhou Y, Wan A T K, Wang X. Estimating Equations Inference with Missing Data[J]. Journal of the American Statistical Association, 2008, 103: 1187-1199.

[199] Zhou Y, Yang Y, Han J, et al. Estimation for Partially Linear Single-Index Instrumental Variables Models[J]. Communications in Statistics-Simulaton and Computation, 2015, 45(10): 3629-3642.

[200] Zhu L, Cui H. A Semi-parametric Regression Model with Errors in Variables[J]. Scandinavian Journal of Statistics, 2003, 30: 429-442.

[201] Zhu L, Xue L. Empirical Likelihood Confidence Regions in a Partially Linear Single-index Model[J]. Journal of the Royal Statistical Society: Series B, 2006, 68: 549-570.

[202] Zhu L, Qin Y, Xu W. The Empriical Likelihood Goodness-of-Fit Test for Regression Model[J]. Science in China Series A: Mathematics, 2007, 50: 829-840.

[203] Zou H, Hastie T. Regularization and Variable Selection via the Elastic Net[J]. Journal of the Royal Statistical Society: Series B, 2005, 67: 301-320.

[204] Zou H. The Adaptive Lasso and Its Oracle Properties[J]. Journal of the American Statistical Association, 2006, 101: 1418-1429.

[205] Zou H, Li R. One-Step Sparse Estimates in Nonconcave Penalized Likelihood Models[J]. The Annals of Statistics, 2008, 36: 1509-1533.

[206] Zou H, Yuan M. Composite Quantile Regression and the Oracle Model Selection Theiry[J]. The Annals of Statistics, 2008, 36: 1108-1126.

后　记

现实经济问题中存在大量的高维数据，为了准确地刻画变量间的量化关系，一些统计学者和经济学者提出了大量的高维参数回归模型和空间计量回归模型，并对此进行了深入的研究，经过许多学者的共同努力，目前已形成了一套比较系统、完善的理论和方法。但是，现实经济问题是复杂的，变量间往往可能同时存在线性和非线性关系。若采用参数回归模型进行数据拟合常常会面临模型误设带来的风险，导致估计不具有一致性; 若采用非参数回归模型进行数据拟合又往往会面临“维数灾难”问题，导致估计不稳定。而半参数模型则同时具有参数模型和非参数模型的优点，具有较广的适应性和较好的可解释性等优点，越来越受到统计学者和经济学者的关注。

近年来，人们对高维经济数据的半参数建模问题进行了深入研究，得到了一系列卓有成效的成果。本书也在该领域做了一些相关尝试和探索，构建了多种半参数部分线性模型，系统介绍了这些模型的参数分量以及非参数分量的经验似然推断问题和模型估计方法，证明了估计量的大样本渐近性质，蒙特卡洛数值模拟了估计量的小样本表现，并将估计技术应用于相关经济问题研究中。

经济问题是复杂多变的，关于经济数据的统计建模及统计推断理论的研究也是一个复杂的系统工程。随着科学技术的不断进步和经济理论的不断发展，对经济数据的统计建模也将会遇到一些新问题和新挑战，如经济领域最近出现的超高维时间序列数据、超高维时空数据以及超高维空间网络数据的统计建模，都将是统计领域和经济领域关注的热点和难点问题。关于这些问题的研究还有大量的工作要做。

由于水平有限，错误与疏漏之处在所难免，敬请读者批评指正，以便再版时修正。

程素丽　赵培信

2022 年 7 月 22 日